가 보자, 해 보자

달려보자

가 보자, 해 보자, 달려보자

지 은 이 | 김성덕 · 이영애
펴 낸 이 | 김원중

편   집 | 우승제
디 자 인 | 박선경
제   작 | 최은희
펴 낸 곳 | DDK(주)
          도서출판 선미디어

초판인쇄 | 2005년 8월 25일
초판발행 | 2005년 9월   1일
출판등록 | 제2-2576(1998.5.27)

주   소 | 서울시 마포구 상수동 324-11
전   화 | (02)325-5191
팩   스 | (02)325-5008
홈페이지 | http://smbooks.com

ISBN 89-88323-74-2 03980

값 14,500원

가 보자, 해 보자
달려보자

책을 펴내면서…

모든 것 팽개치고 세상천지에 믿을 건 서로 밖에 없다고 생각하며 시작한 1년간의 여행 중 후반 유럽에서의 여행이야기로 두 번째 책을 펴내게 되었다.
첫 번째 책 '미국편'이 나오고 난 후에 주위 친지들의 따뜻한 격려와 함께 책을 접하신 많은 분들이 우리의 일기가 올라있는 홈페이지에 좋은 서평을 올려주시기도 해서 우리 두 사람은 황송할 따름이다.

처음 여행을 시작한 작년 1월 미국에서는 따뜻한 남쪽부터 돌았었고 유럽으로 와서는 서늘한 북쪽부터 시작하여 12월에 남부 유럽에서 끝냈다. 결국 여름 더위와 겨울 추위를 피해 다닌 격이 되었는데 그 때문인지 남들보다 더위에 대한 면역이 떨어져 책 출판 준비를 하는 이번 여름 동안 남들보다 더 더위를 못 견뎌 했던 것 같다.

중고 자동차로 한껏 달리며 그렇게 여러 곳을 섭렵했는데도 접촉사고 한 번 없었고 특별히 아팠던 적도 없이 여행을 끝낼 수 있어서 이 모두가 온 세상 곳곳에서 우리를 걱정해 주신 모든 분들 덕이라 생각되어 감사한 마음이 가득하다.
그리고 그렇게 날마다 평균 300~400km를 움직이면서 구경하고 열심히 써 올렸던 홈페이지(www.gabozahaeboza.com)의 일기들이 얼마나 거칠고 두서없던지 이번에 정리하며 가끔 낯이 뜨거워지곤 했다.

책으로 정리를 하는 과정은 지난 1년간을 돌아보며 여행을 다시 한 번 하는 느낌이었는데 미국에서와는 달리 친구 친지들이 적어 머무를 곳이 별로 없었던 유럽에선 그만큼 쉴 틈 없이 돌아다녔기 때문에 일기의 양이 너무 많아져 결국 한정되어 있는 지면에 글을 맞추느라 많은 양을 줄여야 했고, 후반에는 카메라를 본의 아니게(?) 바꾸게 된 덕에 사진의 화질이 훨씬 좋아졌는데도 불구하고 시원시원하게 맘껏 올릴 수가 없었기에 아쉬움이 남는다.

사실 차로 마음대로 움직일 수 있을 때 가보기 쉽지 않은 곳을 먼저 가보자는 생각에 오히려 유럽하면 모두들 떠올리는 프랑스, 독일 등을 맛보기로 조금밖에 다녀보지 못한 것과 유럽여행을 같이 시작했었던 동생 내외와 끝까지 같이 하지 못한 점, 그리고 미국과는 달리 자연경치에 더하여 어마어마하게 산재해 있는 유럽의 문화유산을 섭렵하려니 우리가 갖고 있는 지식이 너무 부족하여 제대로 감상할 수 없었던 점도 많이 아쉬웠다.

이제 두 번째 책을 내고 나면 우리는 또 어떤 꿈을 꾸기 시작할까?
언제나 생각해 보는 말이지만 '꿈은 꾸는 자 만이 이룰 수 있는 것' 같다.

아무리 감사 드려도 부족한 여러분들. 뒤셀도르프의 황 사장님과 차 사장님 부부, 스웨덴의 쏘렌 부부, 빈의 김병구 박사님, 취리히의 Mr.황, 베른의 경희 부부, 그리스의 에바 가족, 그리고 길에서 만났고 마주쳤던 고맙고 아름다운 세상의 모든 이들과 경치들과 문화유산들에 이 책을 드린다.

2005년 8월
이 영 애

Contents

대영제국 ●188

차 례
Contents

지중해 ●224

Contents

 햇님의 이야기
 달님의 이야기

북유럽
베르겐
N
외테보
DK
로스킬레
질트
플렌스부르크
에든버러
더블린
IRL
홀리헤드
코크
GB
솔즈베리
런던
대영제국
뒤셀도르프
깔레
D
파리
프랑크푸르트
F
퓌센
베른
취리히
CH
보르도
리용
제네바
밀라노
베네치아
루르드
토리노
뽀르뚜
빌바오
P
E
I
리스보아
마드리드
바르셀로나
톨레도
로마
그라나다
세비야
남유럽
카프

로포텐
트롬쇠
보네스
로바니에미
S
FIN
샤본린나
라트빅
샌드빅켄
투르쿠
헬싱키
스톡홀름
바르샤바
PL
크라코프
CZ
중·동유럽
SK
빈
부다페스트
H
리아나
이스탄불
앙카라
브린디시
이구메디짜
테살로니키
트로이
괴레메
데린쿠유
TR
파무칼레
GR
파드라
아테네
올림피아
디디마
모넴바시아
파타라
지중해

북 유 럽

유럽에서의 첫 번째 여행은 더운 여름 7월에 시작했으니 북쪽, 즉 스칸디나비아
반도 쪽으로 올라가 서늘한 곳을 다니며 더위를 피하기로 했다.

여행 초장부터 플렌스부르크와 코펜하겐에서 방 구하느라 고생했고
스웨덴을 거쳐 '실자라인' 페리를 타고 핀란드로 이동.
산타 마을이라는 로바니에미에서 한여름 8월에 산타할아버지를 만났다.

너무 너무 아름다운 경치와는 달리 물가는 엄청 비싼 노르웨이를 지나
덴마크 헬싱괴르에서 셰익스피어의 「햄릿」공연을 보고 나서
우리의 베이스 캠프인 독일의 뒤셀도르프로….

북 유 럽

트롬쇠
로 포 텐
멜부
모스케네스
나르빅
보도
파우스케
로바니에미
모이 라나
케미
오울루
트론하임
케리마키
지바스키라
사본린나
가이랑어
오타
송달
보스
라트빅
베르겐
샌드빅켄
투르쿠
오슬로
순드보른
헬싱키
외레브로
스톡홀름
외테보리
헬싱괴르
헬싱보리
로스킬레
말뫼
질트
코펜하겐
플렌스부르크
함부르크
베를린
뒤셀도르프
도르트문트
프랑크푸르트

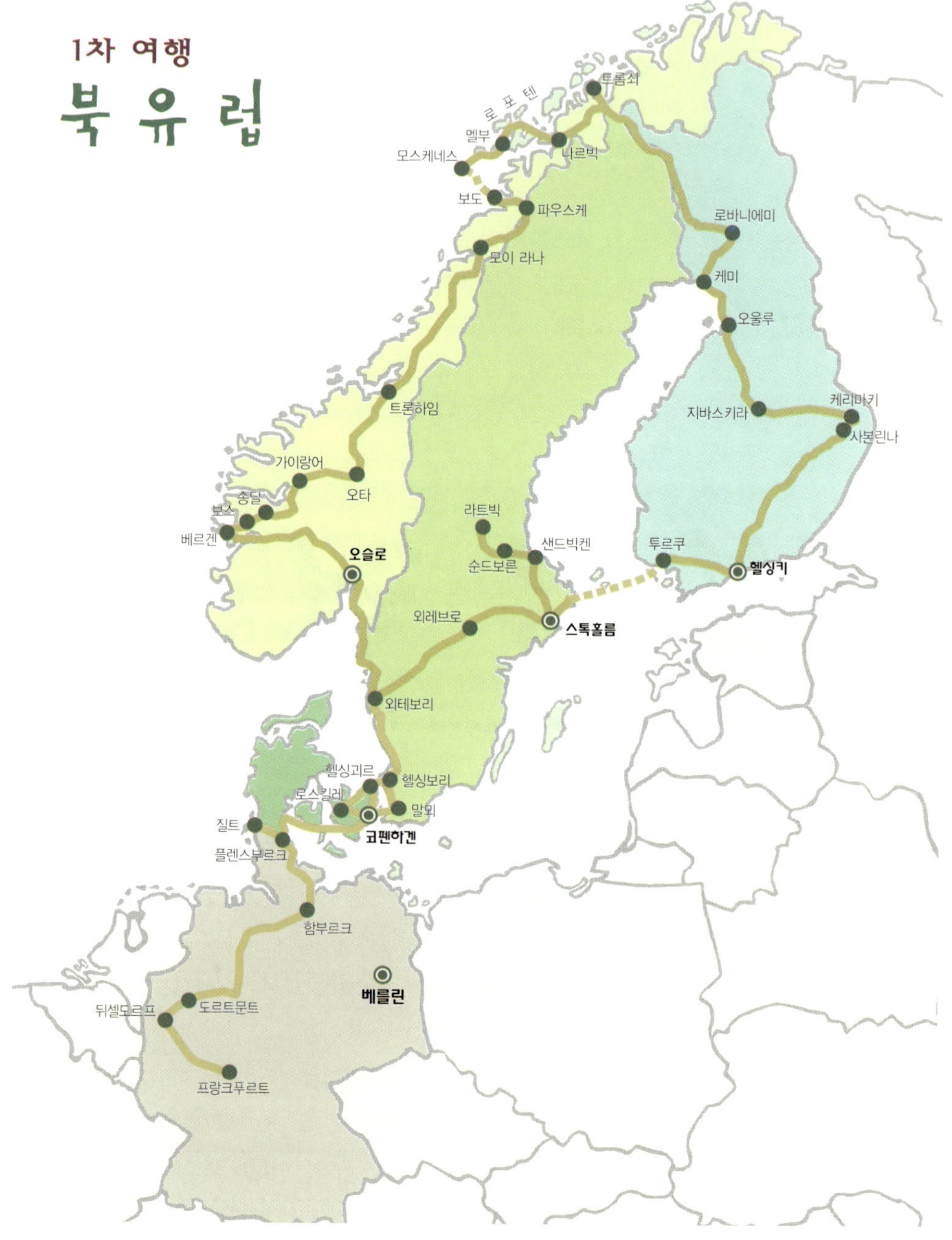

햇님과 달님

남

편은 태양이고 나는 달이다. 그는 언제나 햇님이었고 나는 달이었다. 원래 밝은 얼굴의 그는 나이가 들면서 머리가 빠지니 후배들이 붙여 준 별명이 '햇님표'다.

그가 쉬러 들어가면 나는 살며시 나온다. 어쩌다 쨍하고 밝은 보름도 있지만 그건 어쩌다 한 달에 한 번이고 거의 모든 날이 중간밝기이다. 그나마 날이라도 흐리거나 비가 오는 날은 꽝이다. 그가 웃으며 높이 떠 있을 때 미친척하고 애교 부리며 허어연 얼굴로 나타나 볼 때도 있다. 그렇지만 그건 길지 않다.

나는 그 대신 많은 별들을 거느리고 있다. 얘기들은 바에 의하면 몽골 같은 데선 거짓말 보태서 별이 쏟아지는 듯 많기 때문에 태양이 빛나는 대낮보다 더 폼나는 밤도 있고 가끔씩은 태양보다 더 폼나는 달도 볼 수 있다고 한다.

사람들은 태양을 자주 쳐다본다. 태양 없인 살 수 없기 때문이기도 하고… 그래도 가끔은 달도 빛나고 있다는 걸 상기해야 겠다.

아무튼 이번 여행은 이름하여 '햇님과 달님의 여행'이다. 운전 좋아하는 남편은 원 없이 운전을 해 볼 수 있는 절호의 기회이고 나는 그동안 뼈 빠지게 하던 판화작업에서 해방되어 재충전할 수 있는 기회가 되었으면 하고 기대해 본다.

무엇보다 두 사람이 탈없이 여행을 마쳐야 할 텐데….

7월 11일

유럽 베이스캠프 – 뒤셀도르프 도착

나를 감격시킨
붉은 장미 한 송이

뉴욕발 독일의 프랑크푸르트(Frankfurt)행 싱가포르 에어라인(Singapore Airlines)의 비행기 안. 나는 창 쪽, 가운데 햇님. 그리고 복도 쪽 자리에는 무지 뚱뚱한 독일 촌 아저씨가 자리를 잡았는데 뒤쪽과 복도 건너에 좌석이 많이 비어 있건만 이 아저씨 도무지 움직이려 하질 않는다.

화장실 다녀온 햇님이 빈 뒷좌석에 앉아 눈을 감고 잠을 청하기에 조금 숨통이 트이는가 했더니 이제는 아까 먹은 치킨인가 닭고긴가 하는 것이 자꾸 뱃속에서 거치적댄다.

나가고 싶어도 이 독일 아저씨가 코골며 곤히 자고 있으니 깨울 수도 없는 데다가 뒷자리의 햇님 또한 잠들어 버려 아무리 텔레파시로 SOS를 보내도 소용이 없다. 그렇게 진땀을 흘리다 어찌어찌 화장실에 다녀오기는 했는데…. 어쨌든 이번 여행 중 제일 기진맥진해서 프랑크푸르트 공항에 내렸다.

아무런 검사도 없이 직통으로 짐을 찾아 나오니 햇님과 고교, 공군사관학교 동기면서 독일의 뒤셀도르프(Dusseldorf)에 사시는 우리의 유럽여행 베이스캠프 대장이신 황인영 사장님이 커다란 장미 한 송이를 들고 나와 계신다. 와, 감격!

기념으로 짐 더미 앞에서 장미꽃 들고 사진 한 장! 

독 일

- 국가명 : Germany(D)
- 위 치 : 유럽 중부
- 면 적 : 35만 7,021㎢
- 인 구 : 8,260만명
- 수 도 : 베를린
- 정 체 : 공화제
- 공용어 : 독일어
- 통 화 : 유로(Euro ; €)
- 환 율 : 0.90유로 = $1
- 1인당 국민총생산 : $2만 3,560

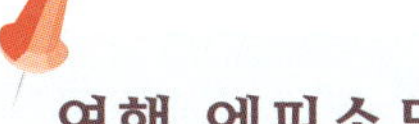

독일 도착 신고식 - 공항 가는 길 헤매다

이번 우리의 여행 중 후반 6개월, 유럽에서의 여행은 서울에 사는 나의 막내동생 내외가 합세해서 넷이 같이 다니기로 했다.
오늘 새벽 6시에 도착하는 동생 내외를 마중하러 새벽 4시에 황사장님 차를 몰고 우리 둘이 프랑크푸르트 공항으로 출발했는데 이럭저럭 하다가 길을 잃어 뒤셀도르프 중심가로 들어가버렸다.

차 안에는 뒤셀도르프 시내 지도조차 없고 새벽 4시가 조금 넘었으니 물어 볼 사람도 없어 중심가에서 이쪽저쪽으로 헤매던 중 한 주유소의 인도사람 덕으로 3번 도로로 들어섰다. 벌써 시간은 5시가 되어오고, 늦을지 모른다는 생각에 속도제한 표시가 없는 곳에서는 150~160km 마구 밟는 햇님…. 미국에서야 속도를 더 놓고도 달렸지만 이곳은 도로가 좁고 굽은 길이 많아 속도를 내더라도 한시적이다.

6시 40분에 공항의 복잡한 주차장을 꼬불꼬불 찾아 들어가 겨우 주차해 놓고, 타이항공이 도착하는 지하 1층의 터미널로 달려라 달려!
숨을 헐떡이며 겨우 도착하니 저쪽에서 막내 동생이 웃는 얼굴로 손짓한다. 나온 지 5분밖에 안됐다며, 비행기로 오래 여행한 사람들 같지 않게 씽씽하다. 그런데 이게 웬일, 그동안 보지 못했던 동생 신랑이 덥수룩한 수염에 뒤로 묶은 말총 머리하며 푹 눌러쓴 야구모자. 완전히 도사님 행색이시다.

이름하여 '예술가 fashion'이라고 그 집 아이들도 그랬다던가?
정작 장본인은 '홈리스(homeless) fashion'이라며 진한 경상도 사투리로 "여행하다 돈 떨어졌을 때 모자 벗어 놓고 앉아 있슬낌니더. 그라몬 여비 걱정은 젠혀 업씀니다"한다.
우와...!

공항에 도착한 동생 내외 |

7월 13일
유럽 여행준비

구입한 차와
친절한 중고차 판매원

미국에서와 마찬가지로 제일 먼저 중고차 판매소에 갔다. 차 값은 휘발유차보다는 디젤차가 더 비싸지만 유럽에서 디젤연료가 휘발유보다 훨씬 싸기 때문에 우리처럼 장거리를 다닐 것이라면 오히려 디젤차가 훨씬 경제적이다.

그래서 독일의 국민차로 고장이 잘 없고 튼튼하다는 폭스바겐 디젤차를 사기로 했다. 계약을 하면 그때로부터 번호판과 배터리 등을 손 보아 4일 후에나 인도 받을 수 있다고 한다. 차종은 친구가 미리 둘러보고 마음속으로 점찍어 놓았다는 벽돌색 폭스바겐 디젤 샤란(Sharan).

가격은 조금 흥정하여 13,000유로에 사기로 했다. 자동차 계약은 내 명의로 하되 여행자의 이름으로는 차를 살 수가 없어서 이곳에 거주하는 친구의 이름으로 등록을 했다. 그리고 그 길로 보험회사로 달려가 매월 주행 예상거리를 무제한으로 하는 보험을 들었다.

그 다음엔 미국의 트리플 에이(AAA ; 미국자동차협회)와 같은 아데아체(ADAC ; 독일 자동차협회)엘 갔다. 아데아체 회원권은 유럽전역에서 자동차 여행시에 절대적으로 필요하므로 70유로를 내고 가입한 후 그 자리에서 우리가 가보려고 생각하는 유럽국가들의 지도와 각 나라별 정보를 비닐 가방 하나 가득 받았다.

전화는 친구 부인이 쓰던 휴대전화를 6개월 간 빌려 쓰기로 하였으니 이로써 여행의 기본 준비는 대충 된 것 같다. 이제 4일 후 차만 찾으면 출발이다. 이렇게 빨리 준비가 된 것은 순전히 친구 인영이의 도움 덕분이다. 고맙다 인영아!!

7월 19일

자! 드디어 유럽 여행 시작 – 플렌스부르크

한 달 정도 여행할 짐을 차에 싣고 먼저 보험회사로 갔다. 886유로짜리 보험 증서를 받아 넣고 유럽에서의 첫 번째 여행지, 북유럽을 향해 출발이다.

오늘은 고속도로로 덴마크(Denmark) 국경까지 가는 것이 목표다. 히틀러 시대에 만든 고속도로라 오래되어서 그런지 중간 중간 도로 공사 구간이 많고 그 구간은 속도제한이 있어 속도를 마음대로 낼 수 없지만 공사가 없는 나머지 지역은 무제한으로 속도를 낼 수 있다.

이제 시간상으로 거의 덴마크 국경 가까운 독일의 끝, 오늘 우리의 목적지인 플렌스부르크(Flensburg)쯤 왔다고 생각하고 아무리 도로표시판과 지도를 맞추어 보아도 찾을 수가 없다. 결국 주유소와 맥도널드가 있는 휴게소에 들려 현재 우리의 위치를 알아보니 우리는 플렌스부르크가 아니라 반대편인 하노버(Hannover)쪽으로 달리고 있었던 것이 아닌가. 7번 도로로 들어서서 플렌스부르크 쪽으로 갔어야 하는데 반대방향으로 갔던 모양이다. 그러니 앞으로 지금 온 길의 두 배는 더 가야 하는 셈이다. 어쩐지 해가 반대쪽으로 비치더라 하는 이야기를 들으며 기수를 돌렸다.

예정 시간보다 두 시간 정도 늦게 플렌스부르크엘 도착해서 호텔을 알아보니 가는 곳마다 만원이란다. 이곳저곳을 찾아 헤매다가 '펜션(Pension)'이라고 쓰인 곳이 눈에 띄어 방을 물어보니 4층에 있는 가족용 방으로, 큰 방 안쪽에 조그만 방이 하나 더 있고 화장실은 방 바깥 복도 쪽에 따로 있다. 불편할 것 같아 약간 망설였지만 그래도 겨우 구한 방이라 감지덕지…. 그냥 자기로 하였다.

여행 첫날부터 힘들게 찾은 펜션의 불편한 방에서 지내게 되었다.

힘들게 찾은 펜션 이름이 웬 마케도니아?

11세기의 바이킹 배 재현 현장

덴마크 로스킬레
– 바이킹 배 박물관

66

오슬로 피오르드에서 발견된 3척의
바이킹선이 전시되고 있다. 오세베르그 호는
아름다운 조각으로 장식되어 있었으며
코크스타 호는 12마리의 말, 6마리의 개, 짐승 머리로
장식된 침대, 3척의 보트 등과 함께 인양되었고
투네 호는 배 밑바닥만이 발견되었다.
이들 배의 명칭은 발견된 지명에 따라 붙인 것이다.

99

7월 20일

덴마크 로스킬레 – 바이킹 배 박물관

덴마크와 접경지대이며 물이 시내 근처까지 들어와 있는 조그마한 항구 플렌스부르크. 잠자리는 불편했지만 펜션에서 차려준 푸짐한 아침을 먹고 떠나 북쪽, 덴마크로 향했다. 금방 나타난 덴마크 국경을 지나 코펜하겐(Copenhagen)쪽으로 가다가 서북쪽에 있는 로스킬레(Roskilde)라는 작은 도시에 도착하여 길거리에서 만난 노부부에게 '바이킹 배 박물관(Viking Ship Museum)'의 위치를 물어 찾아갔다.

주중인데도 방학이라 그런지 아이들을 데리고 온 부모도 많고 학생들도 많이 눈에 띄었다. 루이즈라는 이름의 영국식 억양이 강한 영어를 구사하는 가이드를 따라 아주 초기의 바이킹 배가 전시되어 있는 곳으로 갔다. 11세기경의 상선(merchant ship)과 전함(war ship)등, 생각했던 것 보다 훨씬 작은, 3개의 건져 올린 배의 잔해가 있었다.

마치 강의를 듣듯
모두들 진지하게

주로 참나무를 써서 배 하나 만드는데 보통 6개월 정도 걸렸다는데, 나무를 항상 적신 상태로 유지하여 만들 때 휘어지기 쉽게 하였고 배의 중심을 잡기 위해서 바닥에 돌을 실었던 것도 보였고 때로는 돌 대신 무기를 이쪽저쪽으로 옮겨 싣기도 하였다고 한다.

그리고 오랜 항해기간 동안 신선한 음식을 먹기 위해 닭을 배 안에서 키우며 다녔고 청어 등 생선을 잡아먹었다고 하는데 나무로 된 배의 표면에는 방수를 위해 동물의 기름을 발랐

바이킹 배 재현 현장의
관광객들

다고 하며 우리가 흔히 그림에서 보는 뿔 달린 바이킹 헬멧은 그때는 쓰지 않았다고 한다.

가이드인 루이즈에 의하면 바이킹 시대에 와서 배에 마스트를 쓰기 시작하여 바람에 따라 돛의 방향을 바꾸었다고 하는데 그 마스트에는 수많은 줄이 있어 그런 뿔 달린 헬멧을 쓰면 거치적대지 않았겠느냐고 하며 아마 적대국가들에서 바이킹들을 야만적으로 보이게 하기 위해 지어낸 이야기일 것이라고 했다.

전시되어 있는 5개의 배 중 제일 큰 배는 30m 길이에 30개의 노가 있고 20~25톤의 짐을 싣고도 20노트의 속도로 달릴 수 있었다고 하며 80여명의 사람이 타고 다녔다 한다. 항법(navigation)은 피라미드처럼 생긴 해시계와 실이 달린 풍향계, 그리고 자연, 즉 해와 달, 별 등을 보고 해결하였다고 한다. 바이킹들이 옛날에 이란, 이라크까지 갔었다는 놀라운 사실은 그 시절 이곳의 동전이 바그다드(Baghdad)에서 발견된 것으로 증명되었다고 한다.

박물관에서 나오니 그때 그 시절과 같은 재료, 같은 공법으로 만들어 올해 9월 4일 진수식을 할 예정인 바이킹 배 재현 현장이 있다. 현대와는 달리 바닥부터 나무를 붙여 올라오는 옛날 방법 그대로 정성들여 배를 만들고 있는 이들의 모습이 진지하다.

7월 20일

코펜하겐에서 잠자리 구하기

로스킬레의 바이킹 배 박물관을 본 후, 셰익스피어(Shakespeare)가 「햄릿(Hamlet)」을 쓸 때 영감을 받았다는 크론버그(Kronborg)성이 있는 헬싱괴르(Helsingor)로 갔다. 물로 둘러싸인 요새와 같은 크론버그 성은 세계각국의 관광객들로 가득했고 성안의 마당(court)과 같은 넓은 공간에서는 8월 5일부터 21일까지 「햄릿」공연을 할 준비로 분주했다. 지난번 미국의 애쉬랜드(Ashland)에서 「리어왕」을 구경한 후로 이곳에서 하는 「햄릿」은 어떨까 하는 생각에 표를 어떻게 사야 하는지 열심히 알아보았다(결국 8월 초쯤 스웨덴, 핀란드 등을 돌아오면서 다시 이곳에 들려 공연을 보기로 하고 다음날 코펜하겐에서 8월 10일자 공연 티켓을 구입했다).

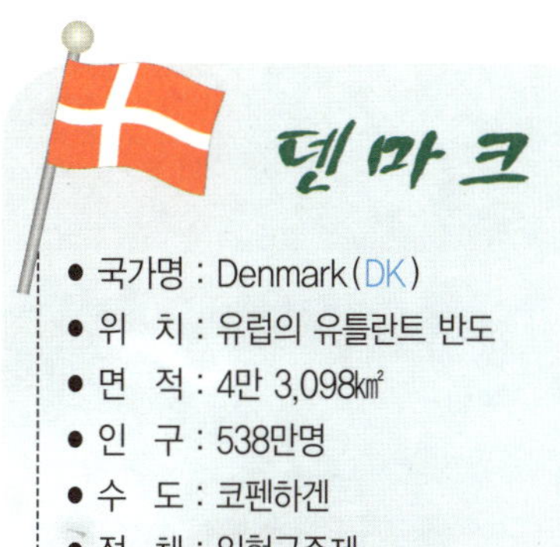

오후 4시경 헬싱괴르(Helsingor)를 떠나 남쪽으로 달려 우리가 오늘 잠자리를 구해야 하는 코펜하겐에 도착했다.

제대로 된 지도도 없이 시내를 빙빙 돌다가 버스정류장 근처에 차를 세우고 정류장에 붙여놓은 지도를 들여다보며 웅얼웅얼하다가 버스 기다리던 한 아가씨에게 어느 쪽으로 가야 잠자리를 구할 수 있을지 물어보고 무조건 떠났다가 또 헤매고….

크론버그 성 앞의 조각

손에 돋보기를 들었건만 어두운 차 안에서는 지도의 글씨가 보이질 않는다. 또 길 이름은 왜 그렇게 긴지(예를 들면 OvergadenNeden Vandet). 일방통행은 왜

중세의 성도
무대장치의 일부분(위)

햄릿공연
안내 현수막(아래)

이렇게 복잡하게 되어 있는지… 미치겠다, 미치겠다, 하다가 겨우 찾은 '작은 호텔(Hotelette)'!!

방이 있다기에 지쳐있던 터라 무조건 O.K 했다. 싱글 룸(single room)인데 괜찮겠냐고 해서 두 사람씩 잘 수 있게만 해달라고 했더니 세상에! 싱글침대 하나 옆에 매트리스가 겨우 비집고 바닥에 놓여 있고 문을 열 때마다 몸을 옆으로 비켜서야 문 옆에 세워져 있는 작은 옷장을 피해 겨우 방으로 들어올 수 있었다.

게다가 화장실은 복도 끝에 있고.

그래도 아침은 준다니까….

7월 21일

비 내리는 코펜하겐 시티투어

관광버스들이 많이 모여있는 코펜하겐 시내 중심가 안데르센 거리(H.C. Andersens Blvd.). 근처 유료 주차장에 주차해 놓고 1인당 20유로씩 내고 버스 투어를 시작했다. 오늘같이 비가 내리지 않았다면 지붕 없는 버스의 위층에 앉아 시원하게 보고 다닐 수 있었을 텐데 아쉬웠다.

버스를 타니 여러 나라 말로 선택해서 들을 수 있는 헤드폰이 있고, 시내를 빙빙 돌며 주로 건축물에 대한 설명을 역사적 배경과 뒷이야기를 곁들여 해 준다.

옛 역 건물이 지금은 현란한 색채의 극장이 되어있고, 자전거만을 주차시키는 2층짜리 주차 역(Norre Port Station), 유명한 티볼리(Tivoli)공원, 카페 처칠(Cafe

호화상점이 많아 크레딧 카드가 녹는다는 동네

코펜하겐의 명물
인어공주 동상

Churchill), 아홉 개의 청동 꽃병 위에 조각이 있는 악셀토르프(Axeltorv)를 돌아 나와 국립 미술관과 알루미늄 발명자 어스터(Auster)의 이름을 딴 공원, 그리고 강 옆에 위압적으로 서 있는 '검은 다이아몬드(Black Diamond)'라고 불리는 로얄 대니쉬(Royal Danish)도서관 신관과 세계적으로 유명한 칼스버그(Carlsburg)맥주 회사를 구경했다.

그리고 나서 간 곳은 그 유명한 인어 공주 동상. 너무나 많은 사람들이 그 앞에서 사진을 찍으려고 해서 겨우 비집고 들어가 사진만 한 장 찍었다. 그러나 세계적인 동화작가 안데르센에 관련된 물건들을 전시하는 '안데르센 박물관'이 그의 이름을 딴 안데르센 거리에 있었는데 가 보질 못했다. 나중에 다시 와야지… 하며 남겼다. 왜 서둘러 떠났는가 하면 복잡한 코펜하겐 시내에서 잠자리를 또 구할 생각을 하니 정말 한숨이 나와서였다.

7월 24일

스웨덴 - 스톡홀름시 청사

21일 오후 코펜하겐을 출발하여 스웨덴의 말뫼(Malmo)로 가는 다리를 건넜다. 북쪽으로 올라가다가 쿵스바카(Kungsbacka)에서 하룻밤, 다음날 외레브로(Orebro)에서 또 하룻밤을 지내고 앞으로 3일간 머무를 스톡홀름(Stockholm) 근처 키스타(Kista)란 곳에 있는 호텔에 도착했다.

오늘은 아침 일찍 떠나 한번도 헤매지 않고 직통으로 스톡홀름 시청에 8시 40분에 도착하여 10시부터 시작하는 1인당 70코로나짜리 스톡홀름시 청사의 투어티켓을 샀다.
안으로 들어가 보니 빨간 종이에 인쇄된 한국어 안내서도 얻을 수 있었다.

스톡홀름에서 가장 아름다운 건물로 꼽히는 시 청사는 8백만 개의 붉은 벽돌로 지어졌으며 르네상스 스타일의 건축물에서 흔히 볼 수 있는 광장이 건물 안에 두 개 있는데 그중 하나인 블루홀에 모여있는 수많은 관광객들 중 불어, 스웨덴어, 독일어 그리고 중국어로 안내 받을 사람들이 가이드들을 따라 각각 흩어져 가고는 제일 많은 사람들이 영어로 안내 받기 위해 남았다. 거기서 한국에서 온 두 명의 서울대생을 만났다.

이 블루홀은 매년 12월 10일 노벨상 수상식이 끝난 후

스웨덴의 말뫼로 넘어가는 다리

축하 만찬을 하는 곳으로, 르네상스 이태리 왕궁의 양식을 따라 지어졌다 하며 만찬에 참석하는 손님들은 위층의 골든 룸에서 아름다운 대리석 층계를 통해 내려온다.

이 시청 건물을 디자인 한 건축가 랑나르 웨스트베리(Ragnar Osterberg)가 나무로 된 층계와 여러 가지 다른 모양의 돌층계에 자신의 부인을 오르내리게 하는 여러 번의 실험을 거쳐 긴 드레스에 하이힐을 신은 부인들이 가장 편안하게 오르내릴 수 있는 대리석 층계를 만들었다고 한다.

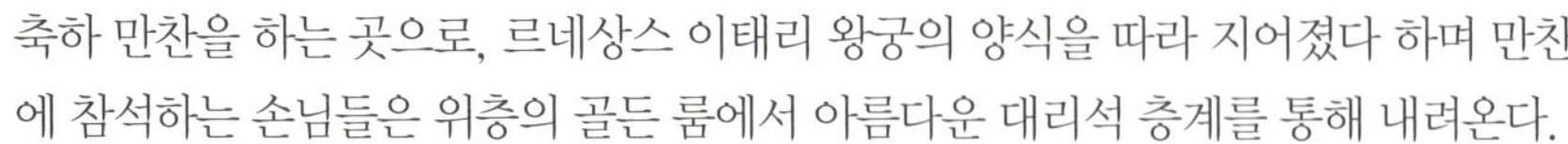

2층에 있는 조그만 원형 방은 매주 토요일 시민들의 결혼식장으로 애용된다 하며 그 외 1,900만 개의 금박 모자이크로 만들어진 황금 방과 유겐(Eugen)왕자의 프레스코 벽화가 있는 왕자의 화랑(Prince's Gallery)등의 아름다운 방들을 구경했다. 그리고 101명의 정치인들이 2주에 한번씩 월요일 오후에 회의를 한다는 시 회의장 등이 볼만하며, 특히 회의장은 200명 정도의 방청자가 입장할 수 있다고 한다.

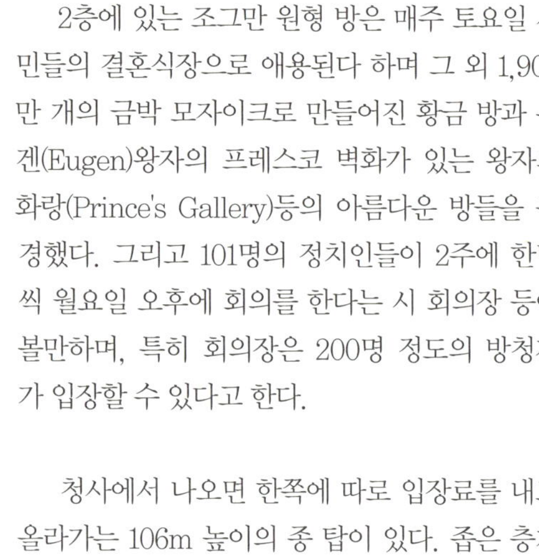

청사에서 나오면 한쪽에 따로 입장료를 내고 올라가는 106m 높이의 종 탑이 있다. 좁은 층계를 헉헉대며 올라가니 스톡홀름 시내가 한눈에 보인다. 머리 위에는 아홉 개의 종이 푸른 녹으로 뒤덮인 채 매달려 있다.

아름다운 시내와 발틱해로 흘러가는 강물, 왕궁, 옛 시가지, 바이킹 배의 박물관인 바사 박물관(Vasa Museum), 관광 선박들 그리고 유명인사들이 묵는다는 '그랜드호텔(Grand Hotel)'이 저 아래로 펼쳐져 보인다.

여행 에피소드

김치사건

"당신, 왜 그렇게 김치는 많이 가져와서 이 난리야. 냄새 때문에 골이 다 아프잖아!"
이 소리에 나는 자꾸 가슴 한 쪽이 켕긴다.

뒤셀도르프를 떠나기 전 동양 식품점을 크게 하는 분이 있어 김치를 배추김치 2통, 총각김치 1통을 부탁했더니 배추김치와 총각김치를 1통씩 덤으로 더 보내주셔서 애초에 내가 계산했던 양의 2배 가량의 김치가 배달되어 왔다.
반 이상 남기고 떠나자는 햇님의 말을 콧등으로 흘리며 우리가 묵고 있던 친구 분 댁에 있던 큰 스테인리스 김치통(한국산)을 빌려 가득 채우고, 나머지는 작은 병 몇 개에 채워 든든한 마음으로 아이스박스에 넣고 떠났다.

그런데 한 이틀은 괜찮더니 김치가 익어서 그런지 차를 타기만 하면 김치 냄새가 차 안에서 진동한다. 슈퍼에 들려서 냄새제거 스프레이, 차 안에 걸게 되어 있는 소나무 모양의 방향제 등을 아무리 사서 써 봐도 냄새가 없어지질 않아 아이스박스 안을 들여다보니, 세상에 어쩌면 좋아! 김치 국물이 흥건한 게 아닌가?
나는 계속 햇님의 눈치를 보며 가슴이 콩당콩당.
알고 보니 그 스테인리스 김치통의 네 군데에 있는 돌쩌귀 중 한 곳에 나 있던 구멍으로 김치 국물이 솔솔 새 나왔던 것이다.

"다 버리고 가자" 하는 햇님을 설득시켜 스웨덴의 스톡홀름으로 가기 전에 잠깐 들렸던 외테보리의 한 공원에서 그 김치를 처리하기로 했다.
비가 추적추적 내리는 스웨덴 외테보리 강북에 있는 한 공원.
그 스테인리스 통에 있던 김치를 모두 꺼내어 김치찌개를 끓였다.
깡통 햄도 듬뿍 넣어서….

소나무 모양의 방향제

아무튼 비 내리는 공원에서 남 눈치보며 끓인 김치찌개(맛은 왜 그렇게 좋은지!)에 밥을 맛있게 먹고, 남은 김치찌개는 플라스틱 통에 넣었다가 다음 끼에 잘 먹었다(그렇게 구박한 햇님은 주지 말 걸!).
그 다음부터는 냄새 없는 쾌적한 차 안에서 룰루 랄라….

건조중인 바사 호
모습의 상상화

햇님의 박물관 관람기

비운의 전함 바사 박물관

"

1628년 8월 10일 처녀 항해 때 침몰한 전함 바사 호(號)가

전시된 곳으로, 침몰한 바사 호는 333년만인 1961년에 인양되었는데,

건져낸 이 배에서는 25구의 유골이 발견되었다.

1990년에 개관된 바사 박물관에는

바사 호에 관련된 자료와 수장품 등이 전시되어 있다.

"

7월 24일

비운의 전함 바사 박물관

스웨덴 바사(Vasa) 왕가의 구스타프(Gustav) 2세 때 1625년부터 3년에 걸쳐 건조되어, 독일 30년 전쟁에 참전하기 위하여 처녀 출항을 했을 때 스톡홀름 항에서 침몰한 '비운의 전함 바사 호'가 전시되어 있는 '바사 박물관(Vasa museum)'.

바사 호는 1,000그루의 참나무를 써서 만든, 길이가 69m에 폭이 11.7m, 64문의 대포가 탑재되어 있었고, 높이가 50m나 되는 마스트와 10개의 큰 돛을 가져 총 무게가 1,210톤이나 되며 탑승 가능인원만 해도 450명이나 되는, 그 당시로서는 최대의 전함이었다.

마침 일요일이었던 1628년 8월 10일. 스톡홀름 항구에는 수많은 구경꾼들이 모였는데, 그들은 이 배의 진수와 침몰을 함께 구경한 증인들이 되었다고 한다. 진수되자마자 강한 바람이 돛에 불어닥쳐 선체가 기울었고 너무 많은 대포와 물건을 실은 이 배는 진수 후 불과 1,300m를 항진했을 뿐인데 중심을 잃고 스톡홀름 항구 앞 벡홀멘(Beckholmen) 섬 100m 전방에 침몰했다 한다.

1956년 해양 고고학자이면서 엔지니어였던 안데르스 프란젠(Anders Franzen)이 배를 처음 발견하였고 그로부터 5년이 지난 1961년 4월, 드디어 바사 호가 333년 만에 이 세상에 다시 빛을 보게 되었다. 배를 인양하기에 앞서 많은 사람들이 아이디어를 제공했는데 그 중 하나는 이 배 안에 거대한 얼음 덩어리를 얼려서 뜨게 한 후 적당한 곳에서 햇볕에 녹게 하자는 아이디어도 나왔고, 또 하나는 배 안에 탁구공을 꽉 차도록 넣어서 자연히 떠오르게 하자는 의견도 나왔다고 하는데 결국 인양을 맡은 '넵튠 셀베이징(Neptun

그 당시의
해도를 보며
설명 듣기

건져 올린 배 안에 있던 나무조각 장식(위)

바사 호의 모형(아래)

Salvaging)' 사는 전통방식인 굵은 케이블을 선체 밑으로 넣고, 물을 채워 넣은 침몰선 인양용 잠함을 부착한 후 물을 빼내어 그곳에 공기가 차게 되면 떠오르게 하는 방법으로 인양에 성공하였다 한다.

6층으로 되어 있는 이곳 바사 박물관에는 가운데에 건져 올린 바사 호가 있고 그 가장자리를 빙 둘러 층별로 배의 아랫부분부터 눈높이에서 볼 수 있게 하였고 배의 부분을 옮겨 복제해 만들거나, 인양 시의 물건들을 전시해서 구체적인 설명과 함께 진열해 놓았다.

현재 바사 호가 전시되고 있는 이곳은 그 옛날 이 배를 건조하던 장소였다는데 선체가 더 이상 상하지 않도록 어둠침침하게 조명을 하고 일정한 습도를 유지하고 있어서 그런지 침몰 당시 배 안의 아비규환의 장면이 보이는 듯 음산하다.

신들의 놀이터인가
밀레스 가든

≫ 달님의 미술관 관람기

아름다운 조각공원 밀레스 가든

> "
>
> 스톡홀름시내 북동쪽의 리딩외(Lidingo)섬에 위치해 있으며
> 스웨덴의 세계적인 조각가 칼 밀레스의 저택에 만들어진 조각 공원이다.
> 밀레스는 북유럽 신화나 고전 문학에 나오는 인물들을
> 형상화시켜 환상적이며 불가사의한 공간 조각의 대작을 많이 남겼다.
>
> "

7월 24일
아름다운 조각공원 밀레스 가든

스톡홀름, 바사 박물관을 보고 나와 허기진 배를 길거리 포장마차에서 핫도그로 때운 후 시내에서 북동쪽으로 다리 건너 리딩외(Lidingo)라는 섬에 있는 조각가 칼 밀레스(Carl Milles)의 작품으로 꾸며진 조각공원, '밀레스 가든(Milles Garden)'에 가 보았다.

이끼 낀 바다 위로
요정들이
물 튀기며

수많은 청동 조각작품들이 테라스와 계단, 기둥들과 더불어 조화롭게 진열되어 있었으며 한쪽 편에 있는 부인 올가(Olga)의 작업실에는 남편 칼(Carl)의 초상 등 많은 드로잉과 유화작품들이 있었다. 주로 신화에 근거한, 혹은 작가의 상상에서 창조되어진 동물과 식물 그리고 인간 모습의 조각들이 환경과 너무나 잘 어우러지게 놓여 있어 감탄을 자아내게 하였다.

특히 가지가지 종류의 분수, 또는 분수의 기능을 가진 조각작품이 너무나 각양각색이라 상상을 초월할 지경이다. 아래쪽 탁 트인 넓은 테라스, 바로 바닷물을 눈앞에 두고 여러 신과 인어들이 하늘을 날고 물 속을 노니는 모습이 펼쳐져 있어 이곳이 파라다이스인가? 아니면 신들의 놀이터인가? 하고 착각할 지경이었다.

한쪽에 가니 중국의 어느 분이 이곳을 방문하고 느낀 감상을 한문 붓글씨로 적어보낸 감상문이 있다. 본인도 너무 공감하기에 적어본다.

밀레스의 대표작
「신의 손」

'세 번째로 이곳 밀레스 가든을 방문하여
창조적 생동감과 환상을 가득 느낀다
여기, 날개 달린 페가수스가 하늘을 날고
저기, 이끼 낀 바다 위로 요정들이 물 튀기며
수많은 색색의 꽃들 절벽 따라 어렴풋하고
테라스들은 바람 많은 통로에 멋진 전망을 준다
지금, 모든 방문객들 돌아가 문은 닫혀 있고
여기, 지는 해와 그림자 벗삼아 나 홀로 남아 있노라'

7월 24일
스톡홀름 옛 시가지 구경

스 톡홀름 다운타운에 위치한 NK 백화점의 주차장에 차를 주차시키고 궁정의 뒤편, 옛 시가지(Old Town)로 들어갔다.

좁은 골목에 사람들이 가득하고 맥주 집에서 떠들며 웃고 마시는 사람들, 기념품 가게에서 구경하는 사람들, 어깨 스치며 지나가는 이들 거의 모두가 관광객들이었다. 그리고 길가의 악사들, 장사꾼들하며… 그 와중에 햇님은 어디에서 샀는지 조그마한 호루라기인지 뭔지를 입 속에 넣고는 홰액! 홰액! 하고 부니 엄청나게 큰 소리로 새소리도 나고 호루라기 소리도 나고 피리소리도 난다. 지나가던 모든 사람들이 뒤돌아본다. 특히 어린아이들이 신기한 듯…. 어른들은 돌아보며 웃음 참느라 애쓰고, 우리도 계속 낄낄대며 따라다녔다. 환갑을 눈앞에 둔 할배, 이래도 되는거유?

뭉친 근육 풀어주는 뒷골목의 마사지사(좌)

예쁘게 머리 땋아주길 기다리는 아이(우)

우리도 마침 컬컬한 김에 눈에 띈 맥주 집에 들러 한 잔씩 하는데 마침 이곳이
인터넷 카페도 겸한다 하기에 회가 동한 햇님, 기웃거리더니 자리차
지하고 앉아 시도해 보았으나 화면은 뜨는데 이상한 글자만 가득….

실망을 안고 다운타운의 주차장으로 오는 길.
한 할아버지 악사가 영화 「여인의 향기」에 나
오는 탱고를 기가 막히게 연주. 동전 한 개를 넣
어주고 사진 한 장 찍었다.

왜액! 왜액!~

귀여운 복장의
할아버지 악사(가운데)

사람들로 가득한
옛 시가지 뒷골목(아래)

7월 25일
스웨덴 왕궁

왕궁의 근위병
교대식 모습

사흘 밤을 지냈던 키스타(Kista)에서 아침 9시경 출발, 어제 갔었던 시청 주차장까지 직행. 하루종일 주차할 수 있게 동전을 듬뿍 넣어두고 다리를 건너 어제 갔던 옛 시가지 옆 언덕 위에 있는 왕궁(The Royal Palace)쪽으로 걸어 올라가는데 갑자기 종소리가 들린다.

아! 10시구나 하면서 혹시 근위병 교대식이 있지 않을까 했더니 과연, 몇 년 전 프라하에서 보았던 것보단 훨씬 간소하지만 그래도 구경거리인 근위병 교대식이 왕궁 앞 광장에서 진행되고 있었다. 그것을 다 본 다음 1인당 110코로나씩에 왕궁 입장권을 샀다.

궁 안에는 셀 수 없는 수많은 방에 엄청난 장식품들이 가득했는데 아름답긴 하지만 그 안에서 지내는 사람들은 행복하기는 커녕 오히려 힘들지 않았을까 하는 생각이 들 지경이었다.

1690년에서 1754년까지 64년에 걸쳐 이태리 바로크 양식으로 지었다는 이 왕궁은 3층 건물로, 그 안에 있는 방만 해도 무려 608개나 된다고 한다. 지금은 외국 귀빈들을 위한 만찬 장소로 쓰인다고 하는데 아직까지 쓰여지고 있는 왕궁 중 세계에서 가장 규모가 크다고 한다.

인상적인 것은 어마어마하게 큰 식당에 걸린 벽화들이었다. 창문이 있는 한쪽 벽을 뺀 나머지 세 벽에는 피 흘리는 사냥감들을 물어뜯고 있는 사냥개들, 요리 직전의

608개의 방을 가진
스웨덴 왕궁

피 흘리는 닭 종류와 붉은 눈의 물고기 등 전혀 식욕이 날 것 같지 않은 어두운 벽화들로 가득 장식되어 있다. 과연 이런 그림들을 배경으로 맛있게들 식사를 했을까?

나폴레옹이 선물했다는 아름다운 도자기로 만든 장이 있는 방, 두 개의 팔각형 방, 또 태피스트리로 장식되어진 방이 있었고, 경호원들이 있던 방(guard room)들은 급수에 따라 장식이 다르게 되어 왕의 침실 밖으로 겹겹이 있었다. 대관식 등 왕실 행사를 주로 하는 큰 강당 같은 방을 지나 대대로 내려오는 왕관, 칼 등 보물이 전시되어 있는 '보물전시실(The Treasury)'로 가서 절제된 조명 속에 있는 수많은 보석들이 박힌 왕관 등을 보고 구스타프 3세의 '골동품 박물관(Museum of Antiques)'과 '세 개의 왕관 박물관(The Tre Kronor Museum)'을 구경했다.

'세 개의 왕관' – 스웨덴의 돈과, 시 청사 꼭대기, 또한 왕족들의 옷 장식 등에도 온통 스웨덴을 상징하는 심벌로 쓰이는 '세 개의 왕관'은 1270년 마그누스 라둘라스(Magnus Ladulas)라는 사람이 처음으로 자신의 개인 문장(personal seals)으로 쓰기 시작했고 1350년 마그누스 에릭손(Magnus Eriksson)왕의 재임 시 스웨덴 왕국의 심벌로 쓰이기 시작했다고 하는데, 즉 왕궁에 있는 중앙 탑의 이름이었던 '세 개의 왕관'이 이제는 스웨덴 왕국의 심벌로 쓰이고 있는 것이다.

스웨덴 돈 '코로나'를 영어로 크라운(Crown)이라고 부르는 이유에 대한 궁금증이 풀렸다.

7월 25일
스톡홀름 보트투어

맥도날드 광고 겸용
2층 관광버스(위)

한가한 오후의
유르 골든 공원
(아래)

왕궁을 구경한 후 점심을 먹고 예약해 놓은, 1시 30분에 출발해 스톡홀름 주위를 한 바퀴 도는 배를 기다리며 길거리 벤치에 앉아 지나가는 이들을 구경했다.

관광객들, 토박이들, 나팔 불며 행진하는 군인들, 예쁘게 칠한 2층 관광버스, 깨끗한 아코디언같이 연결된 2량 짜리 전차, 관광객용 마차 등…. 아마 그들에게는 오히려 우리들이 구경거리였을지도 모른다.

배를 타니 영어, 독일어, 스웨덴어, 불어와 일본어 안내방송까지 나오는데 섭섭하게도 한국어는 없었다. 여하튼 영어로 나오는 안내방송에 귀 기울인 채 두리번거리며 구경했다. 물길을 따라 돌며 왕궁과, 숙박하고 있는 모든 손님의 출신국가의 국기를 모두 게양하고 있다는 그랜드 호텔, 그리고 어제 가 본 바사 박물관 등을 물 위에서 바라보니 또 다른 기분이었다. 스톡홀름은 14개의 섬으로 이루어져 15개의 다리가 있고, 이곳 출신으로 노벨상 제정자이기도 한 다이너마이트의 발명가 알프레드 노벨(Alfred Nobel)을 기리는 '노벨 공원'이 있다.

그리고 엄청나게 넓은 '유르 골든(Djur Garden)공원'엔 자전거 타는 사람, 벤치에 앉아 책 읽는 사람, 잔디에 엎드려 일광욕하는 연인 등등, 정말 많은 사람들이 망중한을 즐기러 나와 있는 게 보였고, 바다 쪽으로 한참 나가니 작은 섬이 하나 있는데 그것이 스톡홀름의 시 경계라고 한다.

조금 더 나가니 2만 4천 개의 섬으로 이루어져, 100km 길이에 퍼져있다는 '섬들의 밭 ; 아키펠라고(Archipelago)'가 나타났다. 섬과 섬 사이를 누비며 구경하고 다시 돌아오다가 바다 쪽으로 포물선을 그리며 물을 뿜어내는 거대한 분수가 있어 자세히 보니 어제 갔던 조각공원의 작가 칼 밀레스의 작품이 아닌가? 정말 멋있었다.

배에서 내려 이번에는 부둣가 가까운 곳에 있는 스웨덴 국립미술관(National Art Museum)을 방문했다. 인상적인 것은 다른 곳과는 달리 국립박물관 1층에 디자인 작품들이 많이 전시되어 있어 스웨덴이 역시 디자인 강국이구나 하는걸 새삼스럽게 느낄 수 있었던 것이다. 특히 눈을 끌었던 작품은 칼 라르손(Carl Larsson)의 1897년도 작 「스웨덴의 동화(Swedish Fairy Tale)」였다.

호텔로 돌아가는 길에 7월 28일 저녁 8시 15분에 출발하는 핀란드행 '실자(Silja) 라인'의 배표를 샀다. 자동차 한 대와 캐빈 두 개, 그리고 저녁 네 사람 분에 3,327스웨덴 코로나였다.

7월 26일
쏘렌과 브릿트의 집

쏘렌과 브릿트(위)

집안에서 내다 본
아름다운 호수(아래)

'**샌**'드빅(Sandvik)' 이라는 스웨덴 철강회사의 한국지점 사장으로 재직하다 재작년 퇴임, 고향으로 돌아와 은퇴 후 생활을 즐기는 쏘렌(Soren)과 부인 브릿트(Britt). 드디어 오늘 그들을 만나는 날이다. 독일에서 몇 번 통화를 할 때마다 "여기 날씨는 테리블(terrible)이다. 춥고, 비 오고, 여름 같지 않다"고 하길래 "우리가 햇빛을 몰고 갈 테니 걱정 말라"고 했는데 아침에 자꾸 비가 온다.

한국에서 여러 번 만나 초면은 아니지만 서양 사람 집에 갈 테니 냄새날까봐 아침을 빵으로 때우고 스톡홀름에서 북쪽으로 1시간 30분 정도 걸리는 샌드빅켄 (Sandviken)으로 향했다.

드디어 비는 개이고 약속장소인 집 근처 주유소에 나타난 쏘렌. 전 보다는 조금 여위었으나 무척 건강해 보이는 모습이었다. 국립공원 같은 숲 속으로 한참 들어가니 그림같이 아름다운 호숫가의 집이 나타난다. 브릿트 아줌마도 여전한 모습이었고 집안으로 들어서니 눈이 머무는 곳마다 너무 아름답게 꾸며져 있어 동생부부는 이쪽저쪽 사진 찍느라 바쁘고….

호숫가에 두 대의 작은 보트가 정박해 있는 것이 보이고 물이 담긴 접시에 둥둥 떠있는 작은 초들과 예쁜 꽃잎들이 환상적인 분위기를 연출하는 식탁에서 간단하지만 맛있는 점심. 따끈하고 동글동글한 찐 감자에 사워 크림을 듬뿍 얹고, 샐러드와 자글자글 갓 구워낸 연어구이. 특히 생선 위에 얹는 소스 맛이 일품이었다.

거실 한쪽 편 모습(위)

호수에 떠 있는
조각 작품(아래)

집 주위 구경, 샌드빅 철강회사 구경을 하고 다시 집으로 돌아와 보트로 호수를 한 바퀴 돌았다. 너무 아름다운 주위풍경에 쏘렌에게 "당신네들은 거의 낙원에 사는 것 같다"고 말해 주었더니 자기도 그렇게 생각한다고 대답한다.

저녁, 아직도 해가 중천에 떠 있는 오후 8시. 7월이라 이곳 스칸디나비아 반도에서는 낮이 너무 길고 밤이 너무 짧아 '백야' 현상이 있다더니 과연 해가 길다. 호숫가에서 애피타이져로 와인과 바비큐 그릴에 구운 소시지, 안으로 들어와 식탁에서 다시 와인과 함께 속에 양념을 넣어 구운 쇠고기 스테이크를 먹고 나니 모두들 황홀해서 시쳇말로 뿅! 갔다.

저녁 후에는 두 팔을 열심히 흔들며 씩씩하게 걸어 숲 속 동네 한 바퀴 돌고 별채로 지어진 게스트 하우스(guest house)에서 꿈나라로….

〉〉 달님의 미술관 관람기

칼 라르손의 집

❝

칼은 그의 장인으로부터 순드보른에 있는 작은 집을
받게 되는데, 칼과 그의 부인 카린은 이 집을 그들의 예술적인 취향에
맞게 가꾸었다. 이곳에 살면서 그린 그림들과 책들 덕분에 현재
전 세계적으로 가장 사랑받는 유명한 예술가의 집 중 하나가 되었다.
5월부터 10월까지 관광객들에게 공개를 하고 있다.

❞

7월 27일

스웨덴의 대표화가 칼 라르손의 집

쏘렌의 말대로 모닝레인(morning rain)이 오늘도 내린다. 그냥 '모닝레인'이었으면 좋겠는데….

이곳 지역 출신 화가로 스웨덴에서 가장 유명하다는, 며칠 전 스톡홀름의 국립미술관에서 눈에 확 띄었던 그림 「스웨덴의 동화(Swedish Fairy Tale)」의 작가 칼 라르손의 집이자 박물관인 '칼 라르손 가든(Carl Larsson Garden)'이 있는 순드보른(Sundborn)으로 가서 그가 부인 카린(Karin)과 일곱 아이들과 함께 살았다는 집을 가이드를 따라 돌아보았다.

칼 라르손의 집 |

1853년에 태어난 칼 라르손은 어린 시절 매우 가난하였으나 그림에 재능을 보여 스톡홀름의 미술학교에서 공부하고 나서 파리에서 몇 년간 살았는데 그때에 부유한 가정 출신의 젊은 화가 카린을 만나 결혼하여 일곱 아이들과 함께 이 집에서 살았다고 한다. 원래 이곳 순드보른의 집은 장인의 생가였는데 칼과 카린이 살면서 계속 증축하여 맨 나중에 덧붙여 지은 작업실은 그 당시 유럽에서 화가의 작업실 중 가장 큰 것이었다고 한다.

문마다 일곱 아이들의 그림이 각각 예쁘게 그려져 있고 어느 해 부인의 생일에 그는 부인과 아이들의 침실에 방을 빙 둘러 붉은 리본을 계속 그려나가다가 부인의 침대 머리맡에서는 리본이 풀리며 그의 이니셜, 즉 C. L.이 자연스럽게 그려져 있어 그의 부인에 대한 사랑을 읽을 수 있었고 2층에 있는 침실에서 아침에 눈을 뜨면 그는 자신의 작품을 가장 먼저 보고 싶어서 바로 아래층의 작업실을 볼 수 있도록 침실 벽에 조그만 문을 달아 놓았다.

칼 라르손의
모델은 언제나
부인과 아이들

식탁보, 해바라기 무늬의 쿠션, 침대보, 커튼, 장식용 태피스트리 등은 모두 부인 카린의 작품이라고 하며 맨 마지막으로는 넓은 그의 작업실을 보여주었는데 한쪽 벽 가득히 북 스톡홀름 중학교(North Stockholm Grammar School)의 벽화를 그리기 위한 스케치가 있었다.

시청에 있는 '왕자의 화랑'으로 유명한 유겐 왕자와 학교의 교장, 선생님들, 칼 라르손의 친척들이 모델이 된 그림인데 오른쪽 끝 부분에는 화가 자신도 있다. 사랑스런 부인과 귀여운 일곱 아이들과 넓진 않지만 행복하게 살았던 작가의 체취가 느껴지는 곳이었다.

나오면서 또 햇님, 입 속에 있던 호루라기로 새소리 내어 새들을 모으고 있다.

그곳에서 나와 '달라나 말(Dalarna Horse)'을 만드는 누스나스(Nusnas)라는 곳을 가 보았다. 이제는 스웨덴의 심벌이 된 이 목각 말은 11월부터 그 다음해 3월까지 지루하고 긴 겨울을 지내기 위해 소일 삼아 집 근처에 지천으로 깔린 나무를 잘 다듬어 예쁘게 만들어서 친구들과 찾아온 손님에게 주던 것을 국가가 나서서 상업화하여 이제는 스웨덴의 관광상품으로 자리잡게 되었다고 한다.

돌아오는 길, 차가 너무 많이 밀려 알아보니 라트빅(Rattvik)이란 곳에서 일 년에 한 번 열리는 'Old Car Week' 때문이라고 한다. 지금은 모두 폐차되어 거의 사라진 그런 차들…. 오래됐는데도 아직도 씽씽하게 잘 달리는 각종 차들을 모두 어디에서 몰고들 왔는지?

길 옆에는 수많은 사람들이 접는 의자, 조그만 테이블 등을 가지고 나와 자리잡고 앉아 맥주 등을 마시며 지나가는 차들을 일일이 감상하고 카메라에 담는 등 즐기고들 있다. 너무 길이 막혀 시간은 많이 걸렸지만 우리도 지나가는 옛날 차들을 맘껏 구경하며 왔다.

'달라나 말'과
귀여운 아이(위)

아직도 쌩쌩 달리는
성능 좋은 Old Car
(아래)

7월 29일

핀란드의 항구도시 투르쿠 도착

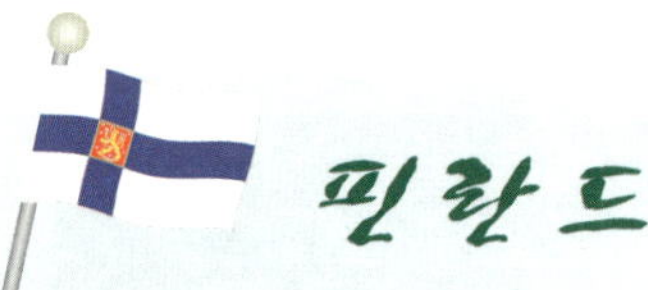

핀란드

- 국가명 : Finland(FIN)
- 위 치 : 북유럽 발트해연안
- 면 적 : 33만 8,145㎢
- 인 구 : 521만명
- 수 도 : 헬싱키
- 정 체 : 공화제
- 공용어 : 핀란드어, 스웨덴어
- 통 화 : 유로(Euro ; €)
- 환 율 : 0.90유로 = $1
- 1인당 국민총생산 : $2만 378

너무나도 고마운 쏘렌 부부와 작별인사를 하고 80번 도로, E 4번 도로로 스톡홀름으로 다시 와서 며칠 전 사 놓은 표로 저녁 8시 15분 출발인 실자라인 페리를 탔다.

풍성한 음식이 가득한 뷔페식당에서 모두들 푸짐하게 먹고 마시면서 석양을 받은 섬들과 바다를 즐겼다.

오늘 새벽 엇저녁 배 안의 뷔페식당에서 과음을 한 햇님이 목이 말라 물을 찾느라 온 배 안을 헤매고 다녔으니 들락거리는 소리에 잠 못 들다가 깜박 잠이 들어 아침 7시에 겨우 깼다.

배가 핀란드에 8시 도착이니까 7시 30분에는 모든 준비를 하고 차 있는 곳으로 내려가야 한다고 했는데 늦게 일

투르쿠의 재래시장에서
커피와 도넛으로
아침식사

어난 나는 깨워주지 않은 햇님을 원망하며
"바쁘다, 바뻐"하면서 좁은 화장실에서 샤워
를 했더니 배가 한쪽으로 기울었는지 세면대
있는 쪽 바닥으로 물이 완전히 고였다. 옆에
세워져있는 손잡이 달린 유리창 닦이 같은
걸로 물을 열심히 훑어내어 수채 쪽으로 몰
고 땀을 뻘뻘 흘리며 겨우 차비.

　7시 50분, 배의 맨 아래층에 있는 차에
짐을 가져다 놓고 다시 8층 갑판으로 올라가
풍경을 좀 보려 했더니 벌써 도착이다. 다시 후다닥 내려와 우리는 들어올 때 늦게
들어 왔으니 맨 나중에 나가겠지 했더니 그게 아니고 거의 1착으로 배를 빠져 나왔
다. 이렇게 고마울 수가!

　우리가 도착한 핀란드에서 가장 오래된 투르쿠(Turku)라는 작은 항구도시는
올해로 도시탄생 775주년을 기념한다고 한다. 아침을 사먹을 식당을 찾다가 바로
가까운 곳 광장에 재래시장이 섰기에 모두들 출출한 배를 커피와 도넛으로 채우고
과일, 훈제연어, 빵 등을 샀다.

달님의 박물관 관람기

시벨리우스 박물관

> 투르쿠시의 대성당 북쪽에 콘크리트로 세운 현대적인 건물이다.
> 세계적인 작곡가 시벨리우스에 관한 자료와
> 악보 및 전 세계에서 모은 악기 컬렉션이 전시되어 있다.
> 수요일에는 중앙 홀에서 음악회가 열리며, 평일에도 항상 조용한
> 음악이 박물관 안에 은은히 울려 퍼진다.

7월 29일

핀란드의 국민 작곡가 시벨리우스

11시에 개관인데 아직 1시간이나 남아 박물관 앞에 차를 세워놓고 배고픈 김에 아침을 먹었더니 그런가 모두들 식곤증이 몰려와 차 안에서 한숨씩 잤다.

이윽고 박물관이 열려 들어가니 뉴욕과 캘리포니아에서 공부하여 미국식 영어를 유창하게 구사하는 안내원 아가씨가 우리를 위해 먼저 큰 오디토리움에서 시벨리우스(Jean Sibelius) 작곡 *「핀란디아(Finlandia)」를 크게 틀어주었다. 시벨리우스가 200개가 넘는 곡을 작곡했다지만 그 중 가장 유명한 「핀란디아」.

시벨리우스 박물관
입구

나 자신은 장엄한 이 곡을 들을 때마다 감동적이랄까 무언가 가슴속에서 북받쳐 올라오는 걸 느낀다. 혹시 이 곡은 어느 나라 사람이 듣던 간에 애국심을 유발시키는 곡이 아닐까? 시벨리우스가 「핀란디아」를 작곡했을 당시는 핀란드가 러시아의 지배 하에 있었는데, 이 곡이 핀란드 사람들의 애국심을 유발시키는 효과가 있어 러시아가 매우 신경을 곤두세웠었다고 한다.

어쨌든 경건한 마음으로 웅장한 「핀란디아」를 감상하고 그 안에 전시되어져 있는 고대, 현대, 그리고 세계 곳곳의 악기들과, 시벨리우스의 친필 악보, 편지, 사진 등등을 안내원을 따라 열심히 보았다. 「핀란디아」가 1900년 파리 세계박람회에서 처음 공연되었을 당시 헬싱키 오케스트라(Helsinki Orchestra)가 그 공연을 위해 연습하는 장면의 사진과 시벨리우스가 1914년 미국 예일(Yale)대학에서 명예음악 박사학위를 받는 모습의 사진 등도 있었다.

*「핀란디아(Finlandia, 1899)」

핀란드의 작곡가 시벨리우스의 교향시(작품번호 26의 7). 1900년 7월 파리의 세계박람회에서 초연되었다. 아름다우면서도 준엄한 조국의 자연에 대한 찬가라고 할 수 있다. 발표 당시는 조국이 러시아의 압제 하에 있었기 때문에 국민들의 애국심을 불러일으켜 핀란드의 국가라고 할 수 있는 곡이 되었다.

7월 30일

핀란드의 수도, 헬싱키 카드로 누비다

어제 오후 비가 내리기 시작한 핀란드의 수도 헬싱키에 도착하여 1인당 25유로인 헬싱키 카드(Helsinki Card)를 샀다. 유럽 각국의 큰 도시마다 이와 비슷한 관광용 카드가 있는데 처음 쓰기 시작한 시각부터 24시간 동안 유효한 이 헬싱키 카드는 시내투어와 또한 대중 교통 수단 등이 무료이고 특정한 식당에서는 샌드위치를 주문하면 커피가 무료로 제공되는 등 많은 할인을 해 준다고 한다.

그리고는 중앙 역의 호텔 안내소에 가서 시내에서 조금 떨어져 있는 싸고 한적한 호텔을 소개받아 찾아갔다. 소개비로 5유로를 냈지만 호텔 방은 바다 쪽으로 테라스도 나 있는, 널찍하고 깨끗한 아주 맘에 드는 방이었다.

아침에 투르쿠의 재래시장에서 산 훈제 연어와 샐러드, 한국에서 동생네가 가져온 즉석국에다가, 실자 라인에서 산 포도주까지 곁들여 저녁을 근사하게 잘 먹었다.

헬싱키 카드(위)

템펠리아우키오
교회 내부(아래)

오늘 아침. 자동차는 호텔에 주차해 놓고 헬싱키 카드로 전철을 타고 시내로 나가 헬싱키 시 중앙에 있는 에스플라나드 공원(Esplanade Park)에서 10시에 출발하는 시내투어버스를 탔다.

재래시장(Old Market Place), 루터란 성당(Lutheran Cathedral), 나라의 거실(Nation's Living Room)로 불리는 국회광장(Senate Square), 키아스마(Kiasma)라는 현대 미술관이 있는 마네르하이민트(Mannerheimint)거리를 지나 시벨리우스 음악학교를 거쳐, 템펠리아우키오 교회(Temppeliaukio Church)라는, 구리로 지붕을 둥그렇게 얹은 독특한 교회가 있어 들어가 보니, 천장을 22km의 구리줄(copper wire)로 둥글둥글 돌려 붙여 놓은 것이 희한하게 보였고 교회 안에는 관광객이 가득했다.

파이프오르간
같아 보이는
시벨리우스 모뉴먼트

1939년에 헬싱키에서 올림픽을 열기로 되어 있었으나 소련과의 전쟁 때문에 연기되어 결국 1952년이 되어서야 열리게 된 헬싱키 올림픽 스타디움, 그리고 스타디움 가까운 곳의 공원에 있는 시벨리우스 모뉴먼트는 스테인리스 파이프를 여러 개 잘라 붙인 것 같은 조각 작품이라 파이프 오르간 같아 보였는데 작가는 숲 속의 나무들에서 영감을 얻었다고 한다.

그리고 놀라지 마시라!

핀란드에는 2백만 개의 사우나가 있어 국민 모두가 동시에 사우나를 할 수 있다 하며 '핀란드 사람들은 사막에 가서도 사우나를 만들 것이다' 라는 농담이 있을 정도라고 한다.

시내투어를 끝내고 재래시장의 포장마차 같은 곳에서 생선튀김, 오징어튀김 등으로 맛있게 점심도 먹고 커다랗고 싱싱한 연어 필레(filet) 하나와 야채를 샀다. 호텔로 돌아와 소금에 알맞게 절여진 4등분된 연어를 방밖의 테라스에서 구워 너무나 맛있게 잘 먹었다. 연어를 2마리 살 걸 그랬다며 햇님은 계속 아쉬운 표정. 햇님과 나는 저녁 준비 동안 일기 쓰기, 저녁 후에도 일기를 쓰느라 늦게 잤다. ☾

8월 1일
오페라 축제가 열리는 사본린나

어제 아침, 헬싱키의 현대미술관 앞의 도서관, 정문 앞 넓은 복도 같은 공간에 있는 탁자에 앉아 무선 인터넷으로 그동안 밀린 일기를 올렸다. 인터넷카페도 아니고 그냥 도서관 앞 복도에서 무선 인터넷이 되다니…. 핀란드가 노키아(Nokia) 핸드폰을 선두로 인터넷 등 IT 산업이 발달되었다더니 과연…!!

헬싱키에서 북동쪽에 있는 여름 오페라 축제(Summer Opera Festival)와 사우나로 유명하다는 사본린나(Savonlinna)로 올라갔다. 축제 때문에 방을 찾기 힘들었지만 B&B(Bed & Breakfast ; 조식을 제공하는 개인 숙박업소) 한 곳을 겨우 찾아 묵었다.

아침 일찍 부둣가에 있는 재래시장을 구경하고 오페라 축제(올해는 7월 9일부터 8월 7일까지)가 열리는 올라빈린나(Olavinlinna) 성으로 갔다.

어제까지 오펜바하의 「호프만의 이야기」, 마스카니의 「카바렐리아 루스티카나」, 레온카발로의 「팔리앗치」(본인이 대학시절 연극으로 공연했던…), 그리고 푸치니의 「투란도트」를 했었다는데 하루가 늦어져 구경할 수가 없었다.

성 내부에 있는
작은 교회(좌)

두꺼운 성벽에 뚫린
구멍을 통해 본
풍경(우)

그래도 5유로씩 내고 성안으로 들어가서 이곳저곳을 기웃거리다가 음악소리 나는 곳으로 가 보았더니 오늘 저녁에 공연할 '오페라 아리아 모음' 공연의 리허설이 한창이라 우리도 객석에 앉아 구경했다.

이 올라빈린나 성은 1475년에 스웨덴과 핀란드의 동쪽 경계를 방어하기 위해 지었다는데 끝까지 항복하지 않고 저항하다가 종래는 러시아에게 점령당했었고 이제는 관광명소가 되어 있다.

호수 안의 자연석을 그대로 남기고 그 위에 지은 2m 가량의 두꺼운 벽을 가진 튼튼하고 아름다운 성. 미로와 같은 여러 개의 방들. 그리고 그 성안에서의 오페라!! 멋있었을 텐데…. 아쉬움을 남기고 북쪽으로, 북쪽으로 달렸다.

이곳은 물 가까이로 도로가 나 있는 곳이 많아(핀란드의 동남쪽 지도를 보면 거의 물 반, 땅 반이다) 어떤 때는 길 양쪽에 호수 물이 넘실대는 사이로 한참을 달릴 때도 있다. 풍경이 아름다워 사진 찍고 싶어도 나무들이 많아 자꾸 시야를 가린다. 가다보면 자작나무 가득한 숲, 물, 가다보면 소나무 숲, 그리고 물, 또 물….

루스토 포레스트 박물관(Lusto Forest Museum)과 레트레티 미술관(Retretti Art Center), 그리고 세계에서 나무로 지은 교회 중 가장 크다는 케리마키(Kerimaki) 교회를 둘러보고 E 75번을 타고 북쪽으로 올라가다 북서쪽 해안에 있는 오울루(Oulu)라는 항구도시에서 묵었다.

8월 3일

산타 마을에서 맞은 「8월의 크리스마스」

발틱해 북단 항구인 오울루에서 하루를 묵고 케미(Kemi)를 거쳐 로바니에미(Rovaniemi)에 도착하였다. 겨울에는 스키장으로 유명하다는 한 리조트에서 두 가족이 한 지붕 아래 별도로 쓸 수 있도록 만들어진 방갈로 한 채를 비교적 저렴한 가격으로 빌렸다. 집안에는 사우나, 샤워 등의 시설부터 부엌까지 딸려 있다.

*북극권(Arctic Circle)에 있는 도시 로바니에미는 산타클로스의 마을로 유명한 곳인데 여름에는 해가 거의 지지 않는 백야가 있는 이곳에서 일행 네 사람이 모처럼 늦은 저녁 골프를 해 보았다.

오늘 아침 산타마을의 ‘산타파크’에 가보니 입구는 마치 동굴처럼 되어 있어 한참을 걸어 내려간다. 동굴 내려가는 주위에서는 산타의 장난감 공장에서 기계 돌아가는 소리, 망치질 소리, 재봉틀 소리, 톱질 소리 등등…. 어린이들에게 줄 선물을 만드는 소리가 계속 들려온다.

입장료를 내니 손등에 도장을 찍어준다.
한쪽엔 산타 선물공장을 둘러보는 4인용 궤도 차가 있다. 산타 마을에서 작은 산타 복장을 한 요정들이 저마다 맡은 일을 하며 선물을 만들어내는데 잘도 움직이게 만들어 놓아 어른인 우리들의 마음도 사로잡는다.

방금 출근한 산타할아버지가 있는 산타 사무실. 금새 어린이들이 방안에 가득

산타 마을에서
발행한 우표(위)

북극권
(Arctic Circle)
(아래)

해졌다. 어린이들은 줄을 서 있다가 산타와 이야기하고 악수하면 아빠 엄마들은 아이들 사진을 찍어 준다. 진짜 산타와 찍은 사진이니 집에 가면 친구들에게 자랑 많이 하겠지…?

산타파크를 보고 나와 오랜만에 서울로 엽서도 보내고 북극권(Arctic Circle) 선상에서 증명사진도 찍었다. 우리는 한여름에 산타 마을에 와서 「8월의 크리스마스」를 보내는 기분이었다.

산타파크 입구(위)

산타와 루돌프 사슴과
함께(아래)

* 북극권(北極圈, Arctic Circle)

북반구의 지리학상의 한대와 온대를 구분하는 경계선이며, 동지와 하지에서의 명암의 경계선이기도 하다. 하짓날에는 이 위도선상에서 태양이 지평선 밑으로 지지 않는다. 즉, 북극권 내에 깊이 들어갈수록 밤이 없는 날이 하지를 중심으로 그 전후에 점점 길게 계속된다. 북극권은 위선(북위 66° 32′ 35″)만을 가리킬 경우도 있으나, 극점(極點)을 중심으로 하는 북반구 고위도지대의 총칭으로서도 사용된다.

8월 4일
노르웨이 서북단의 다도해 – 로포텐 섬

원래는 노르웨이(Norway)의 최북단 노르드카프(Nordkapp)를 꼭 들려보고 싶었으나 노르웨이의 길 사정이 너무 나빠서 트롬쇠(Tromso)로 만족하기로 했다. 게다가 덴마크에서의 연극 「햄릿」의 공연 티켓을 구입했기 때문에 그 날짜(8월 10일)에 맞추려다 보니 느긋하게 다니지 못하고, 볼 것은 많은데 시간이 없다.

트롬쇠는 트롬스 카운티(Troms County)의 주도로 인구 5만 5천명 정도의 작지만 아름다운 도시이며 세계에서 대학교가 있는 최북단의 도시로 맑은 공기, 깨끗한 바다 등 환경이 뛰어나고, 노르드카프로 가는 배도 떠나는, 북극권의 관문이자 전초 기지이다. 바다를 건너지르는 그림 같은 다리하며, 다리 옆 경관 좋은 곳에 세워진 이색적인 '트롬스달(Tromsdal) 교회' 등도 볼만하다.

로포텐의
모스케네스 항구 풍경
(좌)

길에서 만난 사슴
루돌프 사슴
동생인가?(우)

바다안개가 잔뜩 끼어 건너편 산과 집들이 전혀 보이지 않으면서도 포근한 느낌을 주는 다음날 아침. 일찌감치 준비하여 로포텐(Lofoten)으로 출발이다. 로포텐은 노르웨이 북단의 섬으로 겨울 어업의 중심지이면서 우리나라의 다도해처럼 경치가 좋아서 노르웨이에서도 제일로 꼽는다는 경관이 아름다운 곳이다.

E 6번 도로를 타고 나르빅(Narvik)에서 기름을 가득 채우고(유전이 있다는 나라인데도 기름 값이 장난이 아니네…. 스웨덴, 핀란드보다 훨씬 더 비싸다) 지방도로 E 10번을 타고 로포텐으로 향했다.

갈수록 바다와 산이 어우러지면서 바다가 멋을 부리다가, 어떤 때는 산이 멋을 내고, 또 어떤 때는 바다와 산이 함께 자태를 뽐낸다. 그 한 장면 한 장면이 사진 같고, 그림 같아서 굽이굽이 돌 때마다 감탄이 저절로 나온다.

우리는 로포텐의 서남쪽 제일 끝에 있는 모스케네스(Moskenes)까지 가서 페리로 본토의 보도(Bodo)쪽으로 건너가기로 했는데 모스케네스 가는 좁고 몹시도 꼬불꼬불하고 위험한 절벽길을 우리는 경치를 위안 삼아 달려갔다.

멜부(Melbu)까지 오니 길이 없어지고 페리가 우리를 건네준다. 모스케네스에서 오늘 저녁 7시 30분에 떠나는 배가 있다고 해서 부지런히 달려 모스케네스 부두에 도착

- 국가명 : Norway(N)
- 위 치 : 스칸디나비아 반도 서부
- 면 적 : 32만 3,758km²
- 인 구 : 456만명
- 수 도 : 오슬로
- 정 체 : 입헌군주제
- 공용어 : 노르웨이어
- 통 화 : 크로네(Norwegian Krone)
- 환 율 : 7.47 크로네 = $1
- 1인당 국민총생산 : $3만 5,630

하니 우리가 타려던 배가 항구 밖으로 막 빠져나가고 있다. 안타까운 마음이었지만 부두에는 배에 자리가 없어 못 탄 자동차들이 우리말고도 7~8대 정도 남아 있어 조금 위안이 되었다.

아침 일찍 떠나 바다에서 보는 경치를 감상하는 것도 괜찮을 것 같다고 서로 위로하며 오늘은 이 아름다운 섬에서 하루 묵기로 했다. 내일 아침 6시 30분 출발하는 배를 타려면 늦잠을 자면 안될 텐데…

모스케네스 항구로
가는 길

8월 5일

보도로 가는 페리와 폭포를 거슬러 올라가는 연어

새벽 5시, 여행할 때면 늘 가지고 다니는 태엽 감아쓰는 자명종 시계 덕분에 깼더니 갈매기 소리가 요란하다. '아침바다 갈매기는 금빛을 싣고…' 라는 어린 시절 배웠던 노래 한 구절이 생각난다.

다행히 모두들 늦잠자지 않고 일찍 기상, 5시 반에 부두로 나오니 우리 앞으로 6~7대의 차들이 벌써 와서 줄을 서 있고 어제 저녁 늦게 돌아와서 하루 밤을 잔 배는 입을 크게 벌리고 자동차 받을 준비를 하고 있다.

새벽부터 줄서서
기다리는 차와
요금 징수원

3시간 후 보도(Bodo)에 내린 후 파우스케(Fauske)까지 달려나와 E 6번을 타고 남쪽으로 향했다. E 6번 도로는 노르웨이 지도 한 중앙에 굵게 그려져 있는 도로라서 나는 속으로 왕복 4차선의 고속화 도로일 것이라고 생각을 했는데 완전 계산 착오였다. 내려오는 길도 강과 호수를 옆으로 끼고 왕복 1차선씩에 왜 그리 터널도 많고, 절벽도 많고, 한쪽이 지나가야 반대쪽 차가 지나갈 수 있는 외길도 많은지, 높은 산을 곡예처럼 올랐다가, 마음 조마조마하면서 내려오는 길의 연속이다. 결국 예상했던 소요시간의 3배는 더 걸렸다.

중간에 주유소에서 기름 넣고 햄버거 하나씩으로 점심을 때웠다. 햄버거 하나에 10유로(한화 약 1만4천 원)를 받으니 우리는 이름하여 '바가지 햄버거' 라 했다.

조금 지나가다가 큰 도시인 모이 라나(Mo-i-Rana)라는 곳 근처에서 잠시 쉬는 중에 앞에 보이는 그다지 높지는 않은 폭포가 있다. 물이 많이 흘러 내려와서 멋있고 물소리도 시원해 한참을 보고 있는데 알을 낳기 위해 상류로 오르려는 연어들이 막 뛰어 오르고 있는 모습이 보인다. 영화나 TV에서나 보던 장면을 실제로 보기는 처음이다.

연어가 뛰어오르던
작은 폭포

8월 6일

물과 산이 아름답게 어울린 가이랑어 피오르드

어젯밤 바가지 쓴 것 같은 비싼 트론하임(Trondheim)의 모텔. 노르웨이에서는 계속 그런 느낌이다. 두 개 밖에 남아 있질 않아 할 수 없이 묵었지만 싱글 룸을 방 하나에 100달러 이상이나 받다니…

그래도 상쾌한 아침, 남쪽 베르겐(Bergen)으로 향해 떠났다. 이왕이면 가는 길에 노르웨이의 그 유명한 피오르드(Fjord)를 볼 수 있는 배를 타러 가이랑어(Geiranger)로 향했다. 가는 길은 너무 좁고 엄청 꼬불꼬불…

가이랑어 선착장에서 배를 기다리다 17년 전 이곳으로 시집왔다는 한 한국부인 가족을 만났다. 헤어지기가 아쉬워 안쓰러운 표정을 하는 부인을 뒤로하고 피오르드 관광선을 탔다. 배 위에선 서울에서 오신 초등학교 부부 교사도 만나고…

포스터나 사진에서 보았던, 물에서 갑자기 올라간 높은 산들… 진짜 '피오르드'가 이런 것이구나 하면서 열심히 이쪽저쪽 두리번두리번. 산꼭대기의 얼음이 녹

내려다보이는
가이랑어 선착장(좌)

와~ 피오르드가
이런 것이구나!!(우)

아 폭포가 되어 일곱 갈래로 흘러내리는 '일곱 자매(Seven Sisters)폭포'가 있고 맞은편 산에서는 조금 큰 폭포가 내려오는데 그것의 이름이 '늑대(Wolf)폭포' 라나?

이곳 노르웨이 북단은 시선이 멎는 모든 곳이 국립공원 감이다. 이곳은 어느 곳을 특별히 지정할 필요가 없이 모든 곳의 경치가 절경이다. 어쨌거나 물과 산이 이렇게 아름답게 어울리다니….

트론하임 시내의 트롤(요정)인형

그리그 박물관

그리그는 베르겐의 동남쪽 교외의
피오르드 하구에 풍광 좋은 언덕에 집을 짓고 스스로 이 집을
'트롤하우젠(요정의 집)' 이라는 이름으로 불렀는데 이 '요정의 집' 은
옛날 그대로의 모습으로 지금까지 보존되어
이곳을 찾는 이들의 눈길을 끌고 있다.

8월 7일

베르겐의 그리그 박물관

어제 묵었던 로엔(Loen)이라는 작은 도시의 펜션에서 아침 일찍 떠나 터널, 터널, 또 터널…을 거쳐 송달(Songdal)을 지나 카우팡어(Kaupanger)로, 또 만헬러(Manheller)에서 포드네스(Fodnes)로 건너가 이번에는 산 위를 타고 넘으면서 환상적인 오우란드(Aurland) 피오르드를 구경했다.

다시 플람(Flam), 구드방엔(Gudvangen), 보스(Voss)를 거쳐 베르겐으로.

베르겐의 근교, 트롤하우젠(Troldhaugen)이라는 곳에 「쏠베이지의 노래」로 유명한 '에드바르트 그리그(Edvard Grieg) 박물관'이 있다. 노르웨이

그리그가 작곡하며 지내던 오두막

의 국민 작곡가로 알려진 그리그는 베르겐에서 태어나 사촌인 니나(Nina ; 그는 니나를 사촌이자, 애인, 예술가, 아내 그리고 친구라고 표현했으니 얼마나 그녀를 사랑했는가 알 수 있다)와 덴마크의 코펜하겐에서 결혼하여 살다가 베르겐으로 돌아와 살던 집이 박물관으로 꾸며져 있다.

박물관 안에는 그의 생애를 보여주는 사진과 악보들이 전시되어 있었고, 소강당에서는 그에 관한 영화가 노르웨이 말로 상영되고 있었다. 정치가의 풍모를 지닌 시벨리우스와는 대조적으로, 생각했던 것보다 훨씬 병약한 시인 같은 모습을 지닌 그리그는 "나는 바하, 모차르트, 베토벤 같은 이들과 똑같은 수준이길 원치 않는다. 그들의 작품은 영원하겠지만 나는 내 시기와 내 세대를 위한 음악을 쓴다"고 했다.

영화는 그가 말하는 것처럼 녹음되어 있어 가끔 클로즈업된 악보, 약병, 편지글씨, 그의 얼굴 등이 기침소리, 음악과 함께 나오는데 알아들을 수 없는 노르웨이 말이었지만 영상이 매우 아름다웠다.

「인형의 집」을 쓴 노르웨이의 유명한 극작가 헨릭 입센(Henrik Ibsen)의 요청에 의해 그의 연극 *「페르귄트(Peer Gynt)」의 음악을 작곡하여 1876년 초연을 했다는데 그 당시의 주

돌산에 새겨진 그리그 부부의 묘비(위)

바닷쪽으로 난 방파제(아래)

연배우의 사진과 나중에 그 두 사람의 친구이자 화가인 에드바르트 뭉크(Edvard Munch)가 그린 연극 포스터가 전시되어 있었다. 오슬로(Oslo)에 가면 헨릭 입센과 에드바르트 뭉크의 박물관에 들려봐야 할 것 같다.

「페르귄트」를 계기로 입센과 그리그는 현대 연극에 있어 노르웨이의 가장 중요한 두 사람이 되었고 「페르귄트」 음악 중 「피아노 협주곡 A 단조(Piano Concerto in A minor)」가 그리그의 대표적 음악이 되었다 하는데 내게는 아무래도 떠나 가버린 애인 '페르귄트'를 일생동안 사랑으로 기다렸던 '쏠베이지'의 노래가 가장 기억난다. 그의 음악에는 그가 복합적인 성격의 소유자임이 나타나는데 즉 상쾌하고 즐거운 음악 밑에도 항상 멜랑콜리한 정서가 깔려 있다.

박물관을 나와 그가 작곡하던 작은 오두막을 둘러보고 햇빛이 잘 드는 돌산에 새겨진 그와 부인 니나의 묘비를 한참 바라보다 바다 쪽으로 난 방파제 같은 길을 조금 걸어가 보았다. 아무도 참석해주지 않은 코펜하겐에서의 결혼식. 하지만 그리그와 니나 두 사람은 이곳에서 행복하게 살았고 아직도 두 손잡고 바닷물에 부서지는 햇빛을 바라보고 있다.

＊ 페르귄트(Peer Gynt)

노르웨이의 문호 입센의 5막 극시로 그의 작품 중에서 가장 분방한 상상력을 구사한 작품으로 알려졌다. 이 희곡을 토대로 노르웨이의 작곡가 그리그는 같은 제목의 부수음악을 작곡, 1876년에 초연하였다. 뒤에 편곡하여 각 4곡으로 된 두 가지 관현악용 조곡을 만들었는데 그 중에서도 제1조곡의 제3곡 「아니트라의 춤」, 제2조곡의 제4곡 「쏠베이지의 노래」는 잘 알려진 곡이다.

여행 에피소드

가이랑어에서 만난 한국부인가족

그림 같은 노르웨이 가이랑어의 선착장에 차를 세워놓고 피오르드를 구경하며 배 시간을 기다리는 동안 아름다운 풍경에 반해 벤치에 하염없이 앉아 있는데 햇님이 갑자기 "아이고 예뻐라! 아이고 예뻐라!"를 연발한다. 유모차에 앉아있는 검은 눈, 검은 머리의 예쁜 아기를 보고 하는 말.

그러자 갑자기 "어머, 한국 분이시네요!"하는 소리. 고개 들어 보니 노르웨이 남편과 두 아들, 그리고 갓난 여자아기와 함께 산책 나온 한국인 부인. 그들은 이곳 가이랑어에서 북쪽으로 100km가량 떨어진 베스트네스(Vestnes)라는 곳에 사는데 우리가 바라보고 있던 그림 같은 호수 건너편 산에 있는 오두막을 하나 빌려 며칠째 쉬고 있다고 하며 이틀 후에 돌아갈 예정이라고 한다.

30대 후반이나 40대 초반쯤 되었을 것 같은 부인은 17년 전 친구 집에 놀러왔다가 현재의 남편을 만나게 되었다고 했다. 우리더러 김치 떨어지지 않았냐며 자기 집에 가면 김치가 있는데, 방도 많고… 하면서 들렸다 가면 어떻겠냐고 한다. 도저히 시간상 그럴 수가 없다니까 아주 서운한 표정.

여행 떠나기 전 우리에 관한 기사가 났던 신문을 복사해 갖고 다니던 것을 보여주었더니 그 부인은 한글로 된 걸 오랜만에 읽자 갑자기 자기 몸이 이상해지는 것 같다고.
"너무 좋아서 스멀스멀하는 것 같다"며 계속 손으로 팔을 문지른다.
배 시간이 되어 떠나야 하는데 그 부인은 자꾸 자기 집에 가자고 하고…. 할 수 없이 차에 가지고 다니던 작년 내 개인전 팜플렛을 하나 주고 서로 연락하자 하고 떠났다.
안보일 때까지 손 흔드는 부인을 뒤로 하고….
언뜻 보니 눈물을 훔치는 것 같기도 했다.

뭉크의 「마돈나」

뭉크 미술관

"

오슬로시에 기증된 뭉크의 작품, 편지, 저서 등
2만여 점을 소장하고 있으며 이중 500여 점만이
항시 전시되고, 일정 기간이 지나면 교체 전시하고
있는 미술관이다. 1863년에 태어나
1944년에 사망한 뭉크의 탄생 100주년을
기념하기 위해 1963년에 개관했다.

"

8월 8일

오슬로 - 뭉크 미술관

오후 1시 45분 경 오슬로(Oslo)의 중앙역에 도착한 후 오랜만에 시내에서 가까운 쾌적한 호텔에 체크인하고 오슬로에 오면 꼭 가려했던 '입센 박물관(Ibsen Museum)'과 '뭉크 미술관(Munch Museum)'을 알아보니 그중 입센 박물관은 가이드를 따라서만 투어가 가능하다는데 마지막 투어 시간인 2시가 벌써 지났고, 내일 월요일은 휴관이라 단념하였다.

전시장 모습
오른쪽이
비게란트의
조각작품

외관상으로는 소박해 보이는 현대적인 건물인 뭉크 미술관에서는 오는 9월 15일까지 뭉크와 노르웨이의 유명한 조각가 구스타프 비게란트(Gustav Vigeland) 두 사람의 작품이 '사랑과 죽음 ; Eros & Thanatos'이라는 제목으로 전시되고 있었다. 뭉크(1863~1944)의 회화 작품을 비롯하여 비게란트(1869~1943)의 에로틱한 작은 조각작품과 그 작품을 위한 드로잉들이 전시되어 있는 주 전시장.

뭉크의 유명한 「절규(The Scream)」라든가 「마돈나(Madonna)」 앞에서 사진 찍느라고 사람들이 기다리고 있었고, 플래시 터뜨리며 사진 찍는 이태리계로 보이는 커플에게는 햇님이 점잖게 주의를 주었다(이곳은 물론 대부분 미술관 안에서는 작품보호를 위하여 플래시 사용이 금지되어 있다). 한쪽으로 가니 거의 50년 간(1894~1944) 판화작업을 했던 뭉크의 동판화, 석판화, 목판화가 가득 있다.

뭉크는 여러 장 찍을 수 있는 판화임에도 많은 에디션을 내지 않았고, 대개 한정된 작품을 찍어 에디션이 끝나면 판을 파괴하는 관습에서 벗어나 많은 어려움과 경비를 감수하고 판을 가지고 있었다 한다. 그의 유언대로 그의 모든 작품(1,100개의 유화, 3,000개의 드로잉과 수채화, 18,000개의 판화)이 그의 사후 오슬로시에 기증되었는데 판화작업을 했던 판과 돌까지 남아 있어 사후에도 그의 판화를 돌이나 판에서 찍을 수 있었다고 한다.

그의 유명한 그림 「절규」에 대한 작가 자신의 느낌을 설명한 것은 다음과 같다.

'나는 두 명의 친구와 산책하고 있었다
해는 지고 있었고, 갑자기 해가 핏빛으로 바뀌었다
나는 걸음을 멈추고 지친 채 난간에 기대었다
거기, 어두운 청색의 피오르드와 도시 위에는 피와
혀를 날름대는 불꽃이 있었다
내 친구들은 계속 걸었지만,
나는 불안에 떨며 서 있었다
그리고 자연을 통해 오는 끊임없는 절규를 느꼈다'

뭉크의 유명한 작품
「절규」 앞에서

어머니와 누나를 폐결핵으로 잃은 영향인지 그의 그림 중에는 「병든 아이(The Sick Child)」, 「모자의 죽음(The Death of Mother and Child)」, 「병실의 죽음(Death in the Sick Room)」이라는 제목의 그림이 많았다. 「소녀와 죽음(The Girl and Death)」이라는 그림에서는 뒷모습의 여자 누드가 껴안고 있는 남자는 거의 해골 같다. 즉 여자는 흡혈귀가 피를 빨아먹듯 남자의 심장을 모두 가져가 빈 껍질만 남기는 것이다.

다른 화가들과는 달리 죽음, 절망, 절규 등을 테마로 해서 독특한 그만의 방법으로 표현했기 때문에 그 시대의 사람들에게는 받아들여지기가 어려웠는지 1892년 독일의 베를린에서 전시를 열었으나 'Insult to Art', 즉 '예술에 대한 모독'이라 하여 1주일 후에 문을 닫게 된 경우도 있었다 한다.

아래층에도 전시가 이어져 그의 생애 동안 주고받은 편지와 드로잉 등이 시대별로 잘 정리되어 전시 중이었고 강당에서는 그의 생애를 보여주는 영화를 상영하고 있었다.

전시장 밖에서 만난, 두 아이를 데리고 온 영국에 산다는 한국인 부부. "이곳은 물가가 너무 비싸서 빨리 도망가야겠어요" 한다. 우리도 사실 '노르웨이는 경치는 짱! 인데 물가는 살인적(!)이다' 하고 있었던 참인데….

북유럽의 휴게소와 화장실

북유럽에 오니 미국과 가장 다른 것이 차도가 좁고,
화장실 인심이 사나워 돈 내고 들어갈 때가 많으니 항상 잔돈을 준비하고 있어야 하고,
또 호텔에 욕조가 있는 곳이 드물다는 것이다.
대부분 서서 샤워만 하게 되어 있는데 그것도 세수하는 세면대가 있는 곳과 같은 공간
인 곳이 꽤 있다.
어떤 곳은 같은 공간이면서도 수채 쪽으로 경사가 제대로 나 있지 않아 샤워 한 다음에는
유리창 닦기 와이퍼 같은 걸로(배 안에서도!) 북북 훑어 물을 수채 쪽으로 보내야 한다.

그리고 미국서 6개월 동안 여행한 후라 자꾸 비교되는 것이 고속도로변의 여행안내소
와 휴게소이다. 기껏 여행안내소(Tourist Information)라 해서 찾아가면 떡! 하니 게시
판에 지도만 붙여져 있는 것이 고작인 경우가 많다. 큰 도시의 중앙 여행안내소에 가기
전에는 사람이 안내해 주는 것은 매우 드문 일이다.

정말 핀란드의 시골 같은 곳의 휴게소 화장실은 어마어마한 악취에 물도 없고, 휴지도
없고…. 마치 멕시코의 어느 시골 같다. 그러나 물
가 비싼 노르웨이로 오니 조금씩 깨끗하고 좋아진
다. 가끔 비행기 기내의 화장실처럼 물과 공기가
합쳐져 흡입되는 곳이나 물 내림이 자동으로 되는
곳도 있고….

북유럽을 여행하는 한 달 내내 휴지와 동전 몇 개
로 우리들의 주머니는 늘 불룩! 쩔렁! 이었다.

지붕에 풀이 있는
노르웨이의
한 화장실

8월 9일
노르웨이 수도 오슬로 관광

시티투어 버스가 출발하는 국립극장 앞에는 세 개의 동상이 세워져 있었는데 그 하나는 「인형의 집」으로 유명한 극작가 입센이고, 또 하나는 노르웨이의 애국가를 작사한 시인 뵈른손(Bjornson), 그리고 음악가 할보르센(Halvorsen)이다.

오슬로는 인구 53만 정도로 서울에 비하면 매우 작은 도시지만 바이킹의 중심지로 한때 그 위력을 과시하기도 했던 도시이다. 지금은 인근 해역에서 기름이 나고 있어 부강해지고 있지만 워낙 가난했었던 때문인지 시민들은 매우 검소한 반면, 물가는 엄청 비싸고 세금도 많이 걷고 있다고 한다.

　　오슬로에는 입센 박물관, 화가 뭉크 미술관 등이 있고, 조각가로 유명한 구스타프 비게란트(Gustav Vigeland)의 '프로그네르파르켄(Frognerparken)'이라는 조각공원이 크게 세워져 있다. 어제 뭉크 미술관에서 비게란트의 아주 작은 조각 작품을 보았는데, 오늘은 공원 전체가 그의 작품으로 꾸며져 있는, 오슬로에서도 모두가 꼭 들리는 명소 중의 명소인 '프로그네르파르켄'을 구경했다.

　　이 공원은 정면 입구의 큰 보리수나무가 양옆에 세워진 길을 지나 인공호수 위로 놓여 있는 다리 위에는 가지가지 모양의 동상들이 있고 다리를 건너 인간의 일생을 표현했다는 여러 형태의 분수를 지나면 높이 17m, 무게 260t의 화강암 탑에 121명의 남녀노소가 새겨져 있는 「모노리스」 그리고 「해시계」, 「인생의 윤회」라는 조각까지 총 850m에 걸쳐 볼거리가 이어진다.

공원의 가운데 있는 분수(위)

화강암으로 만든 조각작품(아래)

　　시티투어 버스에서 15분 내에 공원 조각작품을 둘러보고 오라는데 그 넓은 공원을 한 번 빠른 걸음으로 다녀오기도 벅차서 버스에 다시 오르니 땀이 비 오듯 한다. 2층에 자리잡고 있던 우리는 에어컨이 잘 나오는 아래층으로 자리를 옮겼고, 모퉁이를 돌아오는데 영화 촬영을 하고 있어 잠시 영화 감독인 큰아이 생각이 나서 그들에게 손을 흔들어 주었다.

8월 10일

크론버그 성에서의 「햄릿」공연

스웨덴의 헬싱보리(Helsingborg)에서 덴마크의 헬싱괴르(Helsingor)까지는 바다로 4km밖에 떨어져 있지 않다. 서로 빤히 보이는 그곳을 스칸라인(Skan Line) 페리를 타고 20분.

코펜하겐에서 북쪽으로 40km 떨어져 있는 이곳을 20일만에 다시 왔다.

덴마크의 헬싱괴르(Helsingor) 혹은 엘시노어(Elsinore)로 불리는 이곳은 스카니아(Scania) 해안으로 혀처럼 튀어나와 있는 곳에 1420년대에 '크로겐(Krogen ; The Hook ; 고리 란 뜻)' 이란 이름의 요새를 지어 유명해졌는데, 4세기가 넘도록 '크론버그(Kronborg)' 성은 덴마크의 국경 그 이상의 의미를 가지고 있었다. 왜냐하면 해협의 입구에 있는 이 성은 덴마크의 적들에게는 어떤 배라도 안전할 수 없는 위협적인 요새였기 때문이었다.

특히 1,500년대의 마지막 25년 동안 덴마크는 북유럽의 강력한 왕국이었고 영국과 외교 접촉이 많았으며 당시 왕이었던 프레드릭 2세는 북유럽의 이 요새를 멋진 르네상스 풍의 성으로 바꾸어 놓았다. 그는 여름을 항상 이곳 엘시노어에서 보냈는데 바쁘게 반짝이는 해협의 물결과 함께 멋진 풍경

배에서 바라다 본
크론버그 성

을 이루는 이곳에 그 시절 북유럽에서 가장 큰 무도회장을 부인 소피(Sophie)를 위
해 마련하였다 한다.

　이 특이한 위치에 있는 아름다운 성이 셰익스피어(Shakespeare)로 하여금 그
의 비극 중 하나인 「햄릿(Hamlet)」의 배경으로 사용하게 하여 '햄릿의 성(Hamlet's
Castle)' 으로 유명해진 덕에 매년 많은 관광객을 불러모은다.
　물론, 우리도 그 중의 하나…. 「햄릿」 공연 표를 20일 전에 사 놓았기 때문에 그
시간에 맞추느라 스웨덴, 핀란드, 노르웨이를 열심히 달려왔고 햇님은 자기가 시간
계산을 잘못해서 노르웨이에서 좀더 시간을 보내지 못했다고 후회했다. 지난번 한
번 왔었기 때문에 어렵지 않게 찾아와 이른 저녁을 먹고 7시에 크론버그 성으로 향
했다.

　그런데…. 아니, 이 사람들 연극 보러 왔나? 먹으러 왔나? 지난 7월초 '할리우
드 보울' 공연 보러 갔을 때와 비슷하게 모두들 자리에 앉아 이것저것 집어먹는다.
샐러드, 과자, 흰 포도주, 붉은 포도주, 커피, 맥주, 과일 등등…. 기다리는 동안 우
리도 가져간 과일과 맥주를 조금 했다(술 취하면 연극 보다가 잘 테니까 조금만…).
　지난 7월 20일에 왔을 때 공연 준비중이라 했었는데, 그때 본 무대장치가 그대
로다. 기둥과 벽이 무너지고 불에 탄 것처럼 쓰러트려 놓아, 나중에 세우려는 줄 알
았더니 그게 오리지널 무대미술이었네….

아직 해가 지지 않아 무드가 살진 않았지만 정확히 8시에 연극은 시작되었다. 아름다운 성의 탑들도 무대장치의 일부분이고 이상하게 생겼으니 전위적이라고 할 수 있는 무대장치에 어울리게 전위적인 의상을 입은 배우들이 등장한다. 시대는 중세도 아니고, 현대도 아니고.

덴마크 말로 하는 연극이라 이름 외에는 한 마디 말도 못 알아듣지만 그래도 줄거리는 아는 「햄릿」이니까 대충 눈치로 알아들으면서 보았다. 무대장치 못지않게 독특하게도 지퍼를 적절히 이용해 장식적이면서도 기능적인 의상들, 특히 왕비와 오필리아의 의상이 인상적이었고, 선왕의 유령은 짧은 흰 가운의 허리를 매고 대머리 고무가면을 쓴데다가 갑옷 입은 다리부분을 천천히 움직여 유령과 같은 분위기를 자아냈다.

중간에 양념으로 나온 붉은 티셔츠에 꽁지머리, 배 나온 아저씨는 움직임 하나 하나가 예술이었다. 여자와 남자가 한눈에 뿅! 가서 가슴이 벌렁벌렁 하는 걸 코믹하게 보여주고는 사라졌다. 그리고 극중 마지막에 결투하는 장면은 칼이 아니라 복싱으로 처리했다.

왕비를 연기한 배우가 볼만했고 막상 햄릿으로 나온 배우는 성량이 너무 작고 감정표현이 글쎄…. 내가 막상 하긴 어려워도 남 평하기는 쉬운 일인가 보다.

공연이 끝나니 밤 11시. 낮엔 그렇게 더웠었는데 바닷바람 때문인지 점퍼를 입었는데도 조금 추울 지경. 호텔로 돌아와 출출한 김에 라면 + 맥주. "에이그, 그러니 배 나오지…" 내가 매일 햇님에게 하는 말이었는데 이제는….

자동차 안 풍경 1

폭스바겐의 붉은색의 7인승 디젤, 샤란(Sharan). 동생네와 우리 부부 네 사람이 함께 유럽을 누비기 위해 산 중고차 샤란은 처음 보았을 때는 앞부분이 이상하게 생겨서 정이 안 가더니, 자꾸 타면 탈수록 정이 간다.

우선 좌석이 편하게 디자인되어 있어 장거리 탑승에도 모두들 배기거나 아픈 곳이 없었고, 뒷자리의 가운데 의자는 떼어내고 커다란 아이스박스를 길이로 넣었기 때문에 뒤의 두 자리는 아이스박스 위에 지도책이나 먹을 것을 올려놓기도 하고 널찍해서 쉬기가 좋다.

지난 6개월 간 미국 대륙을 누빌 때 운전을 오롯히 햇님 몫으로 떠넘기면서 가끔 양심에 찔린 적도 있었는데, 이제는 젊은 동생 신랑이 있으니 믿음직하다. 햇님도 이젠 자기도 가끔 쉴 수 있다 생각하니 숨이 조금 트이는 듯 보였다.
올해 초에 여행을 시작한 이래 처음으로 우리 두 사람이 남이 운전해 주는 차의 뒷자리에 앉아 눈감고 잔다. 아니, 그냥 눈을 감고 있는다.

젊은 혈기로 박력 있게, 조금은 겁나게 차를 모는 동생 신랑에게 운전을 맡기고 뒷자리에서 처음부터 잠이 잘 올 리야 없었지만 점점 익숙해지니 나중에는 눈감은 채 붙잡고 있던 창문 위의 손잡이에서 손이 뚝뚝 떨어진다. 즉, 진짜로 골아 떨어지는 것이다.

그렇게 해서 노르웨이와 스웨덴 등의 그 험한 산길, 터널 등을 축지법을 사용하듯 동에 번쩍, 서에 번쩍하며 덴마크의 크론버그 성에서 하는 「햄릿」 연극 공연에도 시간을 맞출 수 있었던 것이다. 두 분 운전기사 님들, 정말 고마워요.

야외 전시장의
알렉산더 콜더의 작품

덴마크 – 루이지애나 현대미술관

아름다운 해변에 자리한 루이지애나 현대미술관은
현대 작품을 주로 소장하고 있다. 야외에는 공원과 같이 조각품이
간간이 배치되어 있다. 전시된 작품의 절반 이상은
덴마크 정부와 국내외 수집가, 작가들로부터 기증받은 것이며
특정 장르나 작가의 작품을 집중 조명하는 전시회를 열고 있다.

8월 12일

「시드니 오페라하우스」의 건축가 외른 웃존의 특별전

헬싱괴르에서 코펜하겐 쪽, 즉 남쪽으로 10여km 내려가다가 있는 훔레백(Humlebaek)이란 곳에 있는 루이지애나 현대미술관(Louisiana Museum of Modern Art)으로 갔다. 호주의 「시드니 오페라하우스(Sydney Opera House)」를 디자인한 덴마크 출신 건축가 외른 웃존(Jorn Utzon) 특별전을 한다고 해서 찾아가 보았다.

입구에서 보기에는 별로 큰 것 같지 않은 미술관은 안으로 들어가니 많은 방의 실내 전시공간과 바다에 면한 아주 넓은 야외 조각공원에 많은 유명 화가, 조각가들의 작품을 실내와 야외에 잘 전시해 놓았고 외른 웃존 특별전을 규모 있게 기획했다.

웃존의 초기작품부터 한 방씩 전시되어 있는데 물론 그중 시드니 오페라하우스가 하이라이트였다. 시드니 오페라하우스는 유명한 조개모양의 지붕과 그 뒤쪽으로 계단들과 함께 넓은 광장 같은 플랫폼(platform)들이 있는 것이 특이한데 이 건물의 건축에는 크게 세 가지 참고된 모델이 있었다 한다.

외른 웃존의
인터뷰 모습(위)

대표작
시드니 오페라하우스
(아래)

첫째, 1949년부터 그의 지대한 관심의 대상이었던 멕시코의 마야(Maya) 유적지의 플랫폼과 고원(plateau)들. 즉 멕시코의 유카탄(Yucatan)반도의 나무가 빽빽한 정글. 그곳을 조금 밀어내고 농사짓던 사람들이 평평하고 넓은 플랫폼이 있는 윗부분 잘린 피라미드 같은 계단을 만든 다음 그 위에 신전을 지었는데 그들은 이곳에서 정글의 답답함에서 벗어나 초록색 바다 위의 섬처럼 머나먼 지평선으로 둘러싸인 그들 자신을 발견할 수 있었다고 한다. 이 플랫폼의 정상은 완전히 독립된 형태로 바뀌어 그 위에 있으면 창공을 떠다니는 완전히 다른 세상(planet)에 있는 것 같은 느낌을 갖게 되었으며 또한 그들은 거대한 힘이 그곳에서 나와 빛을 발한다고 생각했고 그리하여 신들의 위대함과 소통할 수 있다고 믿었다 한다.

둘째, 중동지역의 전통적 이슬람 도시의 이미지. 즉 흙벽돌의 건물 위에 희미하게 빛나는 타일로 장식된 돔과 뾰족 탑들. 타일을 사용하는데 반대도 있었지만 시드니 오페라하우스의 타일로 뒤덮인 조개모양 지붕(shell)은 건물 아래쪽의 흙으로 구워 만든 패널 위에서 시시각각 변하는 빛의 향연을 연출하며 마치 그 위를 둥둥 떠다니는 것 같이 보인다고 한다.

셋째, 그리스의 옛날 극장처럼 시드니 오페라하우스의 플랫폼은 공공 공간으로서 시드니뿐만 아니라 호주 사람들 전체가 야외 공연이나 정치적 모임 또한 시위나 조깅, 그리고 친구들을 만나 경치도 즐길 수 있다고 한다.

1956년 원래 공업지역이었던 시드니에 새로운 오페라하우스를 짓고자 건축 안을 공모했을 때 웃존은 5개월 간의 연구 끝에 출품하여 당선되었다고 하는데 어제 우리가 갔던 헬싱괴르의 크론버그 성이 있는 곳의 위치가 바다 쪽으로 혀처럼 나와 있는 것이 시드니 오페라하우스의 입지와 아주 흡사하여 이곳 출신인 웃존이 그 점에서 유리했을 수도 있지 않았을까 하고 상상해 보았다.

길, 길, 길

속도제한 없는 길은 독일에만 있다. 독일에 와서 처음 속도제한 표시가 없는 길을 달리니 햇님이나 동생신랑이나 조금 흥분한 것 같았다.
속도제한 표시 없는 곳에선 앞에 길만 뚫려있으면 140~160㎞가 보통.
가끔은 순간적으로나마 190㎞까지도 바늘이 올라간다.
3년 된 디젤차라 무제한으로 속도가 나질 않으니 최대한으로 달린다고 하는데도 가끔 옆으로 쌩! 하고 달리는 BMW나 아우디(Audi)가 있다. 그러면 자존심 상한 햇님, "아우! 저것이!" 하다가 도저히 따라 잡을 수 없으니 "야! 그래! 거 차 한번 좋구나 ~" 한다.

도대체 앞에 다른 차를 두고는 갑갑증이 나서 참지 못하는 두 남자들! 추월의 천재들이다. 스웨덴은 왕복 1차선 씩이지만 노견이 차선 한 개 폭으로 넓게 되어 있고 점선이 쳐져있어 추월하고 싶어 왼쪽 깜박이를 넣으면 앞에 가던 차가 알아차리고 노견으로 비켜서서 계속 간다.

그러나 물 반, 땅 반인 핀란드로 가니 가끔 노견이라는 게 전혀 없다. 넓으면 50cm, 좁으면 1cm도 없다. 그런 곳에서 추월을 하려면 엄청난 집중력이 필요하다. 마치 맹수가 먹잇감을 노리다가 온 속력을 다 내어 공격하듯 기회를 포착하면 여지없이 추월시도다. 그러나 어쩌랴, 디젤차이니 소리만 요란할 뿐 특히 언덕길에선 생각처럼 속도가 올라가 주질 않는다.

그러다가 가끔씩은 계산착오, 즉 마주 오는 차의 속도, 자신의 속도, 추월하려는 차의 속도, 혹은 언덕이 있어 반대편으로 오는 차가 숨어 있다가 튀어나오는 경우도 있고 어떤 때는 추월하려는 차가 갑자기 속력을 더 내어 간발의 차이로 네 명, 혹은 더 이상의 목숨이 왔다갔다한 적도 여러 번이다.
그럴때면 "아이구, 생명보험은 들었지만 아직은 아닌데유…"하며 차 손잡이를 두 손으로 꼭 잡는다.

어쨌든 위험하고 좁은 도로를 운전하느라 두 남자 분 너무너무 수고 하셨어유…. 

8월 12일

자동차 탄 채 기차로 가는 독일 서북단의 질트 섬

약 25일 간의 덴마크, 스웨덴, 핀란드, 노르웨이 일주를 마치고 처음 덴마크 쪽으로 갈 때에도 묵었던 독일 북단, 덴마크와의 국경도시 플렌스부르크로 돌아와 하루를 묵었다. 노르웨이와 덴마크의 비싼 물가를 생각해보면 독일답게 작지만 잘 갖춰진 호텔 방에 값도 2/3 수준이다.

오늘은 뒤셀도르프로 돌아가는 날. 오전 시간이 남으니 질트(Sylt) 섬에 가 보기로 했다. 질트 섬은 덴마크와 접해있는 독일 서북단에 있는 섬으로, 길고 긴 깨끗한 모래사장과, 붉은색 꽃이 쫙 깔린 붉은 절벽(Red Cliff)과 모래언덕, 등대, 그리고

고깃배가 들어오는 어촌 등이 잘 보존되어 있어 많은
사람들이 찾는 곳이다.

섬을 오고가는 것은 자동차를 싣고 다니는 기차,
아우토 죽(Auto Zug). 한 번에 100여대 정도의 자동차
를 2층으로 된 기차에 싣고 가는데 매 시간마다 다니는
이 기차는 40분 정도 걸리고 65유로 짜리 왕복표를 사
면 편리하다.

섬 끝쪽에 있는 자그마한 생선시장으로 들어서니
그 안에는 와글와글한 식당가. 싱싱한 생선을 진열해
놓고 즉석에서 손님의 요구대로 튀기던지, 굽던지 하
여 테이블에 내어주는 식당이 있는데 맛도 좋고 값도
싸다. 우리도 높다란 테이블에 둘러앉아 생선튀김과
샐러드를 먹었는데 마치 바에 앉아 술을 주문해서 마
시는 기분이 들었다.

질트 섬의 길고
깨끗한 백사장(위)

붉은 절벽으로 가는 길
(아래)

오후 3시쯤 기차로 섬을 빠져나와 4시경부터 달리
기 시작한 우리는 7시 30분까지는 뒤셀도르프에 충분히 도착할 것 같다고 전화를
하였는데 거리 계산을 잘못한 데다가 비는 오고, 날은 저무는데 웬 도로공사가 그리
도 많은지 속도를 낼 수가 없어 겨우 도르트문트(Dortmund) 부근에 왔는데 시간은
벌써 저녁 8시 가까이다.

우리의 베이스캠프 친구는 급한 사정으로 서울 가고 대신 뒤셀도르프에서 식품
점을 크게 하는 나의 공군사관학교 친구 차정열 장군의 동생 집으로 가기로 했는데
그 집에 가는 길은 초행인데다 밤길이라서 근처에서 2시간 정도 헤매다가 밤 11시
거의 되어서야 도착했다. 그때까지 차 사장 내외, 식사도 않고 기다리고 있다. 너무
미안하기도 하고 고맙기도 하고….

하여간 그동안 늘 되는 대로 먹고 지내던 데다가 한껏 지치고 허기진 우리는 큰
상 가득 차려놓은 저녁상을 보고 어찌나 감격했던지!!

PALATSCHINKEN
und vieles mehr

중·동 유럽

베를린을 거쳐 폴란드의 아우슈비츠와 크라코프,
왠지 정이 가는 헝가리의 부다페스트와 발라톤 호수를 둘러보았다.

그리고 오스트리아의 빈부터 체코의 프라하, 크룸로프를 거치며 천재화가
'에공 쉴레'의 매력에 흠뻑 젖고 오스트리아의 잘츠부르그에서는
영화「사운드 오브 뮤직」의 추억으로 빠져들었나 하면 독일의 퓌센에서는
동화의 성 '노이슈반슈타인 성'의 아름다움에 취했었다.

여행중의 방학과도 같았던 스위스의 산골 센트 마을에서의 꿈같은 닷새.
프랑스 '알자스지방의 포도주 가도'를 거쳐
마지막으로 스트라스부르그를 조금 훔쳐보듯 했다.

중·동 유럽

베를린
포츠담
레그니차
바르샤바
도르트문트
뒤셀도르프
에어푸르트
라이프치히
자브르제
카토비체
바이마르
프라하
쿠트나호라
크라코프
파리
아우슈비츠
데브니
콜마르
스트라스부르그
크룸로프
바젤
취리히
생 갈렌
뮈센
베르체스
가든
빈
브라티슬라바
자히
베른
센트
잘츠부르크
소프론
레만호수
로잔
샴나운
부다페스트
생 모리츠
베르펜
코스제크
바닥소니
제네바
에비앙
몽트뢰
발라톤호수

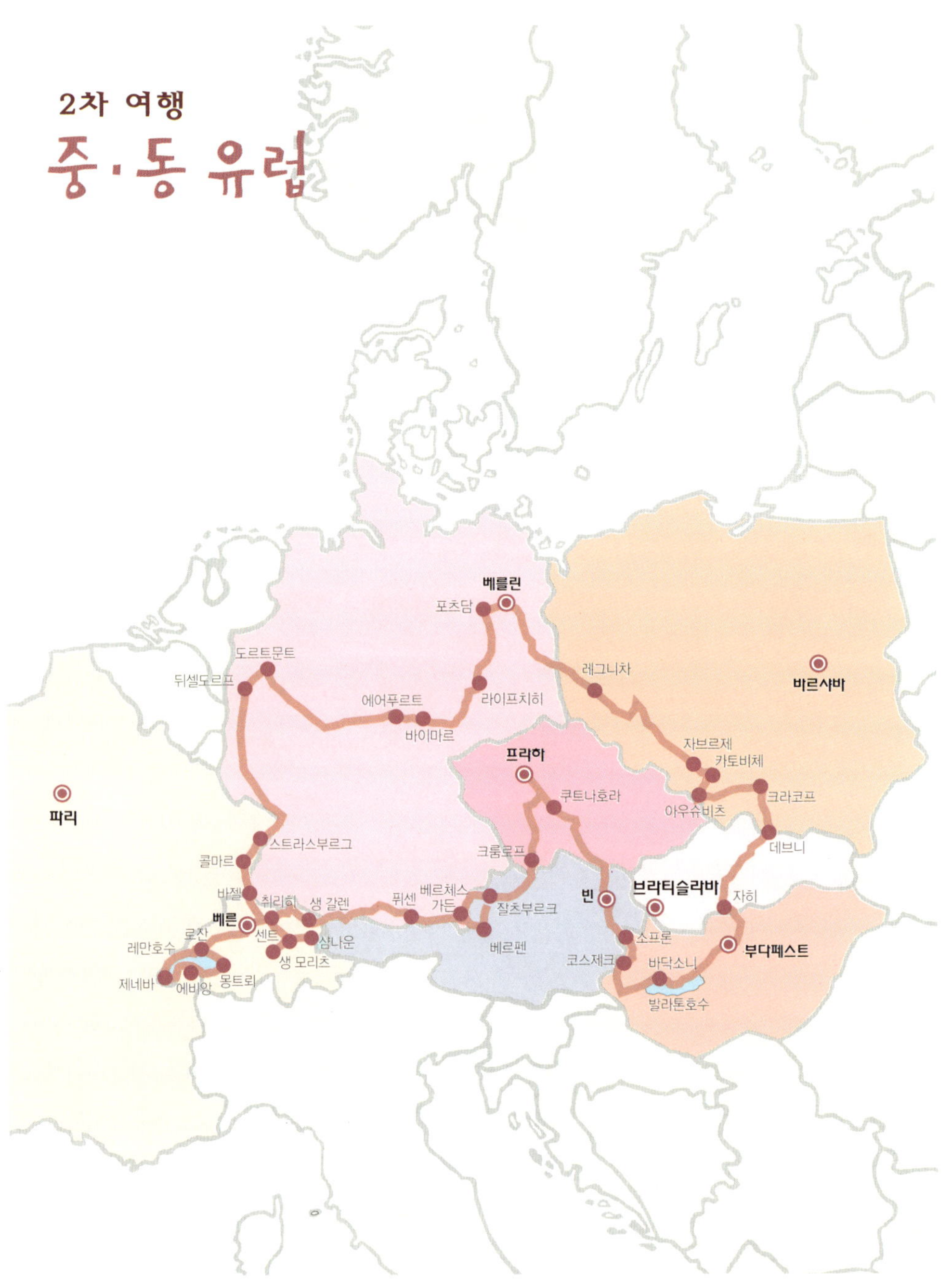

8월 17일
에어푸르트의 아쉬운 「팔리아치」공연

지난 한 달간 무리하게 스칸디나비아 반도를 여행하느라 피곤했는지 뒤셀도르프에 도착한 날부터 목이 너무 부어서 침을 삼키기 힘들 지경이었는데 햇님 친구분의 동생 차 사장님 댁에서 너무나 편히 잘 쉬어 금방 회복되었다.

오페라 「팔리아치」
공연 포스터

낮 12시경, 베를린(Berlin)으로 가는 길 중간쯤에 있는, 옛 도시의 거리와 성당이 유명하다는 에어푸르트(Erfurt)에 들렸다. 가장 중심부분에 있는 돔플라츠(Domplatz)광장으로 가 보았더니 그곳에 있는 성 마리아(St. Maria)성당에서 열리는 '돔 계단축제(DomStufen-Festspiele)' 에서 레온카발로(Leoncavallo)의 오페라 「팔리아치(Pagliacci)」공연을 한다고 가는 곳마다 포스터가 붙어있다.

「팔리아치」 하면 「의상을 입어라」라는 아리아로 유명한데 성당 옆의 무대 설치 공사가 한창인 곳으로 가서 공연 티켓을 사려 하니 오늘이 아니고 내일공연을 시작한다 하여 실망을 안고 단념했다. 지난달 핀란드의 사본린나에서도 놓쳤는데….

남쪽에서 E 51번을 타고 올라가다가 다시 E 30번으로 갈아타고 베를린에 들어서면서 젠트룸(Zentrum ; 도시의 중심) 표지판을 따라 가다 보니 낙서와 함께 그림이 잔뜩 그려져 있는 무너진 '베를린 장벽'을 한참 보며 지났다. 첫 인상이 조금 음습한 기분.

8월 18일

「베를린 천사의 시」

주독 한국대사의 부인인 친구를 만나러 한국 식당으로 갔다. 베를린시의 번화가인 쿠담(Kudamm) 거리에 있는 유명하다는 한국식당에서 오랜만에 먹고 싶었던 육개장을 맛있게 먹고, 그간의 이야기도 많이 나누었다.

점심 후에 시티투어 버스를 탔다. 베를린에서 인상에 남는 곳들은 브란덴부르크 문과 전승기념탑, 베를린 장벽과 대사관 거리, 또 베를린 필하모니가 있는 헤르베르트 폰 카

| 브란덴부르크 문

라얀(Herbert von Karajan) 거리, 그리고 포츠담 광장(Potsdamer Platz), 체크포인트 찰리, 베를린 돔, 박물관 섬 등등이었는데 우리는 포츠담 광장에서 내렸다. 이곳은 통일 후에 소니 센터(Sony Center)와 벤츠 사옥 등 엄청난 새로운 문화의 중심지로 탈바꿈되어 있었다.

소니 센터 안으로 들어가니 완전 딴 세상이다. 천장이 무척 높은 실내 공간 안에 식당과 카페와 극장이 있고 빙 둘러 높은 빌딩에 사무실이 가득했다. 또 그 안에 영화 박물관(Film Museum)이 있기에 그곳의 책가게에서 독일감독 빔 벤더스(Wim Wenders)의 영화 *「베를린 천사의 시(Der Himmel uber Berlin)」를 비롯한 날개 달린 천사가 나오는 영화에 관한 책 「A Beat of the Wings」를 하나 샀다.

1987년 개봉된 「베를린 천사의 시」 영화를 촬영할 당시는 동·서독이 분단 상태였는데 감독인 빔 벤더스가 천사가 브란덴부르크 문 주위를 나는 장면을 동 베를린 쪽에서도 촬영했으면 했더니 동 독 쪽 'Ministry of Film'의 장관이 기가 막힌다는 듯 얼굴이 시뻘개지면서 웃었 다는 이야기가 책 머리말에 쓰여 있다.

책 안에 쓰여진 천사에 대한 빔 벤더 스의 생각이 섬뜩할 정도로 가슴에 와 닿는다.

소니 센터의 내부는
베를린 시민의 휴식공간

　– 천사들은 악마, 귀신, 도깨비보다 더 파괴적이다.
　　악마들은 단지 우리들을 겁주기만 할 뿐이며
　　그 공포를 우리는 떨어낼 수 있다.
　　그러나 천사들은 우리에게
　　우리가 더 나은 사람이 되었을 수도 있었음을 보여준다.
　　그것이 우리를 더욱 겁나게 한다.
　　왜냐면 우리의 실패나 우리의 잃어버린 어린 시절을
　　더욱 고통스럽게 느끼도록 하니까… –

소니 센터에서 나와 버스 타는 쪽으로 가니 그곳에는 '베를린 국제영화제 (베를리 날레 : Berlinale)' 사무실이 있다. 햇님이 얼른 들어가 아들이 영화 감독이란 얘길 하니 내년 페스티벌의 소개서가 아직 준비가 안되어 있다며 지난 2월에 열렸던 당시의 책자를 친절히 내어 준다. 자식 생각하는 아비의 마음은 아무도 못 말려….

> ***영화 「베를린 천사의 시(Der Himmel uber Berlin)」, 1987**
>
> 「파리, 텍사스」 이후 3년 만에 빔 벤더스 감독이 오늘날 독일어권 최고의 극작가이자 소설가인 페터 한트케와 공동으로 시나리오를 썼다. 화면의 전반부는 모노크롬이고, 후반부는 칼라로 되어 있다. 흑백과 칼라의 변화가 절묘하게 전개되는 구성으로 독특함을 주고 있는데 영상미와 문학성이 최고 로 결합된 걸작이라는 평을 받았다.

8월 19일
베를린의 체크포인트 찰리와 포츠담

새벽 6시 30분. 햇님이 갑자기 창 밖을 보며 "어! 이상하네, 우리 차 문이 열려 있네" 한다. 3층에 위치한 우리의 호텔 방에서 길 건너 주차장에 서 있는 우리의 붉은색 샤란 차의 오른쪽 뒷문이 활짝 열려 있어 흰 뚜껑의 아이스박스까지 다 보이는 것이 아닌가? 지나가는 사람들도 힐끗 힐끗 보며 지나가고….

기겁을 한 햇님이 동서를 불러 두 남자가 부리나케 달려 내려갔다. 다행히 없어진 물건은 없는데, 어제 저녁 포도주가 모자라 마지막으로 차에 다녀온 적이 있는 동생 신랑은 아무리 해도 이해할 수 없다는 표정이다.

상수시 공원 안의 웅장한 왕궁

아침, 바하의 웅장한 「브란덴부르크 협주곡」을 머릿속에 떠올리며 브란덴부르크 문을 한바퀴 돌고 나서 전승기념탑을 구경한 후 '체크 포인트 찰리 (Check Point Charlie)' 가 있는 곳으로 갔다.

예전에 베를린 장벽이 존재할 때, 서베를린에서 동쪽을 방문한 사람이 저녁에 돌아올 때면 서방측으로 넘어오면서 꼭 지나야 했던 곳. 아들 김현정 감독의 영화 「이중간첩」의 맨 첫 장면에서 한석규가 이곳에서 위장 귀순한다. 물론 촬영은 이곳의 모습을 재현한 세트를 체코의 프라하에 만들어 그곳에서 찍었다.

동베를린 쪽에서 보면 미국 병사의 사진이, 반대편에서 보면 소련 병사의 사진이 크게 붙어 있고 작은 초소 하나만 달랑 남아있는 체크포인트 찰리는 주위에 옛 소련군의 제복, 신발, 두툼한 방한모 등을 파는 선물가게가 즐비하다.

작은 초소 하나
달랑 남아있는
체크포인트 찰리(위)

포츠담 회담이 열렸던
체찔리엔호프 성
－지금은 호텔(아래)

12시경 베를린에서 25km정도 떨어진 포츠담으로 가서 상수시 공원(Sanssouci Park) 안에 있는 왕궁으로 갔다. 엄청나게 큰 규모의 왕궁의 마당에서는 지금이 관광객이 몰려오는 여름시즌이라 그런지 로코코 오페라 축제(Rococo Opera Fest) 준비가 한창이었다. 왕궁을 한바퀴 돌고 나니 모두들 다리가 아파 나무그늘에 자리를 펴고 가져온 포도 등을 먹고는 그 위에 누워서 한숨씩 잤다.

그리고 나서 그 유명한 '포츠담 선언'을 했다는 체찔리엔호프 성(Schloss Cecilienhof)으로 가 보았다. 지금은 호텔로 변한 그곳에는 영국의 처칠 수상과 애틀리 수상(회담도중 수상이 바뀌었다 함), 미국의 트루먼 대통령, 소련의 스탈린이 협상했다는 테이블이 놓여진 큰방에 세 나라의 국기가 걸려 있는 것이 보였다. 일본인 관광객 한 그룹이 깃발 든 가이드를 따라 열심히 구경하고 있는 것도 구경거리였다.

길옆에 차들을 세워 놓은 공간이 있기에 30~40분 동안 차를 세워놓았던 곳이 사실은 주차할 수 있는 곳이 아니었던 듯, 돌아와 보니 15유로짜리 주차티켓이 붙어 있는게 아닌가? 어디를 가나 주차가 가능한 곳인지 먼저 확인해야 할 것 같다.

8월 21일

유태인 학살의 현장 아우슈비츠

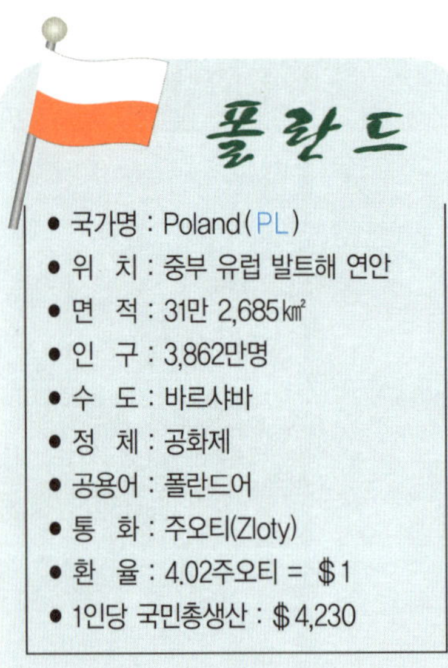

- 국가명 : Poland (PL)
- 위 치 : 중부 유럽 발트해 연안
- 면 적 : 31만 2,685㎢
- 인 구 : 3,862만명
- 수 도 : 바르샤바
- 정 체 : 공화제
- 공용어 : 폴란드어
- 통 화 : 주오티(Zloty)
- 환 율 : 4.02주오티 = $1
- 1인당 국민총생산 : $4,230

베를린에서 시작된 E 36번 도로가 폴란드의 레그니차(Legnica)부터는 E 40번으로 되고 이 길이 다시 4번 도로가 되어 자브르제(Zabrze)와 카토비체(Katowice)를 거쳐 크라코프(Krakow)로 간다.

도로는 양쪽으로 1차선씩으로 비좁고, 노면은 오래되어 땜질한 곳이 많아 차가 계속 덜컹거린다. 그러나 길 양 옆으로 숲을 20m 이상씩 베어내어 고속도로를 만들려고 준비하는 곳이 눈에 많이 뜨인다. 유럽대륙 한 가운데 위치한 폴란드를 거쳐가면 빠르고 쉽게 이 나라 저 나라를 다닐 수 있다는 점에 착안하여 통행세를 받아 국가 재정에 보탬이 되도록 하기 위해 도로확장사업에 힘을 기울인다더니 과연 그렇구나 싶다.

자브르제에서 크라코프 가는 길에 오시비엥침(Oswiecim)—독일어로는 아우슈비츠(Auschwitz)—이 있다.

지난 2000년, 처음 이곳을 둘러보고는 며칠 간 끔찍한 마음이 지워지지 않았던 곳이라 동서 내외만 들여보내고 우리는 겉의 건물만 둘러보았다. 입장료는 무료이며 가이드를 요청한 경우만 돈을 받는다.

나는 아직도 매캐한 독가스 냄새가 나는 것 같은 느낌인데 주차장 옆에 있는 식당에서 맛있게 뭘 먹고 있는 사람들이 보여 속이 이상해지면서 얼른 이곳을 떠나고 싶은 심정이다.

아우슈비츠 안내판

이곳 아우슈비츠는 원래 폴란드 군인들의 막사였다는데 독일이 폴란드를 점령하고 나서 1940년~1945년 사이에 정치범 수용을 목적으로 이용하다가 1942년부터는 유태인 학살에 이용하여 약 150만의 유태인을 학살한 현장이라고 한다.

붉은 벽돌이 빛이 바래서 약간 허옇게 보이는 수용소에 자갈이 깔린 흙길로 걸어가니 그 옛날 수용소에서 노동하러 또는 가스실로 가던 사람들과 같은 느낌도 들어 머리끝이 쭈뼛거려 발걸음이 떨어지지 않는다.

그 많은 버려진 안경하며, 밑창에서 돈을 찾아내고 내버려진 구두들, 먼지를 뒤집어쓴 산더미 같은 가방, 독일군 장교들 집에서 썼다는 유태인 머리카락으로 짠 카펫과 독가스 때문에 허옇게 변색된 머리칼, 독가스 깡통, 화장설비, 독가스실, 수용소 침대, 고문실 그리고 총살하던 곳 등등…. 끔찍하고 잔혹한 곳이라서 보는 사람들도 모두 숙연하다.

나치는 유태인들에게 지금 사는 곳이 안전하지 못하다 하여 안전한 지역으로 이주하도록 도와주는 척 하면서 이곳으로 데려왔으며 새로운 지역의 가짜 땅문서를 돈을 받고 팔았고 각자 가지고 올 수 있는 짐을 25kg 이하로 제한함으로써 귀중품만 가지고 오도록 유도하여 유태인들의 돈과 귀중품을 한번에 손에 넣었다고 한다.

그리고 유태인들을 인간으로 생각하지 않아서 그들을 대상으로 각종 인체실험도 하고 또한 그들의 자존심을 죽이기 위하여 화장실의 칸막이를 없애 용변 보는 모습을 서로 보게끔 했다는 등 육체적, 심리적으로 최고의 고문을 자행했다고 한다. 지금은 일 년에 하루 유태인들이 이곳을 전세 내어 행사를 한다고 한다. 이때는 외부인은 일체 받지 않는다고 하는데 과연 그들은 이곳에서 무엇을 보고 무엇을 느끼고 무엇을 다짐할까.

지금은 한적해 보이기까지 하는 수용소

8월 21일
유네스코지정 제1호 세계문화유산 소금광산

아우슈비츠를 거쳐서 12시경 크라코프에 도착했다. 오후 3시에 출발하는 소금광산투어를 우리는 지난번 가 보았기 때문에 동서 내외만 다녀오게 하고 그사이 우리는 구 시가지엘 다녀왔다. 구 시가지는 유네스코지정 세계문화유산으로 등록되어 마음대로 손을 대지 못하게 하지만 그래도 이곳저곳 새로 색칠은 하여 전보다 많이 밝아진 느낌이다.

유럽에서 제일 크다는 크라코프 구 시가의 광장에서는 '체펠리아(Cepelia)'라는 축제가 한창이었다. 한쪽 무대에서는 민속춤 경연대회에 출연한 전통 옷을 입은 소년 소녀들이 음악에 맞춰 춤을 추고, 광장 한쪽에는 흰 수도승 복장에 흰 칠을 한 얼굴의 사나이는 로봇처럼 서 있다가 가끔 종을 몇 번 울리고는 다시 조용히 서 있고, 멋진 옷을 입은 아가씨 바이올리니스트의 연주가 한창이고, 또 트럼펫과 아코디언으로 로드리고의 「아랑후에즈(Aranjuez)」를 연주하는 2인조도 있었다. 또 한쪽에서는 소시

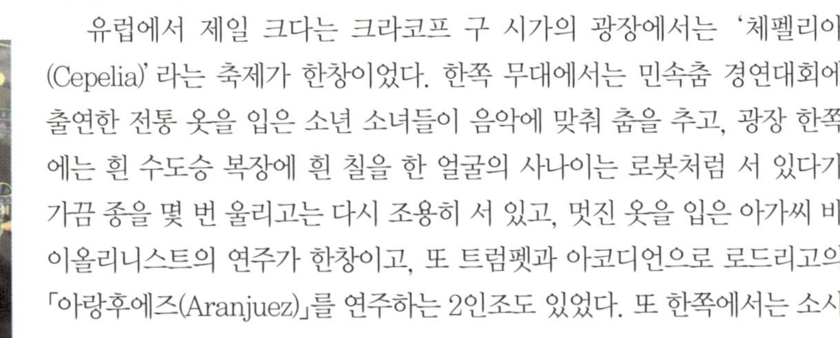

체펠리아
축제 포스터(위)

공연준비중인
전통복장의 아이들
(아래)

지 굽는 냄새가 진동, 생맥주 파는 곳엔 길게 늘어선 줄하며 진짜 잔치 분위기였다.

2000년에 다녀온 소금광산에 대한 일기에서 –

유네스코지정 세계문화유산 제 1호, 크라코프의 소금광산.

매표소엘 가니 지하로 깊이 내려가야 하므로 위험하기 때문에 폴란드인 안내원 한 명을 동행해야 한단다. 내려가는 계단옆 벽에는 세계 각국에서 몰려온 관광객들의 낙서가 가득하다.

소금광산 입장권

옛날에는 거의 수직으로 된 조그만 입구를 통하여 인부들이 위험하게 드나들었고 이곳으로 캐어낸 소금을 끌어내었다는데 사람이 하기 힘든 일을 위해 노새새끼를 안고 내려가서 길러서 일을 시켰다고 한다. 그러다 보니 깜깜한 굴 속에서 햇빛을 보지 못한 노새들은 눈이 멀게 되었다고 ….

이곳 소금광산은 700년 된 곳으로 그 깊은 땅속은 아직도 바닥, 벽, 천장이 온통 소금 광석으로 되어 있는데 이 소금이 대리석보다 강도가 높아서 잘 깨지지도, 닳지도 않는다고 한다.

그 깊은 속에 크고 작은 많은 광장이 만들어져 있고 그곳에 실제로 종교행사를 치르는 성당도 만들어 놓고 각종 동상, 모형, 화장실, 커피숍 ,식당 겸 실내경기장, 엘리베이터, 전시실, 호수 등이 있어 감탄과 볼거리를 제공하고 있다.

2시간 여의 동굴 탐험 같은 답사를 마치고 엘리베이터로 지상으로 올라왔다. 좁은 엘리베이터에 정원 8명씩을 꼬박 다 태우는데 우리 일행은 뚱뚱한 외국 부부들과 함께 타는 바람에 숨도 못 쉴 정도로 끼여서 2분 30초 정도를 견뎌내야 했다.

소시지와 생맥주 한 잔에 흐뭇~(위)

전통복장으로 차려입은 여인들(아래)

8월 22일
크라코프 구 시가와 바벨 성

옛날 폴란드의 수도였던 이곳 크라코프의 외곽에 있는 옛 왕들의 거처가 있는 바벨성(Wawel Castle)으로 갔다.

10세기에서 17세기까지 당시 폴란드의 왕들의 거처였던 크라코프 왕궁은 처음에는 몇 개의 교회로부터 시작하여 11세기 초, 로만 고딕스타일의 성과 성당이 지어졌고 2번에 걸쳐 재건축되었으며 1611년 폴란드의 수도가 크라코프에서 바르샤바로 옮기게 되어 왕의 거처로서의 권리(?)를 잃게 되었다.

몇 년 전 한번 들렸던 우리는 왕궁 안쪽에 있는 넓은 마당에서 새삼스러운 마음으로 사진을 찍고 총 길이 200m중 81m만 들어갈 수 있는 짧은 동굴인 '용의 굴

(Dragon's Den)'에 들어갔다 밖으로 나오니 청동으로 만든 용의 조각상이 불을 뿜고 있다.

휘어진 강줄기를 따라 산책로가 편안하게 나 있어 거닐다가 어제 오후에 들렸던 구 시가의 광장으로 다시 갔다.

광장 남쪽 끝에 있는 성 마리아 성당(St. Mary's Church)에는 서로 모양이 다른 뾰족 탑이 두 개인데 그중 한 곳은 망루 역할로 쓰여져 적군의 침입을 감시하고 위협 사격도 했다고 한다. 옛날 적군의 침공을 알리러 나팔수가 꼭대기의 창문을 열고 나팔을 불 때 적군의 화살이 날아와 그의 목을 관통, 나팔소리가 갑자기 멈추었다고. 그래서 그때를 재현하듯 요새도 매시 정각에 트럼펫이 연주되다가 갑자기 멈춘다!

성당 앞에 백 명 이상의 사람들이 모여 이 동네에서 가장 인기인 흰 옷 입고 얼굴에 흰 칠을 한 뚱뚱한 아줌마의 팬터마임 공연을 구경한다. 그녀에게 걸리는 사람은 사정없이 당한다. 즉 동전이라도 하나 통에 넣어주고 사진 찍으려 하면 뽀뽀를 해서 얼굴에 흰 자국을 남기거나, 머리카락을 당기거나, 끌어안아서 얼굴에 흰 칠을 묻히거나 한다. 그녀의 몸짓, 표정이 너무 재미있어 우리도 한참을 구경했다.

서로 모양이 다른
뾰족탑이 두 개 있는
성 마리아 성당(위)

인기 짱인 흰 옷의
거리 예술가(아래)

8월 22일
크라코프의 국제판화 트리엔날레 사무실

태극선 부채를 들고 계신
트리엔날레 회장님과(위)

프랑스 식당에서
안나, 테레사와 함께
(아래)

2시 정각, 성 마리아 성당 앞에서 트리엔날레에서 근무하는 테레사를 만나 4년 전 트리엔날레가 열렸던 전시장에 한번 들려보고 바로 길 건너 사무실로 가니, 회장이신 80세 고령의 스쿨리츠 교수님이 반갑게 맞이해 주신다. 조금 살이 찌신 것 같지만 건강해 보이는 모습이다. 책상 위에 놓여 있는 태극선 부채는 지난번에 내가 선물한 것 같은데….

트리엔날레의 미래 계획을 얘기하시고 우리는 우리의 여행 얘기를 하고 나서 홈페이지에 올려져있는 우리의 여행사진을 보여 드렸다. 바쁘신 것 같아 사진 몇 장 찍고는 회장님을 뒤로하고 사무실을 나왔다.

저녁, 정열적인 성격답게 화끈하게 차려 입은 트리엔날레 부회장인 안나와 얌전한 테레사와 함께 유태인 거주지에 있는 옛 역을 개조한 프랑스 식당으로 갔다. 분위기도 좋고 음식도 잘 골랐는지 맛있게 먹었다.

내일 우리가 슬로바키아를 거쳐 헝가리로 간다고 하니 이곳저곳을 가보라고 권해준다. 차에 가서 지도를 찾아들고 와 메모까지 해가면서…. 다음에 오면 좀더 오래 머물며 이야기도 많이 하고 이곳저곳 구경도 같이 하자는 두 사람과 아쉬운 작별을 했다. 🙂

* 판화가인 이영애는 폴란드에서 3년에 한 번씩 열리는 '크라코프 국제판화 트리엔날레'에서 2000년과 2003년 두 번 수상했다.

8월 23일
데브니의 나무교회와 고산지대

가는 길에 이곳저곳을 둘러보고 오늘 안에 헝가리(Hungary)의 부다페스트(Budapest)까지 가려면 시간이 많지 않아 서둘러 일찍 출발했다. 어제 안나가 조언해 준 대로 남쪽 E 77번 도로를 택해 내려가서 노위 사츠(Nowy Sacz) 방향으로 가다가 있는 데브니(Debnie)의 나무로 된 교회.

15세기에, 못 하나 없이 지은 정교한 나무교회인 성 미카엘(Kosciol sw. Michala w Debnie)교회. 지붕이며 벽이며 모두 기다란 나무판자를 서로 끼워 맞춰 지은 작은 교회로 이곳도 유네스코지정 세계문화유산 중 하나라고 한다.

도착해 보니 너무 일렀는지 아직 문이 열리지 않아 교회 앞에서 엽서 파는 두 명의 초등학생에게서 공평하게 두 장씩 사주고 밖으로 돌며 구경하고 있으니 관광버스가 도착, 50~60명의 폴란드 인들이 내렸다. 가이드로 보이는 사람이 길 건너에 있는 신부님의 거처로 가서 문을 열어달라고 하는 것 같았다. 절룩이는 다리의 나이 많은 신부님이 나오시더니 교회 문을 여시고 2주오티씩 받고 표를 나누어주신다.

자그마한 교회 안, 모두들 경건한 마음으로 앉아 녹음되어 있는 안내방송으로 이 교회의 역사를 듣는다. 매우 검소하게 장식된 교회였지만 그래도 천장에 새겨져 있는 무늬는 33가지 색에 71가지의 패턴이 사용되어 있다고 했고

못 하나 쓰지 않고 끼워 맞춘 나무 판자 모습(위)

유네스코 문화유산 데브니 교회(아래)

해바라기, 해바라기

특히 제단(Altar) 부분의 세 쪽짜리 그림(Triptych)이 눈을 끌었다.

교회에서 나와 남쪽의 자코판(Zakopane) 옆으로 지나가면서 보니 역시 크라코프에서 만났던 안나의 말대로 산이 높아 풍경이 정말 아름다웠다. 계속 폴란드(Poland ; plain land)는 평평한 땅이구나 하면서 다녔는데 이곳 경치는 노르웨이에서 본 것 같은 산과 들, 그리고 아름다운 집들이 어울려서 꼭 그림 엽서 속의 사진 같았다. 그래도 노르웨이에서 워낙 눈높이를 높여 놓았는지 안나의 표현대로 'very, very, very beautiful'까지는 아니었다 (안나, 미안!).

남쪽으로 내려가면 바로 나오는 슬로바키아(Slovakia) 국경을 넘어 중세의 모습을 간직한 아름다운 레보카(Levoca) 옛 시가지를 돌아보고 점심을 먹은 후 슬로바키아의 남쪽 국경도시 자히(Sahy)까지 직통으로 내려왔다. 말하자면 두어 시간 걸쳐 슬로바키아 한 국가를 통과해 버린 것이다.

자히를 지나니 그냥 헝가리로 들어서게 되었다. 금방 나타나는 옥수수 밭과 끝없는 평원에 펼쳐진 해바라기 밭. 가운데 검은 씨 부분이 엄청나게 크다고 생각되는 해바라기들이 지천으로 깔렸다. 소피아 로렌과 마르첼로 마스트로얀니의 영화 *「해바라기」에서 펼쳐졌던, 바람에 흔들리던 노란 해바라기 밭이 생각났다.

드디어 부다페스트– 많이 헤매지 않고 예약했던 호텔에 도착. 

「자전거 도둑」 등의 작품을 만들어 이탈리아 네오리얼리즘의 거장으로 일컬어지는 비토리오 데 시카 감독의 멜로물. 끝없이 펼쳐진 우크라이나의 해바라기 밭을 헤매는 소피아 로렌의 모습은 지울 수 없을 만큼 인상적이다. 소련에서 촬영했다는 이유로 수입이 몇 년간 지연되었던 추억의 명화. 전쟁의 격랑이 빚어낸 한편의 비극적인 사랑이야기.

여행 에피소드

짧은 지식, 짧은 관람, 짧은 감상문

유럽 쪽을 여행하면서는 경치를 감상할 때도 많지만 박물관이나 미술관 쪽을 빼놓고 여행하긴 힘들다.
때로는 정말 가보고 싶었던 곳에 갔다가 실망하기도 하고 별 기대 안하고 갔다가 큰 걸 수확한 기분이 들기도 한다.
한 사람의 화가나 작가나 음악가를 주제로 일생을 연구하며 보내는 이들도 많은데 우리는 숨 헐떡이며 겨우 찾아가서는 1시간 반 내지 2시간 동안 얼른 보고 나와 또 다른 행선지로 직행하기가 일쑤니….

'아! 이런 여행은 싫어!' 하고 몇 번이나 생각했지만 동행들도 있고 하니 내 마음대로 한 곳에서 오래 머무를 수도 없고, 그렇게 할라치면 대신 다른 이들의 관심 있는 곳에서 또 오래 머물러야하는데 시간은 한정되어 있고….

갖고 있는 지식도 짧은데 짧은 시간에 휘리릭! 보고 나서 감상문 내지 일기를 쓰려니 제대로 앞뒤가 안 맞거나 틀리거나 하여 성에 차지 않을 때도 많지만 시간이 없으니 빨리! 빨리! 후다닥 써서 홈페이지에 올리고는 뒤도 안 돌아본다.
사정이 이러하니 혹시 틀린 곳, 어쭙잖은 구석이 있더라도 모두 널리 양해해 주시리라 믿는다.

그리고 또 하나, 본인 자신 조국의 옛 시절 임금님이나 지도자의 이름도 가물가물한 주제에 이역만리 타국의 임금님 이름을 정확하게 기억하지 못하거나 빼먹는 일이 있더라도 큰 죄는 아니겠지유?

8월 24일
헝가리 수도 부다페스트

- 국가명 : Hungary (H)
- 위　치 : 유럽 중동부
- 면　적 : 9만 3,030km²
- 인　구 : 1,013만명
- 수　도 : 부다페스트
- 정　체 : 공화제
- 공용어 : 헝가리어
- 통　화 : 포린트(Forint, Ft)
- 환　율 : 232.3포린트 = $1
- 1인당 국민총생산 : $4,830

호텔에서 티켓을 사서 9시 30분에 출발하는 지붕이 없는 노란 버스를 타고 시내를 한바퀴 돌았다. 1인당 요금은 4,900포린트. 마침 여러 가지 안내방송 중 한국어 방송도 있어 잘됐다 싶었다. 안내방송이 시작 될 때는 브람스(Brahms)의 「헝가리안 광시곡(Hungarian Rhapsody)」이 깔린다.

부다페스트는 원래 나지막한 산쪽의 부다(Buda)와 평평한 페스트(Pest)가 다뉴브(Danube)강을 사이에 두고 이루어졌다고 하는데 페스트에 있는 어떤 건물을 이야기할 때는 여자 목소리, 부다에 있는 건물이나 지형을 이야기할 때는 남자 목소리의 안내 방송이 번갈아 나온다.

다뉴브강을 사이에 두고
왼쪽은 부다
오른쪽은 페스트 풍경

먼저 안드라시(Andrassy) 거리를 지나 헝가리 출신의 유명한 작곡가이자 피아니스트인 프란츠 리스트(Franz Liszt)가 건립했다는 음악학교와 발레학교 그리고 오페라하우스를 지났다. 한 쪽 길로 들어서니 옛 왕족의 집들을 옛 모습 그대로 보존하고 있었는데 예전에는 말이 끄는 마차소리가 시끄러워 나무로 길을 덮어놓았었다는 길을 지나니 넓디넓은 '영웅광장(Heroes' Square)' 이 눈앞에 펼쳐진다.

광장 가운데 솟아있는 천사 가브리엘(Archangel Gabriel)상 근처에는 여러 대의 벤츠가 세워져있어 웬일인가 하고 보니 크레인을 이용해 광고용 CF를 찍고 있었다.

   동쪽으로 가는 기차만 출발한다는 서부역사를 지나 라코치(Rakoczi) 거리로 들어서니 백화점 등이 상점들이 즐비했고 리버티 브리지(Liberty Bridge) 건너 부다 쪽 산의 겔레르트 힐(Gellert Hill) 꼭대기에 월계수를 높이 들고 있는 자유의 여신 상이 보였다. 1046년에 이단이라고 낙인찍혀, 나무술통에 넣어진 후 산꼭대기에서 다뉴브강으로 굴러 떨어트려져 순교한 주교 '성 겔레르트(St. Gellert)'의 동상이 중턱에 있는 게 보였고 우리를 태운 버스는 그 위의 요새(Citadell)에 정차. 모두들 내려서 다뉴브강 양쪽의 풍경을 구경했다.

   엘리자베스 브리지(Elisabeth Bridge) 근처에는 헝가리의 유명한 온천이 많이 있다고 했고 그 부다산 위쪽에는 '부다 왕궁(Royal Palace)', 그리고 '마티아스 성당(Mathias Church)'과 '어부 탑(Fishermen's Bastion)'이 있으며 다뉴브강 한 가운데에는 '마가렛 섬(Margaret Island)'이 떠 있다고 했다.

   점심을 먹은 후 이번에는 배를 타고 다뉴브강 하류의 리버티 브리지 쪽으로 내려갔다가 다시 반대 방향으로 엘리자베스, 체인 브리지를 거쳐 마가렛 섬으로 가 보았다. 배 투어를 하기 전 두 명의 가이드 아가씨가 승객 앞에 서서 번갈아 가며 쉬지도 않고 영어, 프랑스어, 독일어, 스페인어, 그리고 헝가리어, 폴란드어 등으로 최소한 한 사람이 네 가지 언어로 안내방송을 하는데 같은 이야기를 네 번 다섯 번 하는 그들에게는 일상이고 지겨웠겠지만 우리에게는 마치 묘기 대행진을 보는 것 같이 재미있었다. 마가렛 섬에 내려서는 영어로 안내를 했던 아가씨와 같이 다니며 이것저것 물어 보았다.

섬 안에 호텔, 교회, 수영장 등이 있는, 시민들의 공원 같은 이 섬은 13세기의 왕 벨라(Bela) 4세의 딸 마가렛(Margaret)의 이름을 딴 섬으로 그 안에 있는 조그만 성당의 안쪽은 흰 칠을 한 벽에 아무런 장식도 없이 오직 성모상으로 보이는 어두운 그림 한 개만 걸려 있었는데 너무나 깨끗하고 경건한 느낌이었다.

사자상이 있는
체인 브리지 입구

아까 배에서 안내 방송 중에 이 성당을 재건축하기 위해 땅을 파다가 4세기 동안 묻혀있던 종을 찾아내 다시 걸었다는 이야기가 나올 때는 배경음악으로 파가니니의 바이올린 곡 *「라 캄파넬라(La Campanella)」가 흘러 나왔으니 아마도 이 종 애기를 하기 때문이었으리라.

파가니니(Paganini) 작곡 「바이올린 협주곡 B 플랫단조」의 마지막 악장, '종에 부치는 론도'를 피아노의 대가 리스트(Liszt)가 편곡한 것이다. 고음부의 아름다운 음색 속에 교회의 종소리가 잘 묘사되어있다.

8월 25일

이상하게 마음끌리는 부다페스트

아침, 동생네와 우리는 오늘 하루 헤어져서 따로따로 구경하기로 했다. 어제 예습을 충분히 했으니 관심 있는 곳을 중점적으로 보고 저녁 6시에 어제 배를 탔던 다뉴브강가의 호텔 앞에서 만나기로 했다.

우리는 먼저 영웅광장 끝으로 가서 현대미술관의 미로(Miro)전을 구경했다. 익히 알고 있는 미로였지만 스페인 마드리드(Madrid)의 국립미술관에서 빌려온 작품들로 전시중이라 우리가 흔히 보지 못했던 회화와 조각작품들이 많았다. 언제나 보아도 유머가 가득하고 단순한 것 같은 그의 작품은 많은 이들을 매료하기에 충분한 것 같았다. 그리고 다른 쪽 방에는 판화가 가득 있었다! 특히 그의 동판화가 마음을 끌어 한참을 구경했다.

왕궁 안에 있는
마티아스왕의 샘

영웅광장의 천사 '가브리엘 상' 아래에는 헝가리 대표 민족그룹 7개의 족장들이 말을 타고 각기 다른 무기들과 말안장의 장식을 자랑하며 돌고있다.

그 다음은 지하철을 타고 강 건너 부다 쪽으로 건너가서 언덕 위의 왕궁으로 오가는 셔틀버스(공짜!)를 타고 먼저 '마티아스 성당'과 돌로 만든 '어부 탑' 있는 곳으로 갔다. 동전만 받기에 잔돈을 톡톡 털어 300포린트씩의 입장료를 내고 올라간 돌로 만든 '어부 탑'.

다리도 아픈 김에 다뉴브강을 내려다보며 앉아 눈을 감았다 떴다 하며 쉬다가 추위를 느낄 정도로 시원해져서 내려왔다.

그 옆의 마티아스 성당에 500포린트씩 입장료를 내고 들어가니 어두운 성당 안에 은은하게 장식적으로 칠해져 있는 천장과 기둥들이 눈을 끌었다(밖에서 본 지붕은 무척 화려했는데…).

계단으로 올라가니 성당 내 박물관, 종교적인 것뿐만 아니라 왕가의 물품들도 전시되어 있는데 그 중 칠보가 입혀진 비뚤어진 십자가가 올려져 있는, 금으로 만든 헝가리 왕을 위한 왕관이 인상적이었다.

다뉴브강을 내려다보며 세워져 있는 웅장한 왕궁. 사냥하는 모습이 멋진 마티아스 왕의 조각이 있는 '마티아스 왕의 샘'과 강을 향한 정원에 있는 세 명의 고기 잡는 아이들의 형상이 실감나게 조각된 분수 등을 보고 걸어서 내려왔는데 나중에 보니 부다바리 시클로(Budavari Siklo)라는, 층계열차 같은 케이블 열차가 승객을 태우고 왕궁으로 오르락내리락 운행 중이었다. 재미있는 것은 올라갈 때(600포린트)와 내려올 때(500포린트)의 요금이 다르다는 것.

성 겔레르트의 동상이 있는 겔레르트 언덕으로 올라가 그가 술통에 넣어져 굴러 떨어졌다는 다뉴브강 쪽을 내려다보고 또 그 시절 가장 아름다웠다는 엘리자베

헝가리 지하철 티켓

스 여왕의 동상을 지나, 리버티 브리지 앞쪽에는 이상한 돔(Dome)을 얹고 있는 온천으로 유명한, 젤레르트 호텔(Gellert Hotel)이 있다.

미국의 브루클린 브리지에 비하면 길이가 5분의 1도 안 되는 것 같은 짧은 다리지만 전차가 쿵쾅거리며 건너가고, 그 옆으로 자동차, 자전거, 사람까지 건너다니는 바쁜 다리, 리버티 브리지를 건너 페스트 쪽으로 다시 오니 1896년에 세워졌다는 아름다운 시장 건물(Market Hall)이 있다.

어제는 너무 늦어서 닫혀있었는데 너무너무 재미있고 깨끗하고 활기찬 시장이었다. 북적이는 시장 안에서 포도주를 몇 병 사고는 동생네를 만나러 셰익스피어 동상이 있는 메리어트 호텔 앞으로 갔다.

부다페스트는 이상하게 마음이 끌리는 동네다. 영화 *「글루미 선데이(Gloomy Sunday)」의 무대였던 *군델(Gundel)식당에 가 보지는 못했지만 다시 또 오고픈 마음이 많이 생긴다.

깨끗하고 활기찬 시장 건물

*영화 「글루미 선데이(Gloomy Sunday)」, 1999

전 세계 수백 명의 사람들을 자살하게 한 전설적인 노래 「글루미 선데이」에 관한 실화를 바탕으로 한 로맨스 드라마. 영화는 노래가 실제로 작곡되었던 1935년의 부다페스트를 배경으로, 매혹적인 아름다움을 지닌 여성을 둘러싼 세 남자의 이야기가 나치의 전운과 함께 펼쳐진다. 매력적인 여주인공 에리카 마로잔의 매력이 돋보이는 작품.

*군델(Gundel)식당

영화 「글루미 선데이」의 촬영장소로 유명한 군델식당은 1894년에 창업한 고급 레스토랑으로 세체니(Szechenyi)온천과 부다페스트 동물원 근처에 있음.
주소 : 1146 Budapest Allatkerti UT.2. Hungary / 전화 : 36 14 68 40 40

8월 26일
헝가리 서남쪽 발라톤 호수와 소프론

레저용 보트가 많이 보이는 발라톤 호수

오늘은 헝가리 서남쪽에 있는 여름 휴양지 발라톤 호수(Lake Balaton) 쪽으로 출발이다.

발라톤 호수 주변에는 숲과 어우러진 모래사장 등이 여름 휴양지로 손색이 없고, 곳곳에 숙박시설, 야영장, 놀이시설, 여객선 터미널, 마리나, 그리고 식당과 안내소 등이 줄지어 있다. 호수 가를 따라 서쪽으로 가다가 작은 도시 바닥소니(Badacsony)에 들려 환전을 하고 나서 근처에 있는 식당에서 통 생선튀김에 삶은 감자 곁들인 것, 그리고 연어구이에 야채 얹은 것과 우리나라 매운탕 비슷한 얼큰한 생선 수프로 모처럼 식당에 앉아 내리는 비를 바라보며 점심을 했다.

호수의 서쪽 끝에서 북쪽으로 올라가 중세풍의 느낌이 매우 강하게 남아 있으며 마치 보석처럼 아름다운 마을이라서 'Jewelry Box Town' 이라고 불린다는 코스제크(Koszeg) 시내를 돌아본 후 소프론(Sopron)까지 왔다.

입맛을 돋구어준 굴라쉬 수프

소프론은 오스트리아 국경에 접해 있는 역시 중세풍의 냄새가 짙은 타운 중의 하나로, 관광객이 많고 국경지대라서 그런지 다른 헝가리 도시에 비해 물가나 모든 것이 다소 비싼 동네이다. 방 구하기가 어려워 몇 군데 들렸다가 겨우 한 펜션을 구해 들었는데 값도 적당하고 안락한 곳이었다. 1층에 있는 식당에서 헝가리 전통음식, 특히 굴라쉬 수프(goulash soup)를 즐겼다. 우리는 이곳에서 그동안 밀린 일기도 쓰며 지금까지의 여행을 정리하는 시간을 갖기로 하였다.

8월 28일

오스트리아 빈 도착

어제까지 그동안 밀린 일기를 간신히 끝내고 아침나절 소프론을 둘러보고는 오스트리아(Austria)의 빈(Wien)으로 향했다. 국경 넘기 직전, 남은 헝가리 돈은 기름을 넣어 다 썼다.

오스트리아는 고속도로 통행증을 1년짜리 또는 최소 10일짜리를 사서 붙이고 다녀야 한다기에 오스트리아로 들어서자마자 7유로 50센트를 내고 10일짜리 고속도로 통행증을 사서 앞 유리 백미러 부근에 붙였다. 며칠 밖에 머물진 않을 예정이지만 이 나라에 왔으니 이 나라 법을 따르는 수밖에….

헝가리 소프론에서 불과 두 시간 만에 오스트리아 빈에 도착해 보니 이곳저곳의 노천 식당에는 먹고 마시고 이야기하며 즐기는 사람들이 가득하고, 갖가지 악기를 연주하는 길거리 악사들도 많다. 분장을 하고 길거리에서 팬터마임을 하는 사람들도 많이 보이고, 관광객을 태우고 다니는 마차들도 바쁘고, 젊은이부터 노인들까지, 언어도 제각각의 사람들이 떼를 지어 몰려다닌다.

오후 4시, 이곳 유엔산하의 원자력부문의 장으로 나와있는 고교친구 김병구 박사를 성 스테판(St. Stephan) 성당 앞에서 만나 빈 시내 중심 가를 구석구석 안내 받았다. 스테판 성당과 왕궁, 모차르트의 장례식을 했다는 왕궁 앞의 작은 성당, 그리고 이곳 사람들이 즐겨 찾으며 커피 한 잔 시

빈 거리에서
민속춤 공연중인
소년·소녀들

성 스테판 성당(위)

오페라 필름
페스티벌의 포스터
– 카라얀의 지휘 모습
(아래)

켜놓고 하루종일 즐긴다는 카페 센트랄(Cafe Central).

마지막으로 레오나르도 다빈치의 「최후의 만찬」 복사판이 있는 이태리 성당에 들렀다. 나폴레옹이 이곳 화가에게 지시하여 만든 복사판이지만 실제로 보니 원본보다 커서 가로 약 20m, 세로 약 10m 정도의 거대한 그림을 모자이크 타일로 만들었는데 그냥 붓으로 그린 그림처럼 보인다. 이 그림이 완성되었을 때는 이미 나폴레옹이 실각한 후라 그냥 이곳에 남아 있게 되었다고 한다.

시청 앞 광장에서 여름이면 한다는 음악 영화제(Opera Film Festival)에 가 보았다. 많은 사람들이 모인 이곳에는 앞쪽 넓은 광장은 의자가 줄을 맞춰 쫙 놓여져 있고 뒤쪽은 푸드 코트가 들어서 있어 각종 음식과 음료 등을 팔고 있다.

우리도 맥주에 저녁식사를 간단히 하고 맑고 시원한 밤하늘 아래서 몇 년 전 독일 드레스덴에서 공연한 음악제를 스크린으로 보면서 음악을 감상했다. 낮에 너무 더워 겉옷을 준비 안한 나는 저녁 공기가 너무 써늘해지면서 갑자기 등이 시려 중간에 모두를 재촉하여 자리에서 일어났다.

여행 에피소드

호텔의 아침상 차리기

유럽여행을 시작하면서 햇님과 나는 완전 출세(?) 했다. 왜냐하면 젊고 기운 좋은 동생 내외와 함께 하다보니 아침 준비를 그들이 열심히 해 주었기 때문이다.

사실 준비라야 전날 저녁에 준비해 놓았던 전기밥솥은 코드만 꽂으면 되고, 김치가 있을 땐 그것 조금, 오이지 무침에 김, 고추장, 멸치볶음, 깡통 깻잎 등 밑반찬. 거기에 3분간 끓인 즉석국, 깡통 햄, 때로는 오이와 양상추를 섞은 샐러드 정도이니까(날이 갈수록 가짓수가 점점 줄어드는 것은 당연!) 서울서 식사준비 하던 것에 비하면 훨씬 수월하지만 여러 가지 여건이 여의치 않으니 그것도 사실은 힘들다.
게다가 식사가 끝나면 휴대용 가스레인지에 끓인 물로 커피는 필수였는데 국산 인스턴트 커피 맛이 그렇게 좋을 줄이야!

가끔 미안해서 우리가 준비할 때도 있었지만 꽁지머리 동생 신랑은 "마…. 두 분께서는 '집필(홈페이지에 올리는 일기를 말함)' 하셔야 안 되겠습니꺼? 할 꺼 없는 우리가 마, 쭈~욱 아침 준비는 하겠습니더. 게안씸더"한다.

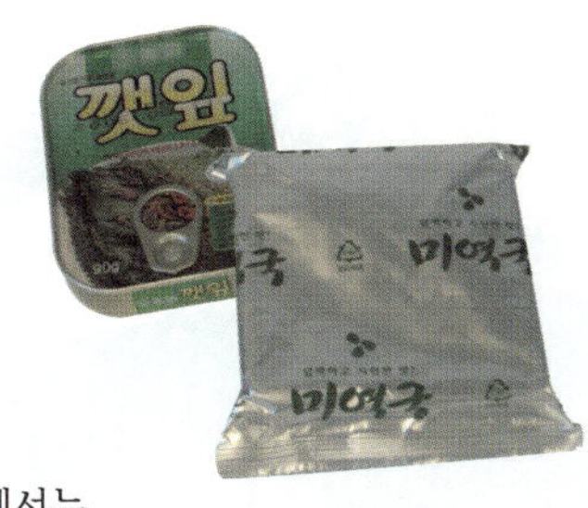

그 덕에 처음 한 두 달은 '아침 포함'이 안된 숙소에서는 쭈~욱 아침을 해먹고 다녔다. 물론 식사가 끝나면 창문 열어 놓기는 기본이고, 냄새 제거 스프레이도 애용했다.

「영웅교향곡」의
표지와 악보

달님의 박물관 관람기

베토벤이 살던 집

>

3층 벽돌구조의 이 집은 현재 베토벤 박물관이 되어
그가 사용하던 악기, 자필악보 등 소중한 유품들이 전시되어 있다.
또 그가 탄생한 3층의 다락방이 보이는 잔디 정원에는
보는 각도에 따라 표정이 달라지는 베토벤의 두상 조형이 있어
보는 이의 눈길을 끈다.

"

8월 29일

베토벤이 살던 집

아침에 깨어 눈을 뜨니 침대 맞은편 벽에 나란히 있는 길쭉한 다섯 개의 창문에 하늘 그림이 가득하다. 우와! 진짜 멋있네!

우리가 묵고 있는 햇님 친구분 김 박사댁은 빈의 몇 안 되는 지하철 노선 중 U4선의 종점인 하이링겐스타트(Heilingenstadt)역 근처의 아파트 5층에 있다.

구름이 약간 깔린 푸른 하늘이 상쾌하게 높은 아침. 김 박사님의 안내로 이곳에서 아주 가까운 그린징(Grinzing)이란 동네에 있는 베토벤(Beethoven)이 살면서 음악을 작곡했다는 집으로 갔다.

2층의 한 방을 조촐하게 박물관으로 꾸며, 일인당 입장료 1유로 50센트씩 받는 사설 박물관. 앞으로 들어가 보니 벽에는 그 시절의 지도, 즉 19세기의 하이링겐스타트, 오버도블링(Oberdobling), 뉘스도르프(Nussdorf), 그린징(Grinzing) 등이 확실하게 보이는 빈의 지도와 하이링겐스타트 풍경의 목판화, 그리고 베토벤의 사진 등이 걸려있고 8개의 진열장에는 그의 악보들과 편지

베토벤의 흉상

등이 전시되어 있었는데 그 중 그의 유서, 즉 1802년에 작성한 '하이링겐스타터 테스타먼트(Das Heilingenstadter Testament)' 가 눈길을 끌었다.

이 유서는 1798년부터 귀에 이상이 있음을 안 그가 1802년 의사의 권고로 이곳 하이링겐스타트에 치료를 하러왔으나 실패하고 청력을 잃을 수밖에 없는 그의 피할 수 없는 숙명을 절감하며 "아, 내 아끼는 동생들아. 너희들이 나를 완고하고 염세적이며 적대적이라고 알고 있으니 이는 얼마나 나를 잘못 알고 있는 건지 아느냐?…"로 시작하는 그의 두 동생 카를(Carl)과 요한(Johann)에게 보내는 편지 형식으로 쓰여져 있다.

그러나 그는 이 유서 작성 후 거의 20여 년을 더 살았으며, 귀가 들리지 않아 하도 크게 피

아노를 쳐대는 바람에 집 주인의 불평을 사서 일곱, 여덟 군데로 거처를 옮겼었다 한다.

　음악을 작곡하는 사람이 잘 들리지가 않으니 얼마나 답답하고 절망적이었을까? 그것은 마치 그림을 그리는 사람이 앞을 볼 수 없게된 것과 같은 것이 아닌가? 생각할수록 가슴이 찡해 온다.

　또 다른 진열장에는 나폴레옹에게 헌정하려고 작곡했던 「영웅(Eroica)교향곡」의 표지가 있는데 나중에 나폴레옹이 황제에 등극했다는 소식을 듣고 화가 난 그가 헌정한다는 부분을 지운 것이 확실히 보인다.

　베토벤의 후손일까? 이 작고 조촐한 박물관을 지키는 할머니는 세상을 초월한 것 같은 표정으로 앉아있다. 🌙

19세기 하이링겐스타트
풍경(위)

베토벤이 쓰던 피아노
(아래)

8월 29일
본고장에서 감상한 모차르트 콘서트

다뉴브강과 빈 시가지가 모두 내려다보이는 성이 있는 곳으로 올라가 점심을 먹고 시내로 나가 2시간짜리 버스투어를 했다.

성에서 내려다본 다뉴브 운하와 강

13세기부터 20세기 초까지 떵떵거리며 유럽을 지배했던 합스부르크(Habsburg) 왕조의 수도였으니 왕궁의 현란함은 말할 것도 없고 성 스테판 성당을 비롯한 수많은 교회들과 가지가지 박물관들. 실제로 빈은 박물관 천국으로 미술관들 외에도 술, 장례, 군대역사, 범죄, 나비, 전차, 담배 등 박물관의 종류도 상상을 초월할 만큼 많다.

그리고 빈에 살았거나 활동했던 음악가는 또 왜 이리 많은가? 베토벤, 모차르트, 바그너, 슈트라우스, 하이든, 슈베르트, 쇤베르크 등등. 빈에서 며칠 머무르는 것 가지고는 그저 귀퉁이 조금만 건드리다 가겠구나 싶은 생각이 들었다.

저녁 7시 반, 전철을 타고 카를플라츠(Karlplatz)역에 내려 '비엔나 오페라 하우스(Vienna State Opera House ; Wiener Staatsoper)'로 갔다. 8시 15분부터 시작하는 모차르트 콘서트를 보기 위해서이다.

어제 길에서 우리에게 표를 판매했던 젊은이처럼 모차르트 시절의 의상에 가발까지 쓴 안내원들이 여러 명 서서 안내를 한다. 우리더러 자꾸자꾸 올라가라고 하더니 거의 맨 꼭대기. 그래도 제일 싼 표는 아니었는데…. 햇님은 이렇게 높은 자리에서 구경해 보고 싶었는데 잘 됐다며, 친구가 빌려준 오페라 글라스를 꺼내어 이쪽저쪽으로 구경하느라 바쁘다.

1869년에 모차르트의 「돈 죠바니(Don Giovanni)」를 개관기념작품으로 올린, 세계적으로 유명한 '비엔나 오페라하우스'. 또한 유명한 '비엔나 모차르트 오케스트라'는 31명 단원이 모두 같은 가발에 모차르트 같은 의상을 입고 있어 마치 1800년대에 와 있는 것 같은 착각에 빠지게 한다.

대부분 모차르트의 오페라나 심포니 중에서 대중적인 것을 골라 연주했는데 한 명의 테너와 한 명의 소프라노가 출연했고 거의 끝나갈 때쯤 해서 「터키 행진곡」과 「마술피리」 오페라 중에서 몇 곡을 지휘자와 남녀가수, 그리고 청중이 모두 박자를 맞추어가며 즐겼다. 그리고 앙코르곡은 「마술피리」 중 다른 한 곡과 모차르트가 아닌 스트라우스의 「다뉴브강의 물결」로 끝냈다.

연주하는 이들의 실력이나 공연장이나 모든 것이 높은 수준이었지만 무언가 답답하고 빠진 것 같은 느낌이 들었다. 관광객을 위한 맛보기 식의 이런 콘서트는 별로 탐탁지 않다는 생각이 든다. 차라리 어제 저녁 시청 앞의 드라이브 인 극장 같은 큰 화면의 음악영화제가 더 나은 것 아닌가 하는 생각을 했다.

모차르트 콘서트 현수막(위)

31명 단원이 모두 모차르트 같네(아래)

레오폴드 미술관 앞에서

달님의 미술관 관람기

레오폴드 미술관

“

2001년 개관한 레오폴드 미술관은 구스타프 클림트,
에공 쉴레, 오스카 코코쉬카 등 20세기 오스트리아 화가와
빈 분리파의 작품을 주로 전시하고 있으며 모던 예술관 무목(Mumok),
현대 미술관 쿤스트할레(Kunsthalle)와 함께
박물관 구역(MQ)에 자리잡고 있다.

”

8월 30일
레오폴드 미술관 – 에공 쉴레

에공 쉴레의
「자화상」

오후에 시내의 지하철역 카를플라츠에 있는 MQ 즉 Museum Quarter로 나가서 '레오폴드 미술관(Leopold Museum)'으로 갔다.

빈에 도착하면서부터 이곳저곳에 나붙은 전시회 포스터를 보고 꼭 보고 싶었던 천재 화가 '에공 쉴레(Egon Schiele ; 1890~1918)'의 작품을 보기 위해.

18세 때부터 번뜩이는 천재성을 보이는 그림을 그린 '에공쉴레'.

물론 그의 작품을 좋아하는 사람과 그렇지 않은 사람이 갈리긴 하지만 그 누구도 그의 천재성을 무시할 순 없다. 그래서 그가 그렇게 빨리 갔는가?(그는 28세에 요절했다)

한 곳에 이렇게 많은 에공 쉴레의 작품을 모아놓은 것은 정말 상상 밖으로 나는 마치 산해진미를 앞에 둔 식도락가의 심정이었다. 그의 페인팅, 드로잉, 수채화 등등…. 화집으로만 접해왔던 수많은 그의 작품을 보며, 그가 얼마나 많은 그 시대의 다른 화가들에게 '자괴감'을 느끼게 했을까 하고 생각했다.

거의 백년이 지난 지금 우리가 보아도 신선하게 느껴지는 선과 구도…. 그의 그림을 볼 때마다 작품을 하는 입장인 나 자신도 한숨을 푹푹 내쉬며 '넌 도대체 뭐 하고 있는 거야, 지금?' 하고 되뇌이게 되는데 그 당시 에공 쉴레 옆에 있던 사람들은 과연 어떻게 느꼈었을까? 대충 상상이 간다.

에공 쉴레의 작품
「붉은 오렌지색
옷을 입은 여인」(위)

베르트란트의
「하늘에서 본 지구」
중에서 한 작품
(아래)

아래층에서는 스페인의 화가 고야(Goya)의 판화작품(주로 에칭, 즉 동판화)이 전시되고 있었고 전시장 밖의 공간에서는 베르트란트(Yann Arthus-Bertran)의 비행기에서 찍은 지구 위의 세상 곳곳의 모습을 크게 확대한 사진전(Earth from Above ; 하늘에서 본 지구)이 열리고 있었다. 보는 것마다 감탄하다가 동생네와 우리 모두 사진집을 한 권씩 샀다.

8월 31일
훈더르트바싸와 니키 드 쌍팔

쿤스트 하우스 빈 입장권

이곳 출신 화가 중 매우 독특한 '훈더르트바싸(Hundertwasser)'의 작품을 보러 '쿤스트 하우스 빈(Kunst Haus Wien)'으로 갔다. 벌써 건물의 바깥부터 분위기가 독특하고 희한하다. 입장권까지도 직사각형이 아니고 재미있는 형태로 사람을 즐겁게 한다.

현란한 색채의 드로잉과 판화 그리고 건축물. 보통 사람이 생각했던 것과는 반대인 경우가 많았으니 그도 어려움을 많이 겪었겠지만 이제는 얼마나 많은 이들에게 즐거움을 주는가?

그가 만든 불규칙하고 비정형적인 형태의 집들의 안에서 사는 이들은 과연 어떨까? 밖에서 보듯이 안에서도 즐거울까? 하여튼 벽이고 바닥이고 편편한 곳이 없으니 그 안에서 살고 싶은 생각은 별로 없지만 외관의 형태는 정말 자꾸 보고 싶고 보면 볼수록 슬며시 웃음이 나온다.

2000년 72세를 일기로 타계한 그는 뉴질랜드(New Zealand)에 있는 자신의 '행복한 사자(死者)의 정원(Garden of the Happy Deads)'의 튤립 나무 아래에 관 없이 묻혀있다. 그의 생전

훈더르트바싸가 디자인한 건물의 기둥

소원대로 자연으로 돌아가 흙이 되어 나무들의
거름이 되기 위해….

　같은 쿤스트 하우스 빈의 3층에 있는 다른 전시
장에서는 프랑스의 니키 드 쌍 팔(Niki de Saint
Phalle)이라는 여류 화가이자 조각가의 전시가 진행
중이었다. ‘니키 드 쌍 팔’ 하면 파리의 퐁피두센
터 앞의 커다란 붉은 입술이 움직이면서 물을
뿜는 조각이 생각나고 옛날 1960년대에 캔버
스에 색깔 물이 든 풍선을 걸어놓고 총을 쏘
아 그림을 만들던 바로 그 화가인데 ‘죽임’을
상징하는 총을 쏘는 행동이 일종의 ‘창조나 탄
생’으로 바뀌는 그녀의 그림은 ‘죽음과 재생’ 혹은
‘폭력과 구제’의 밀접한 관계를 나타내는 것이라는 평
도 있었다.

유머러스한
니키 드 쌍 팔의 작품

　예상대로 그녀의 특징적인 둥글둥글한 형태에 현란한 색채의 조각들과 드로잉,
판화 등이 전시되고 있었다. 훈더르트바싸나 니키 드 쌍 팔 두 사람 다 현란한 색채
와 유머러스한 형태들로 많은 이들에게 즐거움을 주는 작업을 해온 예술가들임에
는 틀림없다.

⫸ 달님의 미술관 관람기

벨베데어 궁전

> 66
>
> 바로크양식이 전성을 누릴 때 건축된 것으로 외부는 에를라흐,
> 내부는 힐데브란트의 설계로 된 이 벨베데어 궁전은 대리석과 금박으로 덮인
> 돔과 응접실이 있고, 갖가지 석고 장식과 조각상 등이 있다.
> 궁전은 호화롭고 밝아서 귀족적 취향의 분위기를 지니고 있다.
> 현재는 오스트리아 화가들의 작품을 전시하고 있다.
>
> 99

8월 31일

벨베데어 궁전과 구스타프 클림트

벨베데어 성의 입장권

전철을 갈아타며 벨베데어 궁전(Schloss Belvedere)을 찾아갔다. 들어가는 입구 맞은편의 가게에는 온통 이곳 빈의 대표화가 *구스타프 클림트(Gustav Klimt)의 작품을 응용한 기념품이 가득하다. 가방, 스카프, 쿠션, 엽서, 캘린더 등….

이곳은 옛날 왕들의 여름거처였던 곳으로 아름다운 정원이 가운데 있고 미술관 건물의 아래층에는 중세의 예술품들이 전시되어 있으며 우리가 가보려는 위쪽의 전시장에는 낭만주의, 사실주의, 인상주의 작품들이 전시되어 있는데 그중 단연 하이라이트는 빈이 배출한 3명의 화가, 즉 구스타프 클림트, 에공 쉴레, 오스카 코코쉬카의 작품들을 볼 수 있는 'Art at the Turn of the Century' 전시장이었다 (즉 19세기에서 20세기로 넘어가는 시점의 미술작품들).

에공 쉴레는 어제 레오폴드 미술관에서 너무나 많은 좋은 작품을 본 뒤라 그런지 이곳의 한 방을 차지하고 있는, 주로 유화로 된 그가 만년에 그린 초상화들은 빈틈없이 사각형의 캔버스를 채운 것이 조금 음울하고 답답한 느낌으로 조금 실망이었다.

그리고 드디어 벨베데어의 트레이드 마크이자 오스트리아의 빈을 대표하는 화가 구스타프 클림트의 「The Kiss」. 그림에 관심이 없는 이들이라도 그의 이 작품은 언제, 어디서라도 한번은 본적이 있으리라. 본인은 약 35년 전에 넉 장짜리 구스타프 클림트의 그림으로 된 꽤 큰 달력을 샀었는데 그때 처음으로 그의 그림을 접한 느낌(가슴이 쿵!)을 잊을 수가 없다. 그리고 오늘, 드디어 오리지널을 보았다.

방 한쪽 면의 튀어나온 벽면에 오로지 「The Kiss」만이 방탄유리로 보호되고 있었는데 거의 백 년이 지난 지금도 배경에 칠해진 금 색깔이 새것처럼 빛나고 있었다. 발그레하게 상기된, 수줍으면서도 행복한 여자의 흰 얼굴과 남자의 목 뒤로 머뭇거리듯 구부린 손, 소중한 보물을 껴안듯 조심스레 여인의 머리를 받치고 있는 남자의 손. 그리고 생략되어 사각형의 형태로 연결된 남성성을 나타낸 남자의 몸과 둥근 무늬로 평면적으로 처리된 여자의 몸, 그리고 생각보다 넓은 배경….

구스타프 클림트의
「The Kiss」(좌)

에공 쉴레의
「Cardinal and Nun」
(우)

비슷한 구도의 에공 쉴레가 그린 「추기경과 수녀(Cardinal and Nun/일명 애무: Caress)」가 머릿속에서 오버랩 된다. 둥근 붉은 모자를 쓴 채 도둑질하듯 수녀를 껴안은 추기경의 눈짓과 겁먹은 듯 놀란 눈의 수녀, 그리고 더러워 보이기까지 하는 거칠은 두 사람의 맨발등…. 배경은 클림트의 금색 대신 추기경의 붉은 망토와 수녀의 검은 옷이 대비되고….

28년 연상인 클림트에게서 영향을 받았는가? 아니면 반항이었을까? 「The Kiss」보다 7년 후에 그린 「Cardinal and Nun」의 구도는 비슷하지만 그림에서 주는 느낌은 완전히 달라서 차라리 반항적이라고 생각될 지경이다.

빈 출생. 빈의 미술공예학교를 나온 뒤 역사주의 특히 매커드의 감화를 받아 괴기·장식적인 화풍을 전개하였다. 1900~1903년에는 빈 대학교의 벽화를 제작하였는데 그 표현이 너무나 생생하여 스캔들을 불러일으켰으며 자기 스타일에 파고들어 동양적인 장식기법과 추상화와도 관련을 가지면서 템페라·금박·은박·수채를 다채롭게 자신의 작품에 활용했다.

9월 1일
빈 미술관과 카페 센트랄

빈 미술관의 '에공 쉴레와 뢰슬러' 전. 19살의 에공 쉴레의 천재성을 알아보고 그를 전폭적으로 후원했던 평론가이자 미술품 수집가인 아르투르 뢰슬러(Arthur Roessler)는 1918년에 28세로 요절한 에공 쉴레에 관한 책을 처음으로 출간한 사람이기도 하며 또한 그의 도움 없이는 유럽이나 세계 어느 곳에서도 에공 쉴레가 이렇게 유명해질 수는 없었을 것이라 한다. 쉴레의 죽음 후 뢰슬러는 다른 비엔나의 화가들, 즉 막스 오펜하이머(Max Oppenheimer), 카리 하우저(Carry Hauser), 오토 샤츠(Otto Schatz) 등을 후원했다.

빈의 명물
카페 센트랄

에공 쉴레의
「뢰슬러 초상」

전시는 주로 에공 쉴레의 종이에 그린 그림들과 판화 작품들과 그리고 쉴레가 뢰슬러에게 보낸 편지들이었는데 가운데 벽에 걸린 「뢰슬러 초상」이 단연 압권이었다.

미술관에서 나와 성 스테판 성당에서 가까운 곳에 있는 '카페 센트랄'에 우아하게 앉아 커피를 한잔씩 했다. 몇백 년간 유명한 화가, 음악가, 철학자들이 즐겨 찾았다는 실내장식이 고풍스러우면서도 세련된 카페 센트랄은 커피 값이 별로 비싸지도 않았고, 세상의 신문은 다 걸려 있는 것 같은 신문걸이대가 있어 모두들 가져다가 열심히 들 읽는다.

가운데 있는 간이 무대에서는 한 흑인 피아니스트가 영화 *「카사블랑카(Casablanca)」에 나오는 「As time goes by」와 비슷한 무드 살리는 미국음악을 연주해주고….

아늑한 실내 분위기에 푹 젖었다가 나오는데 한 무리의 일본에서 온 듯한 흰머리의 할머니들이 줄줄이 구경하러 들어온다. 햇님이 나를 향해 뒤돌아보며 빙긋이 웃는다. '봤지? 여기 유명한 데라구…' 하듯.

여행 에피소드

엉터리 글발 날리기

글발을 날리다!
펜이 춤추듯 아름다운 글이 줄줄이 나오는 실력을 가진 이들 즉 시인, 소설가, 평론가, 기자들….
그들의 발꿈치도 못 따라가는 주제에 마구 써서 인터넷에 올리고 있으니 이는 순전히 시간이 부족하여서다.

특히 유럽여행을 시작하면서(미국을 돌아다니면서도 슬슬 느꼈던 것이지만) 각 나라의 역사, 문화적 배경은 물론 특히 그들의 종교가 이들의 생활에 거의 가장 중요한 위치를 차지했을 터인데 가지고 있는 지식이 너무 짧아 이곳저곳 구경을 하면서도 완전히 수박 겉핥기 식이라 햇님과 나는 '이쯤에서 여행을 접고 돌아가 공부를 조금 더 하고 2~3년 후 다시 올까?' 하고 여러 번 생각한 적도 있을 정도다.
단시간에 볼 것은 너무나 많아 휙휙 지나가다 보니 한곳 한곳에 깊은 지식을 가진 사람이 보면 얼마나 어설프게 일기를 쓰고 있는 걸까? 가끔 생각해보면 아찔하다.

그리고 나는 일기를 써야한다는 생각에 숙제가 밀린 아이처럼 자꾸자꾸 뒤를 돌아본다.
맞아, 그때 그랬었지. 잊지 말아야 할텐데…. 그리고 메모.
게다가 일주일 열흘씩 지나간 후에 짬을 내서 밀린 일기를 쓸라 치면 그때의 감흥이랄까 느낌이 잘 살지 않아 가끔 답답할 때가 있다.

그런가 하면 햇님은 앞으로의 일정을 이리저리할 거라고 어떻게 하면 좋으냐고 물어본다. 그럴 때 나는 건성으로 들어놓고. 막상 닥쳐서 조수석에 앉아 지도 펴고 길 안내하려니 눈이 더 아프다.
말하자면 나는 목 빼고 뒤쪽을 보고있는 형상이고 햇님은 앞으로만 직시! (그림이 그려지시나요?)
몸은 하나인데 머리가 둘이라. 하나는 앞만 보고, 다른 하나는 뒤쪽만 보고있는 괴물을 영화에서 본적이 있는데…

어쨌든 가끔 끊어지기도 하고 얽혀서 잘 풀리지 않는 실타래 같은 우리의 일기.
엉터리로, 억지로 글발을 날리고 있습니다!

9월 2일
체코의 프라하 시내에서

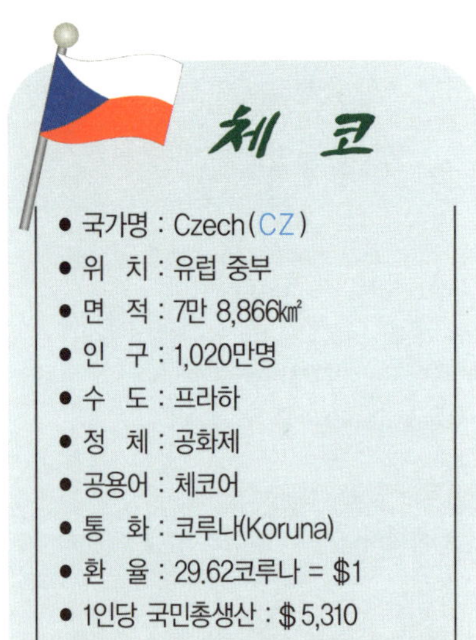

- 국가명 : Czech (CZ)
- 위　치 : 유럽 중부
- 면　적 : 7만 8,866㎢
- 인　구 : 1,020만명
- 수　도 : 프라하
- 정　체 : 공화제
- 공용어 : 체코어
- 통　화 : 코루나(Koruna)
- 환　율 : 29.62코루나 = $1
- 1인당 국민총생산 : $ 5,310

체코 전통 음식점에서
모두 함께

며칠 전부터 자동차 헤드라이트의 한쪽이 어두워 폭스바겐 영업소를 찾고 있던 중 마침 한군데를 발견하여 5분만에 헤드라이트의 전구를 바꿨다. 그곳 간판에 써 있듯이 진짜 빠른(schnell) 서비스다.

빈에서 체코(Czech)를 향해 출발하여 1시간 40분만에 체코에 입국. 이번에도 6유로짜리 2004년도 고속도로 통행증을 사서 차 앞 유리에 붙이고 체코 코루나로 환전을 했다.

큰아들 김현정 감독이 「이중간첩」을 찍을 때 이곳 프라하에서 촬영을 했는데 그때에 '체크포인트 찰리' 등의 세트와 엑스트라 동원 등 모든 것을 지원해준 액스만 프로덕션(Axman Production)의 대표 이바나(Ivana)와 프로듀서인 딸 카를라(Karla)가 우리를 자기네 집에서 묵으라고 몇 주일 전부터 이야기했었기 때문에 프라하(Praha)의 외곽 카를린(Karlin)이란 곳에 있는 예약된 호텔에 가서 동생네만 체크인을 시키고 다함께 카를라의 집을 찾아 출발.

그러나 시내에 있는 그 집을 찾아 가다보니 지도상에는 이쪽으로 가야할 것 같은데 일방통행이라서 혹은 길이 휘어져서 가다보면 똑같은 로터리를 또 돌고 있고…. 날씨까지 더우니 얼굴이 벌개진 햇님, 쓰고 있던 모자를 휙 벗어 던지며 "안되겠다. 다시 호텔로 가서 우리도 방을 잡자" 한다. 결국 다시 호텔로 가서 우리도 체크인을 하고 카를라에게 전화. 저녁 7시에 유명한 천문시계(Orloj ; 우르로이) 앞에서 만나기로 했다.

7시 정각, 엄청나게 많은 사람들 틈에서 시계가 울리는 것과 12성도가 움직이는 것 등을 보고 나서 여전히 예쁘고 바쁜 이바나와 카를라를 만났다. 그들과 바로 앞에 있는 체코 전통식당에서 맥주+오리+돼지튀김+소고기+닭고기에 덤플링(dumpling ; 한국의 찐빵을 썬 것 같음) 등등을 시켜 서로 나누어 가며 맛있게 먹었다.

전통요리를 잘하는 집이라더니 음식이 그렇게 짜지도 않고 분위기도 좋았는데 음식값이 어땠는지?(나중에 알고 보니 비싼 집!) 저녁을 마치고는 그 둘이 일 때문에 촬영장으로 가야 한다고 해서 빨리 일어섰다(체코의 전통적인 장식품이라는 반짝이는 목걸이와 귀걸이 세트를 선물로 받고…).

시내 중심 무스텍(Mustek) 역 가까운 곳에서 모차르트의 오 페 라 「돈 조 바 니 (Don Giovanni)」를 인형극으로 감상한 후 어슬렁어슬렁 인파 속으로 들어갔다.

밤 9시가 지나 10시가 되어 오는데도 카를로스 브리지(Charles Bridge)에는 아직도 수많은 사람들이 가득하다. 조명을 받아 더 근사해 보이는 강 건너의 '성(The Castle)'을 비롯한 프라하의 밤 경치를 즐기

인형극으로 「돈 조바니」를 구경한 극장과 티켓

며 와글거리는 사람들 틈에서 카를로스 브리지를 건넜다가 내일 다시 오기 위해 한글도 가능하다는 인터넷 카페의 위치를 확인하고 다시 돌아왔다.

호텔로 돌아가려고 택시를 탔다. 호텔 위치를 얘기하고 얼마냐고 하니 요금미터기 대로 나온다고 했다. 그런데 막상 호텔에 도착하니 700코루나! 세상에, 아까 올 때는 250코루나였었는데! 왜이리 비싸냐고 하니 야간 할증요금이라나? 아직 11시도 안되었는데…. 기분이 영 찜찜했다.

9월 3일
프라하 - 보람찬 시내관광

1 인당 850코루나씩 내고 호텔에 시내 버스투어를 부탁했다. 아침에 호텔 앞으로 미니버스가 와서 우리를 태우고는 7~8군데 다른 호텔에 들려 고객들을 더 태우고 나서 시내 중심가에 있는 집합장소로 갔다. 조금 있다가 조수석에 탄 가이드는 나이가 50대 초반쯤 되어 보이는 남자로 전직 고등학교 선생이라더니 큰 소리로 조목조목 잘 이야기해 주고 필요한 부분은 계속 반복해 준다.

프라하의 옛 도시는 4개의 Town으로 이루어져 있는데 즉, Old Town, New Town, 시내를 가로지르는 몰다우강(Moldau River) 건너에 Small Town과 Castle Town이다.

시내를 돌며 올드타운과 뉴타운의 교회와 광장들과, 시장을 보여주고 강을 건너 성 있는 곳에서 모두들 버스에서 내렸다. '노래하는 샘(Singing Fountain)'이 있다는 '벨베데어 정원(Garden Belvedere)'을 지나 성의 북문으로 들어가서 제 1

궁정(1st Court Yard)에서 매시 정각에 열리는 체코 육군 소속 근위병들의 교대식을 보고 30분 후에 모이기로 했다.

교대식은 매시 정각에 있지만 정오에 하는 것이 제일 크다고 했다. 4년 전에 왔을 때 마침 정오 교대식을 보았는데 그때에는 성 밖에서 몇십 명이 발맞추어 와서 거창하게 했었다. 그때에 비하면 오늘은 10분의 1정도?

성안에 있는 성 비투스(St. Vitus) 성당. 현대적인 스테인드 글라스 창문 중 아르누보(Art Nouveau)의 기수인 체코출신의 화가 *알퐁스 뮈샤(Alfons Mucha)의 그림으로 된 것이 인상적이었으나 가이드는 개인적으로 장미 창(Rosetta Window)이 제일 좋다고 했다.

성당 안에서 가장 눈을 끈 것은 신교도들에 의해 몰다우강에 내던져져 순교한 '성 존 네포묵(St. John Nepomuk)의 묘'였다. 커다란 관 위로 다섯 개의 별을 머리에 이고 십자가를 두 손으로 들고 있는 은으로 만든 성인의 조각상의 무게는 자그마치 1톤이나 된다고 한다.

카를로스 브리지를 건너다보면 다리 위에 쭉 세워진 여러 개의 동상 중 머리 위에 다섯 개의 별이 빛나는 동상이 있는데 유난히 많은 사람들이 동상 아래쪽에 부조로 된 배에서 강으로 떨어지는 사람이 있는 부분을 쓰다듬으며 기도하는 것을 볼 수 있는데 사람들이 하도 만져서 그 부분만 노랗게 반짝인다. 그것이 바로 '성 존 네포묵'의 순교하는 장면이고, 그것을 오른손으로 쓰다듬으면 나를 위한 것이고 왼손으로 쓰다듬으면 친구를 위한 기도라고 하는데 그 동상을 쓰다듬으면 프라하로 다시 돌아올 수 있다는 전설이 있다고. 아마 4년 전에 내가 오른손으로 쓰다듬었기 때문에 다시 올 수 있었나? 하는 생각도 들었다.

비틀어져 보이는 현대식 건물 댄싱 빌딩(위)

무스텍 거리의 재미있는 조각작품(아래)

성을 둘러보고 내려가는 길, 옛날 연금술사들이 이 길로 왕에게 바칠 금을 가지고 갔다고 해서 황금의 길(Golden Lane), 혹은 연금술사의 길(Alchemist's Lane)이라 이름지어진 좁은 골목길로 내려갔다.

다닥다닥 좁은 집들이 붙어 있는데 그중 No.22 라고 쓰여 있는 집에서 *카프카(Franz Kafka)가 1916년부터 1년 동안 머물며 글을 썼다고 한다. 다닥다닥 이어져 있는 집들의 아래층은 거의가 카페나 기념품점이고 2층은 하나로 연결되어 박물관으로 되어 있었다. 그곳은 마치 성을 보호하는 성벽 같았는데 실제로 그러한 용도로 썼는지 무기와 갑옷들이 전시되어 있는 박물관이었다.

성에서 내려와 다시 강을 건너니 유태인 타운이 나온다. 유명한 유태인 묘지는, 비석이 10겹 이상으로 겹겹이 쌓여 동산을 이루고 있었고 유태인 출신인 카프카의 박물관도 유태인 타운 외곽의 코너에 있었다.

계속 걸어 올드타운의 광장으로 나와 천문시계 앞. 매시 정각, 종이 울리면서 시계 위쪽의 두 창문이 열리면 그 안의 각각 여섯 명의 사도들의 인형이 행진하고 천문시계 양쪽에는 허영(Vanity), 탐욕(Greed), 죽음(Death), 육욕(Lust)을 상징하는 4개의 인형이 조금씩 움직인다. 특히 죽음을 나타내는 해골이 줄을 당기며 움직이는 것이 인상적이며 아래쪽은 커다란 원 안에 1년 365일 매일 날마다 한 명씩 365명 성인의 이름이 새겨진 달력이라고 한다.

그리고 광장 끝 쪽에는 65m 높이의 화약(gun powder)을 저장한 탑인 파우더 타워(Powder Tower)가 있는데 옛날에는 왕이 될 사람은 대관식을 하기 전 이곳에서부터 맨발로 카를로스 브리지를 건너 성까지 걸어 갔었다나?

투어가 끝나고 가이드에게 택시의 야간 할증은 몇 시부터냐고 묻자 그런 건 절대로 없다고 한다. 어제 바가지 쓴 생각이 나서 황당했다. 그 얘기를 들은 가이드는 언제나 택시 탈 때 얼마에 갈 것인가를 미리 약속하고 타라고 했다. 그러나 오늘은 호텔까지 지하철로 갔다.

프라하의 지하철 티켓 |

*알퐁스 뮈샤 (Alphonse Mucha, 1860~1939)

아르누보 시대의 화가로 원형적 여성상, 자연에 빗댄 여성, 여성에 빗댄 자연 등의 독특한 회화를 그렸다. 20세기 초 그의 포스터, 장식패널, 달력, 행사용 인쇄물, 잡지표지, 삽화들은 엄청난 인기를 끌었고 그의 매력적이고 장식적인 모티브와, 흘러 넘치는 듯 풍부한 짜임과, 간결한 선 처리, 그리고, 꽃과 잎새와 무늬와 기호들의 구조 속에 수려하게 짜여 넣어진 매혹적인 여인의 형상은 모든 사람을 사로잡았다.

*카프카(Franz Kafka, 1883~1924)

카프카 문학의 독자적인 세계도, 그가 죽기 직전 2개월간의 요양기간과 짧은 국외 여행을 제외하고는 잠시도 떠나지 않았던 프라하의 유대계 독일인이라는 특이한 환경의 소산이다. 사르트르와 카뮈에 의해 실존주의 문학의 선구자로 높이 평가받은 카프카 문학은 인간 운명의 부조리성, 인간 존재의 불안을 날카롭게 통찰하여, 현대인간의 실존적 체험을 극한에 이르기까지 표현하였다.

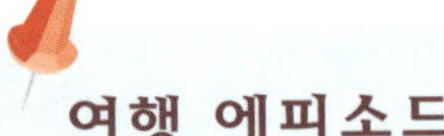

우리나라만 좌측통행?

여행 중 여기저기에서 걷는 경우가 많이 생긴다.
지하철 타러 가는 길, 박물관 가는 길, 옛날 성, 성당, 관광지 등등.

그런데 그때마다 우리는 우리와는 달리 우측으로 다니는 사람들과 부딪혀
곤욕을 치르곤 했다.

왜 이 사람들은 우측으로 다녀서 우리랑 부딪치는 거야?
하며 처음에는 우리의 좌측 통행이 맞는 것으로 확신하였었는데 날이 갈수록 거의 모
든 외국인들이 우측으로 걸어다니는 것을 보고는 우리도 우측으로 다녀 보았다.
그러자 신기하게도 부딪치는 사람도 없고 편안하게 걸을 수 있었다.
오히려 가끔 한국사람을 만나면 부딪치는 경우가 생기기도 하였다.

외국의 몇몇 친구들에게 그 나라의 보행자들이 걷는 방향을 물어보니 거의가 우측통행
을 어려서부터 몸에 익히고 있다고 한다.
그렇다면 우리나라만이 왜 좌측통행을 아직도 가르치고 있는지?
아마 일제시대의 관습이 아직 남아 있는 것이 아닌지?

우측통행이 습관이 되어 있는 외국 관광객들이 우리나라에 와서 걸을 때면 얼마나
불편함을 느낄까?
하루속히 세계의 추세를 잘 파악하여 바꿀 것은 과감히 바꾸어 우리 국민이나 외국인
들이 한국이나 외국에서 불편하지 않도록 캠페인을 벌려야 하지 않을까?

연금술 박물관의 기도실 |

≫ 달님의 박물관 관람기

쿠트나 호라의 연금술 박물관

"

세계 최초의 연금술 박물관. 15세기 체코 왕의 둘째 아들이었던
히네크왕자가 이곳에 연금술 실험실을 만들었는데
위쪽에 있는 고딕탑에는 명상과 기도하는 작은 방이 있으며 지하층엔 금을
만들기 위해 썼던 기구들과 작업하는 모습들의 그림 등이 있고
실험실 한쪽에는 왕이 비밀리에 드나들던 통로가 있다.

"

9월 5일
체코 – 쿠트나 호라의 연금술 박물관

보헤미아(Bohemia) 시절 프라하 다음으로 중요했다는 도시 쿠트나 호라(Kutna Hora).
중세 체코 왕실의 은광마을이었던 이곳은 유네스코 문화유산으로 지정되어 보호를 받고 있다. 중세마을 모습이 그대로 남아있는 이곳은 모든 것이 풍부한 '은광마을'로 인구도 많았었고 이 마을로 인해 그 시절에는 중부 유럽에서 체코의 왕이 가장 부자였었다고 한다.

13세기 말엽까지는 채굴권 등 모든 것이 나라 것이었는데 바클라프(Vaclav) 2세 왕이 법을 바꾸어 쿠트나 호라시에도 채광의 권리를 주어 이곳을 경제적으로 더욱 풍요한 곳으로 만들었다 한다.
워낙 은광으로 유명한 곳이라 그런지 시티투어가 11가지 있는데 그것을 이름하여 11개의 '실버웨이(Silver Ways)'라고 한다. 이곳에는 300개 이상의 체코 국립 유적지가 있으며 그 중 가장 중요한 건물인 성 바르보라(St. Barbora) 성당은 유난히 뾰족뾰족한 첨탑이 많아 인상적이었다.

안내소에 들렸다가 그 안에 있는 연금술 박물관(Alchemy Museum)을 입장료 50코루나씩 내고 호기심으로 구경했다. 15세기 체코 왕의 둘째 아들이었던 히네크(Hynek)라는 왕자가 이곳에 연금술 실험실(Alchemy Laboratory)을 만들었는데 위쪽에는 자그마한 명상과 기도하는 방이 있어 그들의 종교적인 신조대로 '기도하고 일하기(Pray and Work)'를 했다 한다.

지하로 내려가니 옛날에 금을 만들기 위해 썼던 기구들과 화로, 작업하는 모습들의 그림 등이 있었고 실험실 한쪽에는 왕이 비밀리에 드나들던 통로가 있었다.

뾰족뾰족한 첨탑이 인상적인 성 바르보라 성당

한쪽 벽에 붙어있는 연금술에 대한 정의는 다음과
같다.

'역사적으로 살펴보건대 연금술은 3가지의 중요한
행위로 이루어졌다 볼 수 있다.

첫째, 연금술사들은 재료가 되는 금속을 금으로 전환
시키는 것이 가능케 하는 현자의 돌(Philosopher's
Stone)을 우선 찾아야 하고
둘째, 나이를 멎게 하여 궁극적으로 영생을 얻게
하는 영약(Elixir of Life)을 준비해야 하고
셋째, 반대되는 것들을 통합하여 조화를 이루게 하
여 사랑의 예술(Art of Love)을 이룬다.

그리하여 인간에게 시간을 정복하는 용기를 주며
또한 이것 연금술은 절대를 위한 끊임없는 탐구이다.'

연금술 실험실의
기구들(아래)

왕이 비밀로
드나들던 통로(위)

그러나 실패한 이들은 말할 필요도 없고 연금술사로 성공한 이들조차도 이것을 지키려고
죽을 때까지 고생했었다는데 비밀이 누설될까봐 혹은 다음 번에는 실패할까봐서 전전긍긍하
며 하루 하루를 피 말리며 너무나 비참하게 생을 마쳤다고 하니 그 고통이 능히 짐작이 간다.
그동안 연금술에 대해 막연히 '가치가 없는 것에서 금을 만들어 내고자 하는 허황된 일(To
make gold out of nothing)'로 생각했던 것이 너무나 피상적인 지식이었다는 걸 다시 한번
느끼게 된 시간이었다.

9월 5일
체코 남부의 하회마을 크룸로프

독특하고 아름다운
종 탑의 모습

박물관을 나와 점심을 해결하러 찾아 들어간 이태리식당. 식당 전체에 온통 이태리 영화 감독 페데리코 펠리니(Federico Fellini)의 영화 포스터가 가득했다.

점심 식사 후 남쪽으로 가다가 유명한 맥주 버드와이저(Budweiser)의 원조라는 체스케 부데조비체(Ceske Budejovice)라는 작은 도시에 잠시 들렀다가 다시 30여분, 우리의 목적지 크룸로프(Krumlov)에 도착하였다. 시내에 들어서면서부터 핑크색, 하늘색, 자주색 등으로 독특하고 아름답게 칠해진 종 탑의 모습이 보인다.

먼저 펜션부터 구하고(아주 좋은 값에, 넓고 깨끗한 방, 거기에 아침식사 포함! 시카고의 조카 소연이가 '아침 포함'을 너무 밝히는 것 아니냐고 했지만… 아무튼), 어두워지기 전에 성을 구경하러 올라갔다.

어디서들 몰려왔는지 많은 사람들이 성으로 올라가고 내려가고 종 탑을

지나 성으로 들어가는 길은 높은 다리로 연결되
어 있었는데 다리의 벽같이 생긴 난간에 뚫린 구
멍 저 아래로 보이는 크룸로프시는 우리나라의
경상도 안동 하회마을보다는 규모가 작지만 몰다
우강이 완전히 크룸로프시를 휘감아 나가는 모양
이 똑똑히 보인다. 마치 고드름 끝에 매달린 물방
울 모양의 아름다운 도시를 내려다보며 '야, 정말
예쁘다!' 하고 감탄하며 보고 있는데 저 멀리 붉은
지붕 사이에 있는 한 벽에 도장같이 생긴 독특한
에공 쉴레(Egon Schiele)의 사인이 보이는 것이
아닌가?

이곳에 웬 에공 쉴레? 하고 그 옆의 책가게
아가씨에게 물어보니 그가 이곳에서 약 1년 간 살
면서 작업을 하며 지냈던 연유로 해서 이곳에 에
공쉴레 아트센터가 있다고 하기에 내일 찾아가
보기로 하고 강 바로 옆에 있는, 성이 올려다 보
이는 분위기 있는 레스토랑에서 푸짐한 저녁!

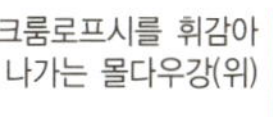

크룸로프시를 휘감아
나가는 몰다우강(위)

식당 앞의 재미있는
의자(가운데)

벽에 새겨진
에공 쉴레 사인(아래)

에공 쉴레 아트센터

에공 쉴레 아트센터

》 달님의 미술관 관람기

에공 쉴레 아트센터

66

크룸로프 에공 쉴레 아트센터는 4,000㎡의 전시공간에 주로
20세기의 세계미술과 현대 체코의 미술을
함께 선 보이고 있다. 에공 쉴레의 작품들이 상설되고
있으며 그의 개인 물품들과 함께 다국어로 상영되는 다큐멘터리 섹션은
쉴레의 인생과 작품세계에 대한 이해에 많은 도움을 준다.

99

9월 6일
크룸로프 – 에공 쉴레 아트센터

아 침, 유네스코 세계문화유산 리스트에 올라있는 성으로 다시 올라갔다. 펜션 창틈으로 보이던 아름다운 종 탑은 아침 햇빛에 더욱 더 빛나고 있었고 어제 보았던 성 입구 다리 아래에 살고 있는 곰들도 여전히 어슬렁어슬렁.

위쪽으로 더 올라가 호수와 함께 어우러진 넓디넓은 아름다운 정원을 돌아보고 나서 곁에서 보기만 했던 아름다운 종 탑을 30코루나씩 내고 올라가 보았다. 세상에 이렇게 아름다운 마을이 있다니! 눈을 돌리는 곳마다 그림 엽서 감이다. 저마다 독특하고 아름다운 지붕의 모습과 외벽에 그려진 벽화들을 자랑하는, 번호가 매겨진 마을의 집들이 쭉 인쇄되어 있는 지도를 하나 샀다.

한 무리의 일본인 관광객들과 광장에서 마주친 우리는 에공 쉴레 아트센터(Egon Schiele Art Center)로 향했다.

먼저 마르크 샤갈(Marc Chagall)의 판화가 가득히 전시되어 있는 방을 지나 건축가로만 알고 있었던 르 코르뷔지에(Le Corbusier)의 다른 예술가적 면모를 보이는 드로잉과 판화를 감상하고 마지막으로 에공 쉴레의 작품들을 판화로 제작한 작품들이 전시되어 있는 방으로 들어서니 한쪽에는 그가 직접 만들어 사용했던 침대와 책상, 의자들, 그리고 그가 자주 그의 모습을 비추어보곤 했던 길다란 전신거울과 그 앞에 서있는 화가의 실물 크기의 사진이 있었다.

「크룸로프의 풍경」(위)

에공 쉴레의
「자화상」(아래)

자화상을 그렇게 많이 그린 것으로 보아 그는 '나르시시즘(Narcissism ; 자아도취)'성향이 다분하다고 생각된다. 또 다른 방에서는 그의 생애와 예술에 관한 비디오가 상영되고 있었다. 이곳 크룸로프는 에공 쉴레의 모친의 고향으로 쉴레는 이곳을 너무 좋아하여 1910년

마르크 샤갈의 작품

이곳으로 와서 정착하려 했었으나 그 당시로서는 상상할 수 없었던 퇴폐적으로도 보일 수 있는 그림을 그려 빈축을 사고 주위의 눈총을 받게 되어 1년 남짓 있다가 쫓겨나다시피 떠났으나 그 후에도 가끔씩 들렀다고 한다. 그의 그림은 햇님까지도 빈에서부터 자주 접하면서 사랑에 빠져 - '다른 그림이 잘 보이지 않는다'고 한다.

이번 여행은 '에공 쉴레 트레일' 인가?
처음 빈의 레오폴드 미술관에서는 그의 그림들을 그렇게 많이 직접 볼 수 있었던 것에 행복해 했고 두 번째 벨베데어 성에서는 만년의 그의 페인팅들을 보았으며 세 번째 빈 미술관에서는 그를 어릴 때부터 알아보고 후원해준 평론가이자 미술품 수집가 뢰슬러와의 관계를 알게 되었고 네 번째는 이곳 크룸로프, 자기 어머니의 고향에서 엄마의 품에서처럼 아늑한 휴식을 취하며 살고 싶었을 텐데…(그의 그림 중 풍경화는 거의 크룸로프 마을의 모습이다).

가끔은 전율을 느끼게 하는 그의 작품에서 그를 많이 느낄 수 있었기에 너무 행복했다. 전혀 기대하지 않았기에 더욱, 이것이 여행의 묘미(!)가 아닐까?(너무나 개인적인 취향이니 반대이신 분들은 이해해주시길…)

크룸로프 중심가의 모습

번호가 매겨진 아름다운 집들의 그림

9월 7일

오스트리아 잘츠부르크 – 「사운드 오브 뮤직」

어제 오후 오스트리아의 잘츠부르크(Salzburg)에 도착하여 호텔에서 잘츠부르크 하면 먼저 떠올리게 되는 영화 「사운드 오브 뮤직(Sound of Music)」과 폴란드에 이어 이곳에도 있는 '소금광산' 투어를 신청했다(두 가지 합쳐서 1인당 62유로, 모두 8시간 걸림).

아침, 시내로 가서 번호 판에 'SOUND-1'이라고 새겨진 큰 버스에 탔다. 「사운드 오브 뮤직」 관광버스이니 알아보기 쉬웠다. 미국에서 온 관광객들, 영국에서 온 노부부, 한국의 춘천에서 오신 가족 일곱 분도 같이…. 모두 55명, 와! 버스가 꽉 찼다.

운전사의 이름은 테드(Ted), 가이드는 수(Sue).
앞니 두 개가 서로 겹쳐 언뜻 언뜻 발음이 약간 새는 것 같은 30대 중반으로 보이는 수 아줌마. 딱딱한 영국식 영어이지만 매우 정열적으로 설명하고 손님들을 즐겁게 하려고 많이 노력한다. 가끔 두 눈을 지긋이 감고는 "생각해 보세요(Think about it…)" 혹은 "상상만이라도 해 보세요(Just imagine it…)" 하면서 완전히 자기 이야기에 취한 사람처럼 이야기한다.

「사운드 오브 뮤직」 결혼식 장면을 촬영한 몬트제 성당(위)

호수 앞에서 포즈 한 번(아래)

헬브룬의 유리정자
「I am 16, going on 17…」
(위)

아름다운 꽃이 만발한
미라벨 정원(아래)

버스는 잘츠부르크 시내에서 2군데, 또 시외에서 2군데에서 멈출 거라 하며 시내를 관통하여 흐르는 잘츠강을 따라서 쭉 가다가 만나게되는 녹색의 다리는 원래 모차르트 브리지(Mozart Bridge)인데 사람들이 요새는 도-레-미 브리지(Do-re-mi Bridge ; 「사운드 오브 뮤직」에서 아이들이 이 다리에서 「도-레-미 송」을 부르며 통과!)로 부른다고 한다. 아이들이 보트놀이를 하다가 빠져서 온통 물에 젖어서 올라오던 폰 트랍(Von Trapp) 대령 가족 집 앞의 호숫가에 모두들 내려 사진 촬영을 했다. 그러나 정작 영화에 나왔던 그 집은 개인 소유이기 때문에 들어가 볼 수 없다고 하고.

마리아와 트랍 대령이 처음 키스를 나누었던 헬브룬 성(Hellbrunn Castle)의 유리 정자(Glass Pavillion)가 있던 곳에는 촬영이 끝난 후 철거했었으나 너무나 많은 사람들이 와서 「I am sixteen, going on seventeen…」 노래를 불러대는 바람에 다시 만들어 세워 놓았다고 한다.

그리고 "왜 오스트리아의 인구가 적은가 하면 남자들이 모두 에델바이스(Edelweiss)를 따러 산으로 갔다가 많이 죽어서…"라고 하면서 농담. 그리고 더 한 가지 「에델바이스」 노래가 오스트리아의 국가인줄 아는 분이 많은데(아마 노래가사 중 에델바이스, 에델바이스, 나의 조국을 영원히 축복하라…라는 부분 때문이 아닐까?) 그러나 사실은 미국의 브로드웨이 뮤지컬을 위해 작곡한 것이라고 한다.

실존인물이었던 폰 트랍 대령은 1880년 유고에서 태어나 1910년에 오스트리아 해군대령이 되었고 7명의 아이가 있었는데 부인이 죽자 아이들을 위한 가정교사로

마리아가 오게 되었다 한다. 마리아는 1905년 기차에서 태어나 1살에 엄마를 잃어
수녀원에서 자랐고 대령과는 마리아가 머물렀던 수녀원(Nonnberg Abbey)에서
1927년 결혼하였는데 결혼 당시 대령은 47살, 마리아는 22살!!

두 사람은 두 명의 아이를 더 낳았다 하며 미국에 가서 살다가 1947년 대령이
사망하자 마리아는 다시 잘츠부르크 교외로 돌아왔다 한다. 1964년 미국의 20세기
폭스사는 사운을 걸고 이 이야기로 영화를 제작하였는데 공전의 대 히트! 가이드 수
아줌마는 39년이 지난 지금까지 테드와 자기에게 일자리를 주어 너무 감사하다고
한다.

영화의 시작 부분에 나오는 아름다운 퓌쉴(Fuschl) 호수. 이곳은 모터보트가 금
지되어 있는 잘츠부르크의 수원지로서 'Red Bull' 이라는 에너지 드링크(우리나라
의 박카스 같은)의 창시자가 이곳 출신이라고 한다. 호수 물이 좋아서 그런가?

북쪽으로 올라가 몬트제(Mondsee)에 있는 성당. 두 개의 큰 탑이 아름다운
이곳에서 두 사람의 결혼식 장면을 찍었다 해서 모두 내려 구경하고 핑크색 파
라솔이 펼쳐져 있는 '카페 브라운' 에서 점심을 했다. 버스 떠날 시간인데 사람
들이 제시간에 다 오질 않자 수 아줌마는 "이쯤에서 'So long, farewell…' 하
고 떠날까요?"하며 눈을 끔벅인다.

내년 2005년은 마리아의 탄생 100주년이며 「사운드 오브 뮤직」 영화
40주년, 후년 2006년은 모차르트 탄생 250주년이니 그때에 다시 잘츠부
르크로 돌아오라고 하는 수와 테드. 헤어지면서 에델바이스 씨앗이 들
어있는 봉투를 기념으로 나누어준다. 투어를 끝내고는 잠시 영화에서
'날개 달린 페가수스' 동상 주위를 맴돌며 마리아와 아이들이 노래를
부르던 미라벨 정원(Mirabelle Gardens)을 구경했다.

기념으로 받은
에델바이스 씨앗 봉투

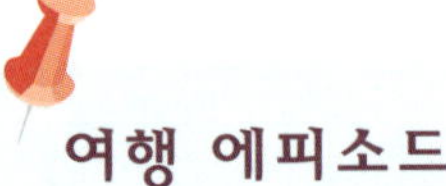

환상의 2인조

이번 여행 중 해외에 사는 친구와 친척집에 몇 번 머무른 적이 있다.
그때마다 내가 해오던 것과 다르다고 느낀 점은 부인은 남편에게 온갖 무거운 일, 귀찮은
일은 물론 잔심부름까지 다 시키고 그때마다 남편은 "알았어 여보", "그래 다녀올게"
하며 한번도 투덜대지 않고 잘도 하는점 이었다. 나는 손님 앞이니까 그러는 거겠지 하
고 생각했는데 가만히 보니 이 남편들 워낙 그렇게 길이 들어 있는 것 같다.
부인들도 으례 그렇게 시키는 게 당연한 것처럼 되어 있는 듯했다.

나를 비롯한 한국 남성들은 가부좌 틀고 앉아 텔레비전 보면서 바로 앞에 있는 담배 가
져와라, 재떨이 가져 와라, 물 떠와라 온갖 잡 심부름 다 시킨다.
옛날 양반들이 하인 부리듯하던 습관인지…?
특히 손님이 오면 체면 때문인지 더욱 손 하나 까딱 안 하는데….

그러나 이번 여행에서는 주로 우리 두 사람 만 다니다 보니 이것저것 닥친 일을 둘이
함께 하지 않으면 해 낼 수가 없다.
며칠 간이면 몰라도 1년을 다니기로 했으니 서로 역할 분담하여 자기 일은 자기가 처리
하지 않으면 누가 옆에서 도와줄 사람도 없고 둘만 있으니 남 눈치보고 체면 구길 일도
없어 나도 식사준비, 설거지, 빨래는 물론, 몇 번이고 자동차에 가서 뭐 가져다 달라, 이
것 가져다 집어 넣어달라 하는 심부름도 불평 없이 하게 되었다.

그렇게 몇 달을 지내다 보니 우리부부는 어느새 2인 1조가 되어 손발이 척척 맞는다.
물론 여행 중 딱 한번 말다툼을 한 적은 있었으나 여행이 이렇게 사람을 변화시키는구
나 하는 생각이 들고 '백지장도 맞들면 낫다' 는 우리 속담처럼 부부가 합심하면 일이
한결 빨라지고 쉬워진다는 걸 나이 들어서야 터득하게 되었다.

9월 7일
잘츠부르크 – 소금광산

아침 「사운드 오브 뮤직」의 투어를 마치고 오후엔 '소금광산'으로 갔다. 원래 Salzburg 라는 도시 이름이 Salt City라는 뜻이라 한다. 옛날엔 소금으로 월급을 줬다고 해서 샐러리(salary)란 말이 생겼다고 할 정도로 소금을 귀하게 여겼다고 하는데 그래서 지금도 식당의 소금과 후추 병이 나란히 있을 때 구멍이 작고 구멍 숫자가 적어서 조금씩만 나오게 한 것이 소금이란다. 한국에서는 오로지 염전에서 바닷물을 증발시켜 소금을 얻는데 오늘은 오스트리아에 있는 소금광산엘 가 본다.

유네스코지정 세계문화유산 제 1호로 지정되었다는 폴란드의 소금광산에도 가 보았지만 이곳은 조금 색다르다. 폴란드에서는 순전히 사람과 노새 등을 이용하여 소금광산을 파 내려갔다고 했는데 이곳에서는 기계를 많이 이용하여 소금을 캐 왔었는지 좁은 레일 위 광산용 조그만 열차에 사람들을 태우고 음습하고 서늘한 광산 속으로 달려들어간다.

굴이 크지 않아 고개를 옆으로 내밀지 말라는 주의 팻말까지 있을 정도로 좁게 뚫어놓은 곳으로 한참을 들어가니 넓은 정거장이 나와 그곳에서 모두 내려서 잠시 설명을 듣는다.

입장권을 사면 남, 여를 구분하여 각자의 체격에 맞춰 겉옷을 한 벌씩 주고 거기에 엉덩이를 커버할 정도의 넓은 가죽이 달려있는 허리띠를 하나씩 차면 입장 준비 끝이라고 했는데 그 이유를 이곳에 오니 알게 됐다.

햇님, 겉옷 입고 만반의 준비

바로 앞에 있는 굵은 나무로 만들어 놓은 미끄럼틀을 타고 미끄러져 아래로 내려가야 하기 때문이다.

너덧 명씩 줄줄이 앞사람의 허리를 껴안고 엉덩이에 댄 가죽을 미끄럼틀에 대고 앉아 30m 정도를 미끄러져 내려가는데 중간에서부터 그 속도가 매우 빨라져 모두들 와! 하고 환성을 지른다. 그 순간 위에 달린 카메라가 자동으로 플래시를 터뜨리며 사진도 찍는다. 구경을 다 마치고 나와서 희망하는 사람은 돈을 내고 찾아가도록 해놓았다.

이곳은 옛날에 바다였다가 지각변동으로 융기하여 오랜 세월을 지나는 동안 굳어져 소금광석이 되었다는데 채광 방법이 독특하다. 일단 바위로 둘러싸인 소금광석이 있는 곳까지 수직으로 구멍을 뚫어 그곳에 물을 넣으면 소금이 녹게되고 그 녹은 소금물을 빨아올려 다시 건조시켜 소금을 얻는다.

조그만 소금통을
기념으로 받고…
(실제 사이즈)

또 한번의 미끄럼을 타고 내려가니 이번에는 땅속의 소금물 호수가 나타난다. 배를 타고 호수를 건너는데 주위에 설치해 놓은 붉고 푸른 조명이 음산한 분위기를 자아낸다. 건너가니 이곳 호수의 소금물을 맛볼 수 있도록 해 놓았는데 손가락으로 찍어 맛을 보니 적당히 짭짤하고 맛이 있다. 밖으로 나오기 전, 기관사가 조그만 소금이 담겨진 통을 하나씩 일일이 기념으로 나누어준다.

9월 8일
세계에서 가장 큰 얼음동굴

잘 츠부르크 남쪽으로 40여km 떨어져 있는 베르펜(Werfen). 그 곳에 있는 얼음동굴(Eisriesenwelt)을 찾아 떠났다.

A 10번 도로 타우에른 아우토반(Tauern Autobahn)을 타고 가다가 베르펜에서 나와 가파른 언덕길로 5km 정도 올라가니 길가에서 절벽 위로 까마득히 높게 보이던 베르펜 성이 왼쪽 발아래 저만큼 작게 보이고 그 아래로 아름다운 마을과 길이 내려다보인다.

주차를 하고 스웨터와 점퍼, 손전등 등을 가지고 안내판을 따라서 약 15분을 걸어 올라가니 케이블카가 있는 빔머-후테(Wimmer-Hutte ; 해발 1,076m)가 보인다. 정원 15명의 이 케이블카는 500m 절벽 위의 닥터 외들 하우스(Dr. Oedl Haus ; 해발 1,575m)까지 3분만에 오르내리는 것으로(걸어 올라가면 약 90분 소요) 요금은 17유로씩이다.

얼음동굴 안내서

그곳에서부터 또 까마득히 꼭대기 부근의 바위에 뚫려 있는 구멍이 보이는 곳(1641m)까지 약 25분간 걸어 올라갔다. 안내인이 나와 사람들을 줄을 세워 4명당 한 개의 카바이드 램프를 쥐어준다. 문을 열자 워낙 거세게 찬바람이 몰려나와 맨 앞에 섰던 나의 카바이드 불이 꺼졌다. 그런데 다시 불을 붙이고 동굴 안으로 들어서니 이상하게도 바람이 불지 않는다.

동굴 입구에서 바라본 경치

우리가 들어가 볼 수 있는 곳은 전체 동굴 길이 40km 중 앞부분 약 1km란다. 동굴 안에는 계단과 난간이 설치되어 있는데 안내자의 말에 의하면 동굴을 구경하는 데는 약 500개의 계단을 오르고, 다시 500개의 계단을 내려와야 한단다. 칠흑같이 어두운 동굴 안에는 오로지 우리들이 들고 있는 카바이드 불빛과 안내인이 강조하여 보여줄 곳에서 불을 붙이는 마그네슘 철사 섬광이 전부이다.

발견한지 약 80년이 된다는 이 동굴은 주변에 있는 이와 비슷한 300여 개의 동굴 중에서 가장 큰 동굴이라는데 1년 중 11월부터 다음해 4월까지는 동굴 안이 얼어 있고 동굴까지 올라가는 길도 눈이 많아 미끄럽고 위험하여 문을 닫고 있다가 5월부터 10월까지만 문을 연다고 한다.

바위틈 사이로 스며들어온 물이 얼어서 바위처럼 이상한 모습을 만들어 내어 어떤 것은 코끼리 같고 어떤 것은 피아노 같기도 하고…. 한여름인데도 얼음동굴을 구경하고 나온 사람들의 귀와 뺨이 겨울처럼 발갛다.

9월 8일
히틀러의 독수리 둥지

얼음동굴을 보고 베르펜에서 다시 A 10 번을 타고 북쪽으로 올라 가다가 할라인(Hallein)에서 내렸다. 길도 물을 겸 맥도널드에 들려 간단히 점심을 하고 두어 번 길을 물어가며 베르체스가든(Berchtesgaden) 지역에 있는 히틀러(Hitler)의 별장이라는 '독수리 둥지(Eagle's Nest)'로 찾아갔다.

히틀러가 33세 되던 1923년, 이 지역에 들렸던 적이 있었는데 산꼭대기에 있는 이 자그마한 집이 마음에 들어 샀다고 한다. 그리고 10년 후인 1933년 정권을 잡고 나서 한번 확장 공사를 하였고 6년 후인 1939년 대대적인 공사로 현재의 모습이 된 곳이다.

올라가는 길의 터널
(위)

저 멀리
'독수리 둥지' 가
보인다(아래)

산 중턱 정도에 있는 오버잘츠부르크-힌터레크(Obersalzburg-Hintereck)까지 자동차로 올라가서 주차장에 주차를 하고 꼭대기까지 오르내리는 버스 표를 13유로에 사서 막 떠나려는 버스에 올랐다. 주차장에서 '독수리 둥지'까지는 다른 차는 일체 다니지 못하고 특수엔진과 특수 브레이크가 장착된 이 전용버스만 다닌다.

히틀러의 50회 생일(1939년 4월 20일)에 맞추기 위해 히틀러의 오른팔 역할을 하던 마르틴 보르만(Martin Bormann)이 계획을 하여 1937년에서 1938년까지 약 1년간을 3,000여명이 24시간 밤낮을 가리지 않고 계속 일을 하여 만든 길. 켈스타

히틀러와
에바 브라운의 모습
(위)

에델바이스 십자가
(아래)

인스트라세(Kehlsteinstrasse)라고 불리는 이 길은 폭 4m에 총 길이 6.5km로 5개의 터널을 포함하여 해발 1,700m 까지 올라가는 험한 산길이다.

20여 분 걸려 올라가니 넓은 주차장에 도착. 서늘한 기운이 감도는 높이 3m에 길이가 300m나 되는 긴 터널을 지나자 30명이나 탈 수 있는 화려하고 굉장히 큰 엘리베이터가 124m 위에 있는 '독수리 둥지 (해발 1,834m)' 로 우리를 옮겨준다.

엘리베이터에서 내리니 둥근 모양의 커다란 리셉션 홀이 나타나는데 사방에 창문을 내 놓아 아래에 펼쳐지는 경치를 잘 볼 수 있게 해 놓았다. 이 홀에는 히틀러의 50회 생일을 맞아 이태리의 무솔리니(Mussolini)가 보냈다는 대리석 벽난로와 일본의 천황 히로히토(Hirohito)가 보낸 10cm 두께의 카펫이 깔려있어 그 당시 이태리, 일본 등이 히틀러와의 동맹을 과시했던 것을 엿볼 수 있다.

그 옆에 식당과 부엌, 그리고 경호원실 등이 있고 밖으로 나가는 쪽에는 박물관처럼 그 옛날의 기록 사진들과 설명을 붙여 놓았다. 특히 히틀러와 그의 애인 에바 브라운(Eva Braun)이 이곳에서 찍은 것과 2차대전의 승자였던 미국의 아이젠하워 장군이 점령 후 이곳에 와서 둘러보는 사진이 인상적이었다.

밖으로 나가니 야외 테이블이 파라솔 아래에 널려 있고 먹고 마시며 태양과 경치를 즐기는 사람들로 가득하다. 그 뒤쪽으로 큰산이 보이는 곳에는 2차대전 때 희생된 이들을 기리는 에델바이스 꽃을 새겨 넣은 큰 십자가가 서 있다.

9월 9일

백설공주 성의 모델 – 노이슈반스타인 성

정오, 퓌센의 안내소 앞. 네모
난 돌기둥의 윗부분이 맷돌
처럼 돌아가는 이상하게 생긴 분수가 여
섯 개 있는 곳에 엉거주춤 주차해 놓고
월트 디즈니의 「백설공주」에 나오는 성
의 모델이 되었다는 '노이슈반스타인
(Neuschwanstein)' 성과 또 하나의 성
'호헨슈방가우(Hochenschwangau)'
성에 관한 안내지도를 얻었다.

'부모의 성' 이라는
호헨슈방가우 성

　5km정도 가서 4유로에 주차해 놓고 두 성을 한꺼번에 볼 수 있는 로열 티켓(1인
당 17유로)을 산 다음 먼저 '부모의 성' 이라 불리는 '호헨슈방가우' 로 올라갔다.
Neuschwanstein(Neu ; 새로운 schwan ; 백조 stein ; 돌)성을 지은 루트비히
(Ludwig) 2세 왕(속칭 Fairytale King ; 동화 속의 왕)은 아버지의 궁이었던 이곳
호헨슈방가우 성에서 어린 시절을 보냈는데 왕자였던 15세 때 이곳에 초대되었던
리하르트 바그너(Richard Wagner)의 오페라 「로엔그린(Lohengrin)」에 반해 1864
년 18세 때에 왕이 된 후로 바그너의 후원자가 되어서 적극적으로 지원했다고 한다.

　이 '부모의 성' 은 지금은 이곳 바바리아(Bavaria)지방의 귀족 소유라고 하는
데, 예로부터 이곳은 바로 옆에 있는 백조의 호수(Swan Lake)의 동네라서 그런지
눈에 띄는 모든 곳에 백조 장식이다. 문손잡이, 샹들리에, 성의 뾰족탑에도…. 규모
가 그렇게 크지도 않고 외벽도 조금 칠이 벗겨진 이 부모의 성은 조금 초라하게 느
껴질 정도로 검소해 보였다. 이 성은 왕이 주로 머무는 곳이 아니었고 휴양지 비슷
하게 복잡한 모든 것에서 떠나고 싶을 때 머물렀던 곳이라고 했다.

'부모의 성'에서 나와 셔틀버스를 타고 마리엔브뤼케(Marienbrucke)로 올라
갔다. 루트비히의 어머니인 마리(Marie)의 이름을 딴 다리로 그곳에서 '노이슈반스
타인 성'이 가장 잘 보인다고 한다. 그 다리에 가보니 과연 손에 잡힐 듯 성이 보여
해가 기울고 있었지만 사진을 여러 장 찍고 성으로 걸어 올라갔다.

어떻게 이토록 성을 아름답게 만들 수 있을까? 상상을 초월하게 장식되어진 방
과 방들. 정말 '환상' 속에서 살다 간 비극의 왕 루트비히 2세의 숨결이 남아있는
듯 하다. 돌로 지어진 겉모양은 말할 것도 없고 각 방을 완전히 다른 분위기로 꾸며
놓은 것이 정말 환상적이다.

게다가 바그너의 오페라에 심취한 왕답게 거실은 백조의 기사(Swan Knight)
인 「로엔그린」의 이야기에서 나온 그림으로 가득하고 1865년
바그너가 뮌헨(Munchen)에서 당시 20세가 된 루트비히 왕
앞에서 처음 공연했다는 「트리스탄(Tristan)과 이졸데
(Isolde)」를 모티브로 한 그림이 그의 침실 가득 장식되어

있으며 침대 바로 옆에는 직접 100m 아래에서 물을 끌어올려 세수하는 곳도 있고 그의 의상실에는 장식이 엄청나게 화려한 보석 상자도 있었다.

또한 2층으로 되어있는 '왕좌가 있는 방(Throne Room)'은 전체적으로 비잔틴 스타일로 이스탄불에 있는 성 소피아 대성당(Haghia Sophia)을 본 따서 만들었다고 하며 왕좌 자체는 금과 상아로 만들려 했었지만 1886년 그의 죽음으로 결국 완성하지 못하여 지금도 그 자리는 비어 있다.

동화 속에 살고 그 환상을 현실화하는데 골몰했던 루트비히 2세는 국고 낭비, 아편에 심취하는 등 그 당시 바바리아 지방 영주들의 미움을 사서 축출되어 그의 작은 아버지가 다음 왕이 되었는데 그 얼마 후 뮌헨 근교 스탄버거 호수(Starnberger Lake)에서 그를 돌보던 주치의와 함께 익사체로 발견되었다 한다.

1886년, 왕의 나이 42세, 결국 「로엔그린」의 비극이 그의 운명이기도 했던가? 결국 만드느라 17년이나 매달렸던 이 성에서 그는 겨우 172일간밖에 지내지 못했다고 한다. 노니는 백조가 별로 눈에 뜨이지 않는 백조의 호수(Swan Lake)로 걸어 내려가 한참을 하염없이 앉아 있다가 두 개의 성이 동시에 잘 보이는 곳에 있는 한 호텔의 테라스에서 맥주 한잔씩 했다.

마리엔 브뤼케에서 본 노이슈반스타인 성 (위)

마리엔 브뤼케(아래)

☞ 햇님의 박물관 관람기

생 갈렌 도서관

"

1758~1767년 사이에 지어진 이 도서관은
세계에서 가장 오래되고 가장 아름다운 도서관 중의 하나다.
8세기에 이미 생 갈렌 수도원은 도서를 수집하고 소유하기 시작하였으며
약 15만 권을 보유하고 있다. 창문을 통해 들어오는
빛으로 조명이 되어 따뜻하고 친근한 분위기를 주며
독특하고 아름다운 천장의 벽화들이 조화를 이루고 있다.

"

9월 10일

스위스 – 생 갈렌 도서관

아침에 일기를 쓰느라 약간 늦게 10시에 떠나서 서남쪽으로 린다우(Lindau)를 거쳐 스위스로 들어갔다. 린다우에서 멀지 않은 생 갈렌(St. Gallen)에는 유네스코가 세계문화유산으로 지정했다는 도서관이 있어서 들려 보기로 했다.

시내 복판에 있는 중앙역 근처에서 난생처음 기계에서 환전을 해 보았다. 유로를 넣고 버튼을 몇 번 누르니 스위스 프랑으로 바뀌어져 나왔다. 역시 세계금융의 중심국가답구나 하며 신기한 생각이 든다.

옛 시가지 내의 성당 안에 있는 스티프스 도서관(Stiftsbibliothek)은 세계에서 가장 오래되고 가장 아름다운 도서관 중의 하나라고 한다. 8세기에 이미 생 갈렌 수도원은 도서를 수집하고 소유하기 시작하였다 하며 9세기 초에는 벌써 이곳이 종교적으로, 지적으로, 또한 경제적으로 매우 높은 명예를 얻고 있었다고 한다.

입장료 7스위스 프랑을 내고 신발 위에 덧신는 커다란 슬리퍼를 신고 들어갔다. 약 15만 권을 보유하고 있다는 도서관 안은 창문을 제외한 벽과 기둥에는 온통 책들로 가득한데 1층은 A, B, C…. 2층은 AA, BB… 이런 식으로 정리해 보관하고 있다.

이 도서관은 1758~1767년 사이에 지어졌다고 하며 질 좋은 나무와 34개의 창문을 통해 들어오는 빛으로 조명이 되어 따뜻하고 친근한 분위기를 주며 독특하고 아름다운 천장의 벽화들이 조화를 이루고 있다. 이곳은 년간 약 십만 명의 방문객이 찾아온다는데 돈으로도 살 수 없다는 귀중하고 희귀한 책들과 특히 '손으로 쓴 책 (Manuscripts)'과 그림들을 볼 수 있다.

스티프스 도서관 안내 포스터(위)

신발 위에 덧신을 수 있는 슬리퍼(아래)

9월 10일
취리히 시내구경

스위스

- 국가명 : Switzerland (CH)
- 위　치 : 유럽 중부 내륙
- 면　적 : 4만 1,284㎢
- 인　구 : 733만명
- 수　도 : 베른
- 정　체 : 연방공화제
- 공용어 : 독일어, 프랑스어,
  이탈리아어, 레토-로만어
- 통　화 : 스위스 프랑 (Sw F)
- 환　율 : 1.39스위스 프랑 = $1
- 1인당 국민총생산 : $3만 8,330

6년 전 스위스 여행 때에 만나서 지금까지 꾸준히 연락을 하고 있는 스위스 주재 여행 전문가 Mr. 황을 취리히에서 만났다.

스위스에서 임대료가 가장 비싸고 유명브랜드의 상점들이 즐비한 반호프스트라세(Bahnhofstrasse)를 끝까지 걸어가니 취리히 호수가 나온다. 호숫가에 서서 주변의 오페라 하우스며, 시원하게 뿜어대는 거대한 분수 등을 보았다. 호수가 보여 경치 좋은 곳에는 주로 은행과 보험사 등 돈 많은 회사들이 많은 건물을 보유하고 있다고 한다.

샤갈(Chagall)의 스테인드 글라스가 있는 뮌스터 프라우(Munster Frau)성당은 이곳의 대표적인 관광코스 중 하나인데 스테인드 글라스 그림 중 작가 자신의 얼굴이라는 둥그런 얼굴을 어렵지 않게 찾을 수 있었고 외부는 수리 중으로 온통 차막으로 둘러싸여 있었다. 성당 바로 옆에는 2차 대전종료 후 1946년 9월 16일 영국의 수상 처칠이 와서 연설하던 곳에는 '유럽이여 일어나자(Europe Arise)'라고 글을 새겨 놓았다.

| 시원한 취리히 호수

취리히 다리를 건너 옛 시가지의 카페와 음식점 등이 즐비한 재미있는 뒷 골목을 기웃기웃하면서 돌아보고 다시 다리를 건너 지름이 10.6m로 유럽에서 가장 큰

시계가 있는 종 탑을 구경하고는 돌아 나와 다시 반호프스트라세에 있는 전통음식점인 쪼이크하우스 젤러(Zeughaus Zeller)에 가서 갖가지 소시지와 맥주 등으로 모처럼 맛있게 먹었다.

　　주차장으로 돌아오는 길, 밴드소리가 나서 가보니 큰 시계탑 앞 광장에서 1년에 한 번 열린다는 소년 소녀 사격대회를 앞두고 여러 팀의 밴드와 응원단들이 격려를 보내는 연주를 하고 있다. 한참을 서서 보고 박수를 보내주었다.

옛 시가지의
뒷골목(좌)

사격대회 응원단
어린이(우)

유럽에서 가장 큰
시계가 있는 종 탑
(아래)

9월 11일
스위스 산골 엥가딘 지방의 센트 마을

센트 마을
중심에 있는 샘

오랜만에 제대로 된 슈퍼엘 들려서 며칠 간 먹을 음식을 장만하고 9시 조금 넘어 스위스의 유일한 국립공원이 있다는 엥가딘(Engadine) 지방으로 떠났다. Mr. 황까지 모두 다섯 명이 탄 차는 묵직하다.

취리히에서 3번 고속도로로 슈르(Chur) 쪽으로 가다가 란드쿼르트(Landquart), 클로스터(Klosters), 다보스(Davos)를 거쳐 험준한 플루엘라고개(Fluelapass)를 넘어 수쉬(Susch)를 지나 스쿨 (Scuol)로. 그곳에서도 3km 떨어진 높은 산 위의 마을 센트(Sent)라는 곳까지 왔다. 말하자면 한국의 강원도 중에서도 두메산골 같은 곳이다. 란드쿼르트부터는 완전 산길로 경치는 끝내주지만 운전은 아슬아슬하다.

스위스 옛날 방식의 건축양식이 거의 그대로 보존되어있다는 센트라는 작은 마을. 마을 건너편은 국립공원의 높은 산봉우리들이 펼쳐져 있고 비탈진 푸른 초원 위에 지어진 스위스 전통적인 집들과 종 탑, 교회가 있는 그림 같은 마을이다.

우리는 방 세 개에 화장실이 두 개, 널찍한 거실과 부엌이 딸린 복층 아파트 한 채를 5일간 빌렸는데 내부는 현대식으로 잘 꾸며 놓았고 넓고 쾌적하다. 첫날 저녁 우리는 모처럼 얼큰한 매운탕에 포도주로 이번 여행이 잘 되길 비는 건배를 하였다. 노총각 Mr. 황이 손수 담가온 김치를 곁들여서….

9월 12일
면세점으로 유명한 국경도시 삼나운

아침 비는 추적추적. 스위스 동쪽 끝에 오스트리아와 이태리 국경이 가까운 곳에 있는 면세점으로 유명한 삼나운(Samnaun)이란 곳을 찾아갔다.

가는 길이 하도 험하여 운전하는데 아찔아찔하다. 어떤 곳은 바위를 그냥 뚫어서 터널을 만들었는데 터널 중간 중간에 구멍을 내어 간신히 채광을 시켜놓았고 어떤 터널은 겨우 자동차 1차선이기 때문에 터널 안에서 오는 차와 마주치면 낭패인 곳도 여러 군데 있다. 따라서 터널 들어가기 전, 계곡 저 건너편으로 차가 들어오는지를 꼭 살피고 차가 먼저 터널로 진입했으면 터널 입구 한쪽 옆에 차를 세우고 기다려야 한다.

겨울에 스키로 이름난 이곳은 주위에 높고 미끈한 산들과 이 산들을 배경으로 한 멋있는 호텔과 상점들이 즐비하여 마을 구경도 재미있는 곳이다.

과르다의 유명한
마이써 호텔 테라스

　'가는 날이 장날'이라고 빗속을 뚫고 고생고생하며 갔더니 일요일이라 면세점들은 오후 1시가 넘어서야 상점 문을 연단다. 워낙 쇼핑엔 관심이 적은 우리들이라 아름다운 조그마한 마을을 걸어서 '눈요기 쇼핑'만 하고 마을을 떠나서 돌아오는 길에 면세점이 있는 또 한곳, 아클라(Acla)라는 곳으로 갔다.

　삼나운이 아직 상점 문을 열지 않아서 그런지 이곳에는 주차장이 모자라 길거리에도 많은 차들이 세워져 있다. 마침 자동차 기름이 떨어졌는데 주유소의 디젤 값도 면세로 시중의 절반 값이라 가득 채웠더니 공짜 커피 티켓도 준다. 면세점으로 들어가 포도주 3병과 쉬납스(한국의 소주 같은 술) 한 병을 사고 공짜 티켓으로 커피 한 잔씩 마시고 나왔다.

　오는 길에 이 근처에 있는 마을들을 한군데씩 들려 보았다. 옛날 건축양식 그대로를 가지고 있는 과르다(Guarda), 수시(Susch), 프탄(Ftan) 등등 모두 제각각 멋있는 모양과 건물외벽을 긁어서 그린 그림(스그라피티 ; Sgraffiti)들이 정말 아름다웠다. 그리곤 내일 들릴 국립공원에 가서 안내지도와 소개 비디오를 보고 왔다.

달님의 박물관 관람기

뮤스테어 - 성 요한 성당

"

12세기부터 수녀들의 수도원으로 사용되었으며,
이 수도원에서 벽화가 발견된 것은 1894년이다. 구약성경을
주제로 한 프레스코화를 비롯하여 9세기
벽화까지 찾아냈다. 특히 여기서 발견된 「최후의 심판」은
현존하는 작품가운데 가장 오래된 그림으로 평가받고 있다.

"

뮤스테어의
성 요한 성당

9월 13일

스위스 뮤스테어 – 성 요한 성당

우리가 머무는 센트에서 스쿨로 나가 길이 갈라지는 제르네즈(Zernez)에서 남동쪽에 있는 뮤스테어(Mustair)에 유네스코 지정 세계문화유산 이라는 성 요한(St. Johann) 성당이 있다.

우리와 같이 간 Mr. 황은 주차장에서 입고 있던 반바지를 얼른 긴 바지로 갈아입는다. 성스러운 성당에 들어가야 하니까….

겉보기에는 아주 검소해 보이는 건물로서 이 지방 특유의 스그라피티(Sgraffiti : scratch(긁기)와 graffiti(낙서)의 합성어가 아닐까?) 방법으로 종 탑 벽에 해시계가 그려져 있었고, 들어가서 12스위스 프랑씩 내고 기다리니 우리를 안내해 줄 고고학자이기도 한 안경 쓴 스테파니가 큰 체격에 긴 파마머리 휘날리며 자전거를 타고 나타났다.

손 씻을 때 사용한 장식적인 수도꼭지

8세기 후반에 세워진 이 성당 및 수도원은 처음에는 수도사, 수녀들이 같이 기거하던 수도원이었으나 나중 12세기부터 베네딕트 수녀원이 되어 수녀들의 거처이자 성당인데 현재는 12명의 수녀가 기거하고 있으며 어느 나라나 마찬가지이겠지만 점점 수녀원으로 들어오려는 젊은이들이 줄어들어 모두 60대 이상의 고령이라고 한다.

이 성당은 1499년에 났던 큰 불 이후 증축과 개축이 이어졌는데 증축하면서 문이나 창문을 많이 내어 종 탑이나 교회가 자꾸 무너지려 하기 때문에 쇠로 징을 박듯이 이곳저곳을 묶어 놓은 것이 눈에 띄었다. 여러 명이 한 방에서 기거했던 침실이 있고 또한 넓은 식당 한쪽에는 건반 위에 있는 뚜껑을 닫으면 소리가 부드러워지고 작아지는 작은 피아노가 있어 식사 후 같이 합창하며 즐겼던 것 같고 다른 한쪽에는 손을 씻을 때 사용했던 예쁘게 장식된 수도꼭지가 눈에 띄었다. 또한 부엌 옆에 있는 스모킹 룸(smoking room)의 천장에는 훈제할 소시지 등을 걸어 놓았던 수 없이 많은 갈고리들이 있었고 가끔 창 밖으로 보이는 밭에는 열매가 열린 과일 나무들과 채소밭이 보이기도 한다.

이곳이 유네스코에 의해 세계문화유산으로 지정된 가장 중요한 이유는 성당 안에 있는 벽화가 8세기 당시 세계에서 가장 큰 * '프레스코 벽화'이었으면서 현재까지 남아있는 가장

오래된 대형 스케일의 프레스코이기 때문이란다. 스테파니가 주머니를 한참 뒤져 도표를 보여주며 이 유명한 프레스코 벽화에 대해 설명해 주었다.

천장에서 제일 가까운 맨 윗줄에는 다윗왕의 이야기
둘째 줄은 예수의 어린 시절
셋째 줄은 예수의 행적 내지 업적들
넷째 줄은 예수의 십자가에 못 박힘 등이 그려져 있다.

밖으로 나오니 으스스한 게 약간 춥다.
미국의 국립공원에 비하면 진짜 '아담 사이즈' 면서 자연의 보존에 뜻을 둔 듯한 스위

성당 안의 프레스코 벽화와 천장 모습

스 국립공원을 걸어서 넘어보고 스쿨로 돌아가 다 함께 온천욕을 했다. 입장료 25 스위스 프랑. 수영복으로 갈아입고 들어가니 가운데에 있는 가장 넓고 큰 둥근 수영장 같은 온천에서 할아버지, 할머니들의 '아쿠아로빅'이 한창. 물길을 따라 바깥으로 나가보니 산 경치가 손에 잡힐 듯 하고, 사우나로 들어갔다가 다음은 소금온천으로… 들락날락했다. 피로가 확 풀리는 기분이다.

*프레스코(Fresco)

건물의 벽과 천장 등에 그림을 그리는 벽화 기법이다. 이탈리아인 '프레스코(fresco)'는 영어로 '신선한(fresh)', '젖은(wet)', '새로운 (new)'이라는 의미를 가지고 있다. 다시 말해 프레스코 화법은 건축물의 벽이나 천장에 석회와 모래를 섞어서 만든 석회모르타르를 바르고 안료를 물(증류수)과 반죽해서 만든 물감으로 석회모르타르가 건조되기 전에 그 위에 그림을 그리는 화법을 말한다.

무지개, 쌍 무지개

정말로 선명한 무지개

세상에 태어나서 가장 크고 선명한 무지개를 보았다.

아마 앞으로도 내 생애에 이렇게 멋진 무지개를 볼 기회가 쉽게 다시 올 것 같지 않다.

제르네즈(Zernez)를 거쳐 스위스 국립공원 안내소까지 가서 지도를 얻어 가지고 돌아오는 길, 아침에 비가 오더니 오후에는 쨍 하고 햇빛이 난다. 같이 간 Mr. 황이 "무지개가 틀림없이 뜰 것"이라 하더니 정말 돌아오는 길에 무지개를 보았다.

너무 너무 커서 만화에 나오는 것 같은 무지개가 우리 앞에 나타난 것이다.

게다가 쌍무지개!!

비가 온 오후에 햇빛이 나오는데 우리가 해를 등지고 동쪽으로 가는 길이었기 때문에 완벽한 타이밍으로 기가 막힌 행운이었다.

몇 번 사진을 찍고 조금 움직여 가다보니 세상에!

이번엔 그 무지개의 끝, 즉 무지개의 뿌리(?)를 본 것이다.

우리가 서 있는 곳 보다 훨씬 아래쪽의 계곡부터 무지개가 시작되어 항상 반원의 무지개만 보아왔던 우리에게 3/4원의 무지개는 정말로 꿈에서 본 듯 했다.

모두들 가슴이 콩닥콩닥.

빨리 소원을 빌었어야 했는데 !!!

9월 14일
부자들의 휴양지 – 생 모리츠

'**신**' 신선놀음에 도끼자루 썩는 줄 모른다' 더니 요새 우리가 딱 그 모양이다. 너무나 아름다운 스위스의 엥가딘 지방의 센트라는 조그만 마을. 시골이면서도 생활은 하나도 불편하지 않은 아파트를 빌려 그동안 못 해 먹었던 것을 하나씩, 하나씩 해 먹고 지내니 세월 가는 줄 모르겠다.

생 모리츠 앞의
호수 풍경

　도착하던 첫날 생선 매운탕 타령을 하던 동생이 원을 풀었고 그 다음날 점심은 멸치국물에 국수로 동생 신랑이, 그날 저녁과 어제는 스테이크와 돼지 삼겹살로 모두가, 그리고 오늘 저녁은 육개장으로 내가 원을 풀 차례다.

　아침 일찍부터 고기 삶고, 배추 데치고, 파 썰어 놓고 저녁에 와서 빨리 맛있게 먹을 수 있도록 준비해 놓은 다음 떠난 우리는 수시를 지나 제르네즈에서 국립공원 쪽이 아닌 남서쪽으로 35km 떨어진 곳에 있는 생 모리츠(St. Moritz)에 도착.

　부자들의 휴양지로 유명한 이곳은 '세계 스키선수권 대회'와 '월드컵 스키대회'가 열리는 곳으로 유명하다 하며 이곳에 오는 부유한 휴양객들이나 유명인들은 가까운 삼단(Samedan)에 있는 비행장으로 도착한다고 한다.

　유럽에서 가장 먼저 *봅슬레이(bobsleigh)장을 만들어 영국 귀족들이 즐긴 곳이라 하며 자연 그대로를 이용한 이곳의 봅슬레이장과 프랑스의 인공적인 알베르

여행 중 이렇게
호사스러운
식탁이라니…
(동생, Mr.황과 함께)

빌(Albert Ville)의 봅슬레이장은 서로 비교가 되다고 하는데 물론 자연을 그대로 이용한 이쪽이 더 스릴이 있지 않을까?

저 멀리 언덕 위의 생 모리츠시의 모습이 잘 보이는 큰 호숫가의 가장자리로 난 산책길을 1시간 10분 정도 걸어서 한바퀴 삥 돌았다. 호수 건너편으로 보이는 즐비한 유명한 고급 호텔들. 그림의 떡이지만 고급 호텔과 고급 상점들이 가득한 생 모리츠 시내를 한 바퀴 돌고는 값이 웬만한(?) 식당에서 점심을 했다.

물론 저녁에는 아파트로 돌아와 마늘도 한껏 넣고 계란도 풀어서 얹은 얼큰한 육개장을 모두들 맛있게 먹었다. ☪

9월 15일
비 오는 센트 마을의 저녁 풍경

매주 수요일 아침에 생선시장이 선다 하여 동생 내외가 아침 일찍 나가서 싱싱한 연어 한 마리와 송어 두 마리를 사왔다. 햇님의 원을 풀기 위해 연어는 회로, 송어는 소금을 툭툭 쳐서 맛있게 구워 먹었다. 생선이 너무 싱싱해서 비늘이 잘 안 떨어질 지경이었으니 맛이야 말할 필요도 없었고….

오후, 동생네와 Mr. 황은 거의 폐허가 되다시피 한 성을 독일 드레스덴 (Dresden)의 한 사업가가 1600년대에 구입하여 기막히게 잘 꾸며 놓았다는 타라스프(Tarasp) 성이란 곳을 구경하러 갔다. 우리는 집에서 하루종일 밀린 일기 숙제를 하고….

저녁식사 후 오후 7시 30분쯤, 오금이 저리게 하루 종일 앉아있던 우리 둘은 마을 산책을 나갔다. 비는 부슬부슬 내리고 약간 어두워질락말락 하는 센트 동네의 거리에는 문 열어 놓은 가게도 거의 없고 행인도 거의 없다. 문 닫혀있는 빵집, 이발소, 우체국, 은행, 마을 가운데 있는 샘물, 15분마다 종을 울려주는 교회…. 적막할 지경이다.

한두 군데의 맥주 집에 서너 명의 손님이 보일 뿐 사람을 도대체 볼 수가 없는 산골마을의 저녁.

길가에서 만난
'꼬마들 조심표'

아무리 해도
아빠처럼은 안되네(위)

꼬마의 결정적인 한방,
갑니다!(가운데)

엄마는 처마 밑에
예쁘게 쌓고(아래)

다시 돌아오는 길, 장작 패는 소리가 요란해서 보니 부슬비가 내리는 작은 호텔과 레스토랑을 겸한 집 앞길에서 한 가족이 장작을 패며 쌓고 있다.

아빠는 둥근 통나무를 멋있게 한번에 쩍! 갈라서 다시 세 토막씩 내어 던져 놓으면 큰아들은 통에 담아 엄마에게…. 그녀는 아주 질서 있고 예쁘게 처마 밑에 쌓는다.

한쪽에서 아까부터 꼬마는 작은 도끼로 토막을 내고 싶은 통나무와 계속 씨름중이다. 우리가 사진을 찍어대니 그 앞에서 한번 폼재고 싶었을 텐데 여의치 않은 듯, 너무 귀여웠다. 네 사람 모두 장갑 낀 사람은 없었고 모퉁이를 돌아오면서 그 집의 담에 걸려 있는 작은 메뉴판을 보고 그 호텔과 식당이 그들 가족의 소유인걸 알게 되었다.

빗속에서도 즐거운 듯 일을 하고 있는 아름다운 스위스의 한 가족. 오늘 '타라스프 성' 구경을 하진 못했지만 더욱 마음을 훈훈하게 해 주는 구경을 한 것 같았다. 🌙

9월 16일
방학은 끝나고 – 로잔으로

꿈 같이 지낸 닷새…. '여행중의 휴가'와도 같았던 스위스 동북부 엥가딘 지방에서의 닷새 간의 방학이 끝났다.

아침에 맨 아래층에 있는 공동세탁실의 건조기를 두 번이나 다시 돌리는 등 부산떨며 말린 빨래를 겨우 정리해 넣고 며칠 정들었던 센트의 아파트를 떠났다. 차를 타려 하다가 건너편의 높은 산을 보니 간밤에 내린 하얀 눈이 쌓여

밤새 내린 비
높은 산에서는 눈

있다. 정말 그냥 우리만 보기에는 너무나 아까운 아름다운 풍경이었다.

지난주에 이쪽으로 올 때 꼬불꼬불 너무 힘들었던 플루엘라 고개를 이번에는 터널을 통해 클로스터까지 18분만에 차까지 실어다주는 '베라이너(Wereiner)'기차를 타려고 수쉬 근처 라보스로 갔으나 기차가 금방 떠났는지 꽁무니만 보인다. 또 다시 30분을 기다려야 하니 차라리 그냥 가자! 하고 눈이 내리는 플루엘라 고개를 넘어갔다. 길이 하도 험해서 조심조심 간 덕분인지 다행히 멀미는 나지 않았다.

12시 30분, 겨울 외투를 입은 사람들이 왔다갔다하는 베른(Bern)도착. 바람이 너무 불고 추워 따뜻한 음식이 먹고 싶어 마켓 홀이라는 넓은 식당가에 있는 한국인 부부가 경영하는 웍 타운(Wok Town)식당으로 갔다. 따끈따끈한 돌솥비빔밥이 짜지도 않고 맛있는데 게다가 김치는 서비스라니 모두들 허겁지겁….

여기에서 그동안 우리와 방학을 같이 지냈던 Mr. 황과는 헤어지고 우리는 로잔 (Lausanne)으로 떠났다.

9월 17일
에비앙, 그리고 몽트뢰의 시용 성

많은 이들이 스위스의 수도인 걸로 착각하는 제네바(Geneve). 그러나 사실 스위스의 수도는 베른(Bern)이다. 옛날 라디오 연속극이었던가 「레만 호에 지다」라는 것이 있었는데 그때 제목에 나오던 '레만 호수'가 아주 낭만적일 것 같아 한번 가보고 싶었는데 드디어 오늘 레만 호수가 있는 제네바에 왔다.

아침 로잔(Lausanne)을 출발, 제네바 시내로 들어서며 보니 왼쪽에 있는 레만 호수 저쪽 편에 엄청나게 큰 물기둥이 솟아 있는 게 보였다. 아! 이게 그 유명한 높이 140m 짜리 분수구나 하면서 미국 옐로우스톤 국립공원의 간헐천(geyser) 올드 페이스풀(Old Faithful)이 생각났다. 자연을 닮으려 인공적으로 만들어놓은 어마어마한 높이의 분수. 인공적이긴 하지만 너무 멋있네….

오늘은 남쪽으로 에비앙(Evian)을 둘러 시용(Chillon) 성이 있는 몽트뢰(Montreux)까지 레만 호수를 한바퀴 돌아오기로 했다.

스위스의 너무나 깨끗하게 잘 가꾸어 놓은 집들과 정원을 보다가 프랑스의 시골 마을(에비앙은 프랑스 땅이다)로 들어서니 조금은 흐트러진 모습의 길가의 집들과 잡초가 꽤 있는 잔디밭은 차라리 더 다정하게 느껴지기까지 한다.

에비앙으로 들어서서 에비앙 물 공장 앞을 지나면서 "호수 물이 이렇게 맑고 풍부하니 그렇게 물장사가 잘 돼지"하는 햇님의 코멘트.

골프장(Golf Club) 표지판을 따라 들어가 드디어 '에비앙 마스터즈 골프 클럽(Evian Masters Golf Club)'에 도착. 그곳에서 골프를 칠 계획은 아니었으므로 안내 책자와 스코어 카드를 기념으로 얻고 꽃밭에 'Evian Masters'라고 예쁘게 새겨 놓은 곳을 배경으로 사진도 찍었다.

에비앙 마스터즈 골프대회 포스터(위)

한가로이 골프를 즐기는 사람들(아래)

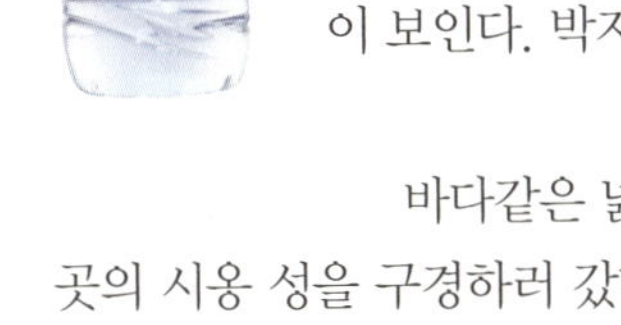

작년에 '에비앙 마스터즈' 경기가 열릴 때 TV 중계로 '아름다운 레만 호수가 내려다보이는 에비앙에서 한국 선수들이 잘 싸우고 있다'고 하는걸 보았는데 안내 책자에도 자랑스런 한국선수들의 얼굴이 보인다. 박지은, 박세리, 한희원 등….

바다같은 넓은 레만 호수 옆을 빙 돌아 다시 스위스 땅 몽트뢰. 그곳의 시용 성을 구경하러 갔다. 물가에 있는 암벽 위에 요새처럼 세워져 있는 시용 성. 마침 한국어로 된 안내서를 주어 가이드 없이 구경을 잘 할 수 있었다.

성의 곳곳에 번호가 매겨져 있어 안내서에서 같은 번호의 안내문을 읽어보면 이해가 잘 되고 시간도 절약할 수 있어 매우 좋은 것 같았다. 좁은 층계들과 방들을 지나 번호 앞에 서면 햇님이 "18번, 사보이 백작들의 예배당. 13세기 초에는 천장이 둥글지 않았으며…"하며 가이드 대신 읽어준다.

　청동기 시대에 이미 이곳 시옹의 암벽 위에는 사람이 살고 있었다 하며 연대미상인 중세의 성벽은 11세기~13세기에 걸쳐 확장되었고 그 후 부분적으로 보수와 재건이 계속되었다고 한다.

　지하의 돌 감옥에 들어가니 일곱 개의 기둥이 있는데 그중 세번째 기둥에 영국의 유명한 시인 바이런(Lord Byron)이 그의 이름을 새기어 남기고 있고 그 옆의 옆, 즉 다섯 번째 기둥에 4년 간 쇠사슬로 묶여 있던 종교지도자 보니바르(Bonnivard)가 바이런의 시에 의해 알려지게 되었다 한다.

　시옹 성을 주제로 지은 바이런의 시는 보니바르의 이름이 언급되어지는 「시옹을 기리는 소네트(Sonnet on Chillon ; 소네트는 14행의 시를 일컬음)」와 「시옹의 죄수(The Prisoner of Chillon)」등이 있다. 그의 시 「시옹의 죄수」를 슬쩍 보니 어두운 지하감옥의 기둥에 매어 갇혀있는 죄수들의 심정이 너무나 잘 표현되어 있는 것 같았다.

'거기엔 별도 - 땅도 - 시간도 없었다
수표도 - 거스름돈도 - 선함도 - 죄악도
단지 침묵과, 살아있음도 죽음도 아닌 멎은 듯한 호흡뿐…'
'There were no stars - no earth - no time
No check - no change - no good - no crime
But silence, and a stirless breath which neither was
of life nor death…'

지하의 돌 감옥
창살을 통해 본
호수 풍경(위)

레만 호숫가의 시옹 성
(아래)

9월 17일

채플린 공원과 영국정원

몽트뢰에서 7~8km 되는 곳에 있는 버베이(Vevey). 길가에 있는 한 미용실 아줌마에게 이 근처에 있다는 찰리 채플린 박물관이 어디 있느냐고 물어보니 조금 떨어진 코르지에(Corsier)에 있다며 가는 길을 열심히 설명해준다. 프랑스에도 시골사람은 이렇게 친절한가 하는 생각이 들었다.

코르지에에 도착하여 길거리에 세워놓은 그 마을 지도에 찰리 채플린 그림도 있기에 이곳이구나 하고 알아보니 그의 박물관은 2006년에 완공될 예정이라고 한다.

다시 제네바의 몽블랑 다리 건너에 있는 영국정원(Jardin Anglais)으로 향했다. 호수를 향한 벤치에 앉아 아침보다 맑아진 날씨에 더욱 더 힘차 보이고 또한 시시각각으로 변하는 무지개까지 곁들인 분수를 하염없이 바라보며 오후에 하려던 제네바 시내 관광 같은 건 다 잊어 버렸다. 🌙

코르지에, 채플린 공원의 정원사와(위)

제네바, 영국정원의 해시계 (아래)

9월 18일
올림픽 박물관과 시계마을 뉴샤텔

해 나는 날도 우산 쓰고 서 있는 아저씨

오늘은 로잔을 조금 구경하고 시계 마을이라는 뉴샤텔(Neuchatel) 에 들렀다가 오후 5시경에 베른에 사는 고교친구 경희네 집에 도착하려고 계획을 세 웠다.

아침 9시 출발하여 로잔시의 남쪽, 레만 호숫가의 우쉬(Ouchy)에 있는 올림픽 박물 관으로 갔다. 주차하면서 보니 관광버스도 여러 대 와 있는데 그 중 중국관광객도 한 팀이 와 있어 벌써 활기를 띠고 있는 모습이 다.

박물관으로 올라가는 길에 조각공원이 꾸며져 있어 호수를 배경으로 아름답게 보 였는데 개인적으로 가장 호감이 가는 작품 은 박물관 입구 바로 왼쪽에 막대기를 들고 서 있는 레인코트의 아저씨—청동 조각분수 인데 들고 있는 막대기 위로 물이 완전히 접 시처럼 퍼져서 나와 꼭 우산을 쓰고 있는 것 같아 보인다. 제목은 「비(La Pluie)」, 작가 는 쟝 미셸 폴른(Jean Michel Foln), 1996 년 작.

박물관 안에는 지나간 올림픽 대회의 성 화(torch)와 메달, 운동선수들의 옷과 신발

등 각 개최국의 기념품들과 기념 주화 등등이 전시되어 있고 올림픽의 역사와 이제까지의 상황 등을 영화로 보여주고 있었다. 원래 큰 기대를 한 것은 아니었지만 그리 많은 감흥을 얻지 못하고 14유로씩의 입장료가 아깝다는 느낌을 받고 나왔다.

로잔에서 북쪽으로 20km에 있는 이벌돈 (Yverdon)에서부터 동북쪽으로 길게 뻗어있는 뉴샤텔 호수를 끼고 북쪽으로 35km가량 올라가면 '시계마을(Watch Valley)' 이라는 뉴샤텔이 있다. 시계로 유명한 스위스에서도 유난히 시계 박물관과 시계 만드는 곳이 많이 몰려 있어 이 고장을 Watch Valley라고 부른다고 한다.

그런데 막상 뉴샤텔에 도착하여 알아보니 시계 박물관은 여기서 10km쯤 떨어진 곳에 있는 라 쇼 드 퐁(La Chaud de Fonds)을 찾아가야 한다고 한다.

조각공원 안의 작품 (위)

올림픽 박물관 입구(아래)

우선 뉴샤텔 호숫가의 식당에서 '오늘의 메뉴'를 시켜서 잘 먹고 어렵지 않게 라 쇼 드 퐁에 있는 국제 시계 박물관 (International Clock Museum)을 찾아갔다. 그리고 그곳에서 내가 세상에 태어나 이제까지 보아온 시계, 그리고 앞으로 볼 시계보다 더 많은 시계를 오늘 하루에 다 보았다. 그 많은 시계 중에 어떤걸 갖고 싶으냐고 한다면 단연 '이상한 시계 (Mystery Clock)' 이다.

건너편이 훤히 보이면서 앞뒤로 아무리 살펴보아도 이해할 수가 없는 시계. 유리로 된 둥근 시계 판에 바늘만 있는, 시계 속의 기계가 전혀 안 보이는 그 시계를 고를 것 같다. 그리고 14세기 이태리 파두아의 지오바니 돈디(Giovanni Dondi ; 1318~1388)라는 사람이 그 시대에 이미 기가 막힌 천문시계를 만들었다는 사실을 처음 알게 되었다.

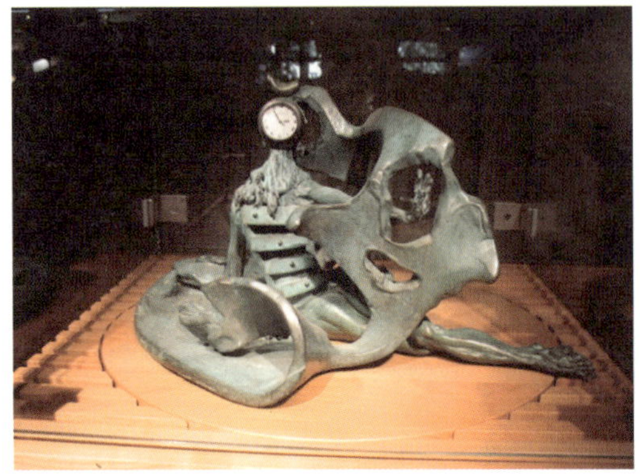

살바도르 달리의
작품시계(위)

경희네 부부와 함께
(아니 웬 소주병이…)
(아래)

고등학교 졸업후 한 번도 만나지 못했던 친구 경희. 지난달에도 고교친구 여섯 명의 습격(!)을 당했다는 그녀는 내게도 스위스에 오면 꼭 들리라고 연락해 주었다. 아주 평화로운 동네에 있는 친구의 집은 사과나무가 다섯 그루 있어, 탐스럽게 사과가 주렁주렁 열렸다. 애플사이다를 좋아하는 햇님은 벌써부터 싱글벙글한다. 맛있는 불고기에 직접 키운 깻잎과 상추쌈, 오이 샐러드, 김치 그리고 후식으로는 애플파이. 물론 흰 포도주 + 붉은 포도주 + 맥주는 기본이었고!

미국에서 화학박사와 박사지망생 시절 서로 만나 결혼한 윌리(Willi)와 경희. 내가 짓궂게 연애시절 얘기를 해달라고 해서 재미있게 들었다. 큰아들 방에 묵은 우리는 인터넷이 되는 김에 밀린 일기 올리랴 이것저것 하느라 꽤 늦게 잤다.

신호등 없는 교차로 (뱅뱅돌이)

유럽 자동차 여행을 하다보니 미국이나 한국에서는 잘 볼 수 없는 특이한 신호체계가 눈에 띈다.
사거리 또는 삼거리 중앙에 둥그런 로터리를 만들어 놓고 먼저 진입한 차에 우선권을 주면서 로터리 내에 다른 차가 없을 때 언제나 진입하여 자기가 가고 싶은 방향으로 갈 수 있도록 하여서 도심을 빼고는 거의 빨강, 노랑, 파랑의 신호등이 없이 잘 돌아가고 있는 것은 물론 매우 효율적이기까지 하다.

아무런 차도 없는 네거리에 서서 느려빠진 신호를 기다리느라 멍청하게 오랜동안 서 있는 경우도 없애고, 시간 절약, 신호등 및 전기 절약 등의 효과가 있는 좋은 시스템 이다.
물론 사거리 진입하기 전 네 곳에는 미리 표지판에 둥그렇게 원을 그려서 빠져나가는 곳의 지명을 화살표와 함께 적어 놓아 한눈에 자기가 어느 방향으로 갈 것인지도 잘 표 시해 놓았다.

만약 자기가 나갈 곳을 지나쳤으면 다시 한 바퀴 더 돌면 되고, 처음길이라 잘 모르면 이길 저길을 살피면서 두세 번을 더 돌아도 된다. 잘못 나갔으면 그 다음 '뱅뱅돌이'에 서 다시 돌아오면 되는 아주 그만인 시스템이다.

둥그런 로터리에는 지역마다 특색 있게 분수로 꾸며 놓은 곳도 있고, 조각작품을 설치 한곳도 있고 철마다 꽃을 잘 가꾸어 놓은 곳도 있어 매우 좋은 인상을 주고 있다.
이 좋고 편리한 시스템을 한국에서도 적극 활용하면 좋겠다는 생각이 든다.

9월 19일
스위스 민속촌 – 발렌버그

새벽부터 친구 집 지하에 있는 냉장실(내부의 온도가 바깥에 표시되는 큰 방)로 오르락내리락. 햇님과 나는 이 집의 일년 농사인 사과로 만든 애플사이다를 엄청 축 내었다. 그리고는 따끈하게 구운 크로와상과 커피로 아침 식사를 끝내고 9시에 출발하여 스위스식 민속촌이 있는 발렌버그(Ballenberg)로 떠났다.

먼저 인터라켄(Interlaken)을 지나면서 오른쪽으로 펼쳐지는 눈 덮인 융프라우(Jungfrau)의 모습에 모두들 감탄! 감탄! 브리엔즈(Brienz)에서 5km 가량 더 들어가 발렌버그에 도착했다. 1인당 입장료 16스위스 프랑, 그리고 지도는 2프랑이다. 오늘은 이곳에서 하루종일 즐기기로 했으니 맑은 공기 쐬며 천천히 숲길을 걸으며 스위스 각 지방의 집들을 재현해 놓은 곳을 둘러보았다.

스위스 민속촌의 독특한 지붕을 한 가옥들

도자기집, 철공소, 또 약장사집, 미용실, 그리고 물레방아로 아름드리나무를 써는 목재소에도 들려보았고 신부가 혼수로 준비한 가구 등을 실어 나르는 신부마차 등등을 구경했다. 가끔씩 길이 갈라지는 곳에는 작은 스위스 전체지도가 세워져 있고 이런 집은 어느 지방에서만 볼 수 있었던 것이라고 색깔로 표시를 해 놓았다.

열심히 이집저집을 들락날락하며 보다가 길 한편에 어미돼지 한 마리에 귀여운 새끼 돼지 아홉 마리가 뛰노는 운동장이 있는 것도 보았고 옛날식 볼링, 또 회전 목마 등을 구경하고 민속촌 내에 있는 식당에서 점심을 했다.

오후, 드넓은 민속촌의 끝자락까지 가서 손뜨개로 식탁보, 화병받침 등등을 만드는 할머니도 보고 바구니를 만드는 사람에게서 친구 남편은 장작 담아 나르는 바구니를 하나 샀다. 오늘 하루 다섯 시간 가량을 걸었으니 모두들 다리가 노곤하고 배도 고파져 집으로 돌아왔다.

아휴~ 오랜만에
많이 걸었네(위)

라클레트는 이렇게
해 먹지요(아래)

스위스와 프랑스의 독특한 요리인 *퐁뒤(fondue)가 있는데 그 퐁뒤보다 더 맛있다는 라클레트(raclette)를 친구가 특별히 저녁으로 준비했다. 작은 프라이팬에 네모나게 썬 치즈를 녹여 접시에 훑어 쏟은 다음 베이컨, 양파, 마늘, 버섯 등을 구운 것을 얹어서 피클이나 올리브 등을 곁들여 먹는다. 처음 먹어보는 것이지만 따뜻한 치즈에 이것저것 얹어 먹는 맛이 일품이었다.

그리고 디저트로 '그라파 데 키안티(Grappa de Chianti)'라는 이태리산 술을 작은 잔에 마셨다(이거 중국 술 빼갈하고 똑같은데…하는 햇님). 어제는 시원한 노란색의 '리몬첼로(Limoncello)'를 얼은 잔에 주더니…. 이렇게 신경 써 준 윌리와 경희, 너무 고마워요! 🌙

퐁 뒤(fondue)

긴 꼬챙이 끝에 음식을 끼워 녹인 치즈나 소스에 찍어 먹는 알프스 지역에서 시작된 스위스 전통요리이다. 퐁뒤는 먹는 방법이 독특하기 때문에 파티나 이벤트 음식에 많이 등장한다. 퐁뒤를 먹다가 여자가 냄비에 음식을 떨어뜨리면 그 여자가 오른쪽 남자에게 키스를 해주고, 남자가 음식을 떨어뜨리면 와인을 사는 풍습이 있다.

스위스의 수도 베른 구경

경희와 함께 베른 시내로 나갔다. 국회의사당 있는 곳으로 발을 옮기는데 갑자기 요란한 종소리 같기도 하고 쇠를 두드리는 것 같기도 한 '철커덕, 철커덕' 소리가 난다.

빨리 가보니 국회의사당 앞의 광장에 장이 서고 16명이(그중 1명은 여자) 소의 목에 매다는 종의 대여섯 배는 됨직한 큰 쇠 종을 하나씩 들고 발을 맞추어 네 걸음 걸어가서는 투 스텝 두 번, 또 네 걸음 걸어가서는 투 스텝 두 번, 계속 전진하며 종을 울린다. 둔탁한 쇠 종소리가 너무 시끄러웠지만 끝날 때까지 구경했다. 알고 보니 가을 추수철을 맞이하여 농업진흥청 같은 곳에서 주관하는 '농민들을 위한 장터' 행사였다. 소고기, 돼지고기, 햄, 과일, 야채 말린 것, 빵 등 많았지만 아침을 너무 잘 먹어 배가 부르니 사고 싶은 생각이 별로 나질 않았다.

성당 앞 광장에 있는 나무조각 작품

유네스코지정 세계문화유산 리스트에 올라있는 베른시의 옛 시가지로 갔다. 옛 시가지 입구에 있는 시계탑의 시계를 보며 '혹시 프라하의 천문시계를 만든 사람이 이것도 만들었나?' 하며 강을 따라 왼쪽으로 약간 휘어져 늘어서 있는 옛 건물들이 아침햇살에 빛나기 시작하는 걸 즐겼다.

아아레(Aare)강을 건너 베른시 안내소가 있는 곳으로 올라가다가 베른의 상징인 곰의 우리가 아래쪽에 있어 내려다보니 곰 세 놈 중 한 놈은 벌러덩 누워 위쪽에서 한 아저씨가 던져주는 먹이를 정확하게 받아먹는다. "녀석 누워서 떡 먹기 하네…" 하는 햇님.

왼쪽으로 난 언덕길을 따라 올라가니 베른 옛 시가지와 아아레강이 한눈에 보이는 로즈 가든. 미국 포틀랜드의 로즈 가든(Rose Garden)에서도 보지 못했던 생각보다 꽃이 작고 화려하지 않은 '모차르트' 라는 이름의 장미와 이름처럼 화려하며 향기도 좋은 장미 '엘리자베스 여왕(Queen Elizabeth)'을 비교해 보며 언덕을 올랐다. 일본 관광객들이 우리가 일본인인줄 알고 '오하요우 고자이마스' 하고 인사하며 지나는걸 미소 지어주며 바라본다.

다시 내려와 성당에 들렸으나 희한하게 일요일인데 문이 잠겨 있다. 대신 성당 바깥광장에 있는 나무로 만든 개성 있는 조각작품을 감상했다.

아아레 강이
휘돌아 나가고(좌)

철커덕, 철커덕,
쇠 종 행진(우)

'녀석 누워서
떡 먹기하네…'
(아래)

9월 20일
알자스지방의 '포도주 가도'

알자스의
포도주 가도 지도

오후 스위스 베른의 경희와 작별을 하곤 프랑스의 * '알자스 포도주 가도'를 따라 올라갔다. 내일 뒤셀도르프로 돌아가기로 했으니 하루 정도 그곳에서 묵기로 했다.

베른을 떠나 바젤(Basel)을 거쳐 프랑스 국경을 넘어 들어가 북쪽으로 약 100km정도 올라가니 콜마르(Colmar)가 나온다. 그곳에서 서쪽으로 리보빌(Riveauville)이라는 마을로 들어섰다. 한도 끝도 없이 펼쳐진 포도밭들… '야! 이야!' 소리가 절로 난다.

이쪽저쪽을 둘러보다가 '빈방 있음'이라는 뜻의 찌머프라이(Zimmer Frei ; 독일어)와 샹브르(Chambres ; 프랑스어)라고 쓰여져 있는 곳으로 들어가 소박한 시골 방 두 개를 얻었다. 방 하나에 27유로(한화 약 3만 8천 원. 이렇게 쌀 수가! 이번 여행 중 가장 싼 방. 물론 아침은 없다).

방을 정하고 저녁 먹으러 조그마한 리보빌 마을의 시내로 들어가니 상점도 많고 식당도 많은데 하필 월요일이라 식당이 닫은 곳이 많았다. 이리저리 돌아다니다 문 앞에 저녁 '세트메뉴'가 붙어 있는 곳으로 들어가서 조촐하게 이 지방의 포도주와 함께 저녁을 했다.

*알자스 포도주 가도(La Route des Vins d'Alsace)

프랑스 스트라스부르그 서쪽으로 20km 떨어진 말렌하임에서 시작하여 보쥬산맥의 동쪽 구릉지대를 따라 남쪽으로 170km에 걸쳐있는 알자스의 포도주 생산의 집결지라 할 수 있는데 콜마르 남쪽 35km에 있는 탄에서 끝나며 유명한 곳으로는 리크위르, 리보빌, 케이저버그 등이 있다.

9월 21일
산꼭대기의 오-케닉스부르그 성

먼 저 어제 묵었던 집의 주인 아줌마가 권한대로 '로베르 버거 에 피스(Robert Berger & Fils)' 라는 와이너리(Winery) 한군데를 들렀다.

친절한 주인 아저씨가 반지하에 있는 크지 않은 와인 저장실을 보여주고 올해는 작황이 어떠냐니까 아직까지 는 매우 좋다며 그러나 수확할 때 날씨가 어쩔지는 하늘 만이 안다고 하며 하늘 쪽을 향해 손가락질한다. 돌아 나 오면서 그 동네의 중심광장에 있는 마을 안내 간판을 보 니 우리가 들렀던 'Robert Berger & Fils'가 이곳 리보 빌의 와이너리 중 가장 위쪽에 써 있다. 기념으로 사진 한 장 찰칵!

그 다음은 '오-케닉스부르그(Haut-Koenigsbourg ; 높은 곳에 있는 왕의 마을이란 뜻) 성'.

멀리에 보이는 성의 모습과 길거리의 표지판만 보고 찾아갔다. 높은 돌산 위에 지어져 아주 남성적인 인상의 이 성은 북에서 남으로 가는 밀과 포도주의 교역루트이 며, 동쪽으로는 소금과 은이 소통되는 길의 교차점에 있 어 일찍이 중요한 지역에 위치한 성으로서 12세기부터 알 려지기 시작했는데 합스부르크(Habsburg)가의 소유였다 가 불에 타기도 하고 우여곡절 끝에 1919년 베르사이유 협정에 의해 프랑스 정부의 재산이 되었으며 20세기 초, 보도 엡하르트(Bodo Ebhardt)라는 건축가의 과학적이면서도 풍부한 상상력에 의해 라인의 남쪽 유역에 위치한 15~16세기의 전형적인 성으로 다시 태어났다고 한다.

마을 안내 간판(위)

오-케닉스부르그 성으로 올라가는 길(아래)

　　우물, 창고, 성 안쪽의 마당, 부엌 등이 있는 안뜰, 왕의 방, 식당, 침실 등이 있는 2층, 작은 예배당, 무기창고와 정원이 있는 1층, 그리고 높은 탑들…. 탑 위로 올라가 보니 빛을 많이 받기 위해 두꺼운 벽의 안쪽을 넓게 깎아 창문을 내었는데, 유리가 없는 창문으로 황소 같은 바람이 몰아 불어 들어오고 높은 산 위에 있으니 사방으로 멀리까지 보이는 풍경은 정말 아름답긴 했으나 해가 잠시 들다가는 이내 비가 뿌리곤 했다.

9월 21일
미련만 남긴 스트라스부르그

미끄러지듯 지나가는 날씬한 트램

　　성에서 나와 다시 북쪽으로 스트라스부르그(Strasbourg)로 갔다. 옛날에 하도 사람들의 왕래가 잦아 길(strasse)과 마을(bourg)이란 말이 합쳐졌다고 하는 스트라스부르그. 오늘 독일의 뒤셀도르프로 돌아가기로 했기 때문에 시간이 얼마 없어 무조건 유명하다는 노트르담(Notre Dame) 성당 쪽으로 갔다.

　　성당으로 가는 길목에는 음식 가게들이 즐비하여 배가 출출했던 참에 냄새까지 근사했다. 길을 건너는데 보이는 'Plaisir de Pain(빵의 즐거움이란 뜻)'이라는 빵 가

게의 간판이 인상적이었고 그 앞으로 날렵해 보이는
트램(tram)이 미끄러지듯 지나간다.

　여름 한 철 엄청난 관광객들이 휩쓸고 지나갔을
성당 앞 광장에는 선물가게 등에 사람들이 더러 있고
돌로 만든 레이스처럼 아름답고 또한 무척 높은 것으
로 유명한 성당의 첨탑(60m까지 332계단, 그 위로
142m)은 수리 중이라 모습을 즐길 수가 없었다.
　성당 안으로 들어가서 스테인드 글라스 등을 구
경하고 뒤로 돌아가 감옥 같은 창살 안에 들어있는
유명한 천문시계를 남들처럼 열심히 들여다보고 '쁘
띠뜨 프랑스(Petite France ; 작은 프랑스)' 라는 곳으
로 한 바퀴 돌아 나왔다.

　일(Ill)강을 끼고 있는 쁘띠뜨 프랑스는 중세시절
도시의 중심이었던 곳으로 주로 제분업자들과 어부
들, 그리고 제혁업자들이 살았던 곳이라 하며 '작은 프랑스' 라
는 이름은 원래 'Rue des Moulins(풍차의 길)' 이라는, 제혁업
자들의 가게가 많았던 독특한 길을 따라 있던 부두를 뜻한다고
하며 옛날 스트라스부르그에서 가장 아름다운 동네였었다고
한다.

노트르담 성당의
정문 모습(위)

성당 뒷편의
천문시계(아래)

　냄새가 제일 근사한 식당으로 들어가 따끈한 점심을 하고 미련을 많이 남긴 채
스트라스부르그를 떠나 저녁 6시경 뒤셀도르프에 도착했다.

대영제국

영국의 런던을 향해 떠나던 날 카메라를 분실하여 새로 구입했고

차량의 좌측통행에 자신이 없어 차를 두고 떠났기 때문에

BritRail 기차표를 이용하여 스코틀랜드의 에든버러, 아일랜드의 더블린과

코크시티 등을 둘러보았다.

코크시티 근교 블라니 성의 희한한 키씽스톤(Kissing Stone)을 구경하고 다시

영국으로 돌아와 스톤헨지와 솔즈베리 등을 답사한 후,

추억의 '비틀즈'의 발자취를 따라가 보는 것으로 영국여행을 끝냈다.

대영제국

인버네스
글라스고우
에든버러
벨파스트
더블린
던 러게어
홀리헤드
코크
킨제일
클란두드노
요크
크루
스톤헨지
런던
솔즈베리
사우스 햄튼
도버
깔레

9월 25일

카메라 도난과 무릎 고장

며칠 뒤셀도르프에서 쉬고 영국으로 떠나는 날. 우측핸들 자동차를 사용하는 영국에서 장거리 운전은 위험할 것 같아 차를 독일에 두고 가기로 하여 아침 일찍 영국행 버스표를 사러 나갔다. 요즈음 같은 컴퓨터 시대에 아직도 여권을 대조해 가며 일일이 손으로 적어서 표를 끊어준다. 요금은 1인당 왕복 108 유로.

저녁 8시 15분, 짐을 버스에 실을 때 수상해 보이는 사람이 있어 집사람과 서로 주의를 하자고 했었는데 좌석으로 올라가보니 점퍼 주머니에 있어야 할 카메라가 없다. 아무리 찾아보아도 없으니 분명 소매치기 당한 것 같다. 지난 9개월간 보물 1호로 소중히 생각하며 애지 중지하던 카메라였었는데… 정말 안타깝다.

예정시각보다 조금 늦게 떠난 버스는 독일 내의 몇 군데 정거장을 들려 사람들을 더 태우고 벨기에, 프랑스, 도버해협을 거쳐 영국 런던의 빅토리아(Victoria) 버스 터미널에 도착.

역 근방의 호텔에 짐을 풀고 가장 시급한 카메라를 하나 사기 위해 몇 사람에게 물어물어 옥스퍼드(Oxford) 거리의 한 카메라 상점으로 가서 249파운드를 주고 지난번과 같은 회사 제품으로 새것 하나를 장만했다. 카메라를 사느라 이리저리 많이 걷다보니 오른쪽 무릎에 고장이 생겼다. 밤새 무릎 때문에 잠도 자는 둥 마는 둥 했는데 내일 시티투어는 어떻게 하나….

버킹검 궁의
근위병 교대식

9월 26일
런던 시티투어

하늘을 배경으로 멋진
모습의 빅벤(위)

튼튼하게 생긴
런던 택시(아래)

무릎이 아파 잠도 제대로 못 잤을 햇님을 호텔에 남겨두고 동생네와 런던 시티투어를 나갔다. 투어버스의 2층으로 올라갔더니 너무 바람이 불어 다시 아래층으로 내려왔다.

런던의 길거리엔 온통 붉은색의 2층 버스다. 즉 붉은색의 노선버스와 붉은색의 투어버스 투성이인데 그 사이를 튼튼하게 생긴 가지가지 색깔의 택시들이 누비고 다니고 있고 다른 차들은 눈에 잘 들어오지도 않는다.

눈이 닿는 곳마다 저건 무엇이고, 저기선 언제 누가 무엇을 했고 하며 2층에 있는 가이드가 직접 설명해 주는데 아래층에 앉아 있는 나는 잘 들리지도 않고 보이지도 않고 또 호텔에 누워 있는 햇님을 생각하니 슬슬 처량해지기까지 한다. 그냥 같이 남아 있을걸 그랬나 하고 후회도 되고….

하이드 파크(Hyde Park)를 거쳐 마블아치(Marble Arch)에 도착한 버스가 잠시 서 있기에 두리번대다가 왼쪽 공원 안을 보니 한 사람이 서서 뭘 열심히 얘길 하고 여러 사람들이 모여서 듣는다. 다시 잘 보니 공원 안에 그런 그룹(?)이 여러 개 있다.

　'아하! 여기가 바로 스피커스 코너(Speakers' Corner)로구나. 역시 민주주의
가 꽃핀 나라답게 어떤 주제든지 가지고 나와서 남들 앞에서 연설 연습을 하는 곳이
구나. 그래서 처칠 수상이나, 대처, 블레어 수상 등이 그렇게 연설을 잘 하는 것이겠
지' 하는 생각이 들었다.

　영국에서 제일 크다는 해롯(Harrods) 백화점에 내려, 일요일이라 쉬는
'Harrods' 간판 앞에서 다른 외국인들처럼 우리도 기념사진 한 장 찍었다(이 백화
점 주인의 아들과 함께 죽은 다이아나 왕세자비 생각이 났다). 그 다음은 주로 중세
부터 현세까지의 유럽의 예술품들이 전시되어 있고 한국관까지 있는 '빅토리아 &
알버트 미술관(Victoria & Albert Museum)'.
　전시장을 둘러보고 '햇님이 같이 오지 않길 잘했구나' 하고 생각했다. 그도 그럴
것이 미술관은 볼 건 너무너무 많은데 시간은 얼마 없고 다리는 아프고 해서이다.

　다이아나 왕세자비 추모 공원(Princess Diana Memorial Park) 안에는 영원히
자라지 않는 소년 「피터팬(Peter Pan)」의 동상이 있고
원작자 제임스 베리(J.M. Barrie)가 살던 곳도 있다고
했다. 그리고 나서 작가 오스카 와일드(Oscar Wilde)
가 결혼식을 올렸다는 작은 교회와 스위스에서 태어
나 밀랍인형의 대가가 된 마담 투사드(Madame
Tussauds)의 밀랍 박물관(Wax Museum), 그리고 셜
록 홈즈 박물관(Sherlock Holmes Museum)을 지나
버킹검 궁 앞으로 가니 11시 30분의 근위병 교대식을
보러 모인 인산인해를 이룬 사람들이 보였다.

　수상관저인 다우닝가 10번지를 지나 웨스트민스
터 다리의 서쪽 공원 안에서 템스(Thames)강 건너편
동쪽에 있는 로터리를 보고 서 있는 처칠 수상의 동상
이 있는 곳으로 갔는데 강 건너편의 그 로터리가 「유
럽 베이케이션(National Lampoon's European
Vacation)」이라는 코미디 영화에서 체비 체이스

웨스트민스터 사원

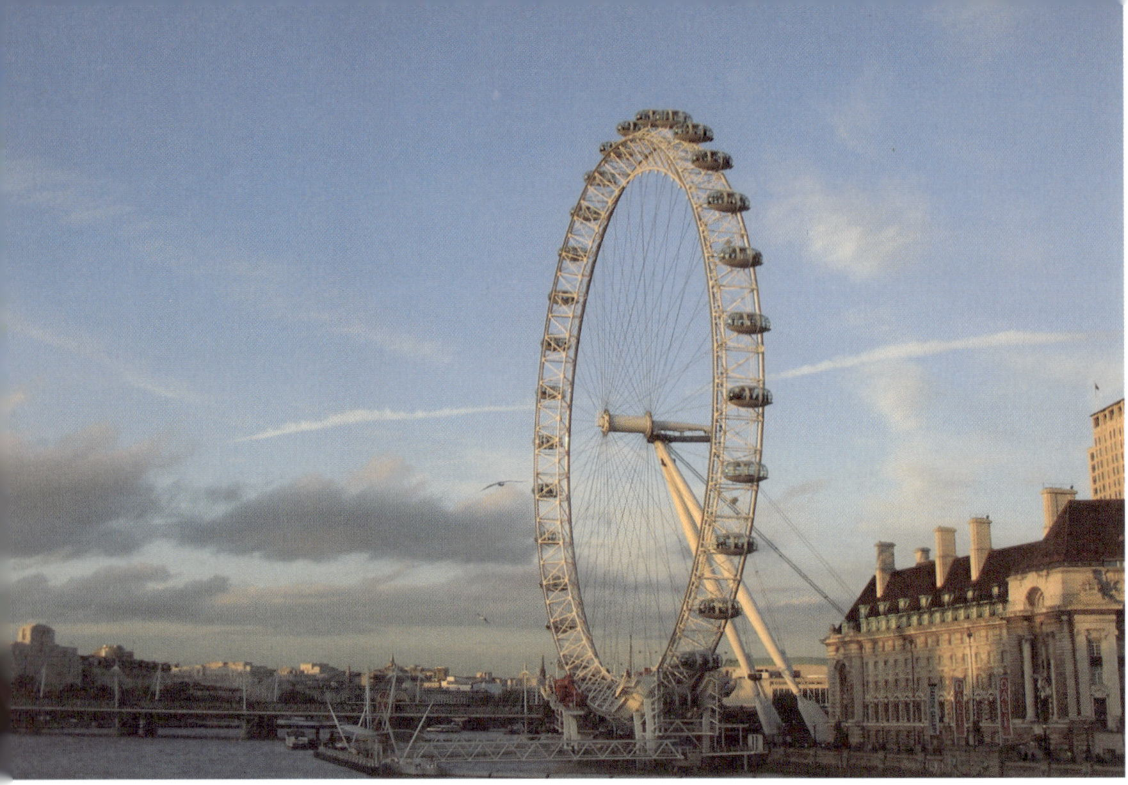

허공에 던져진 멋진 자전거 바퀴 London Eye

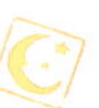

(Chevy Chase)가 계속 로터리를 돌며 빠져나가지 못하는 장면의 무대라고 한다. 이번 영국여행은 오른쪽 운전대 그리고 좌측통행에 자신이 없는 햇님이 차를 두고 가자 해서 기차로 다니기로 했는데 자기가 체비 체이스처럼 되지 않기 위해서였었지, 아마?

밀레니엄을 축하하기 위해서 지었다는 어마어마한 '허니문 카', 즉 '런던 아이(London Eye)'가 강 건너편에서 아주 느리게 조금씩 돌고 있다. 그 모습을 보니 '누군가가 허공에 엄청나게 크고 멋진 자전거 바퀴 하나를 던져 놓았구나' 하는 생각이 들었다. 웨스트민스터 브리지(Westminster Bridge) 앞 빅벤(Big Ben)이 있는 곳에서 버스를 내려 걸어오면서 웨스트민스터 사원(Westminster Abbey)을 기웃거리다가 다시 다른 버스에 올라타 묵고 있는 호텔과 가까운 빅토리아역으로 갔다.

오후가 되니 바람도 잦아들고 햇빛은 강해져서 하루종일 굶고 있을 햇님을 위해 빅토리아 쇼핑센타에서 콜라와 햄버거를 사들고 땀을 뻘뻘 흘리며 호텔로 가니 햇님은 "나 배 안고파" 한다. 하도 배가 고파 비스킷을 한 통 다 먹었다나?

'아이, 김 새!'

9월 28일

스코틀랜드 – 에든버러

햇님 무릎이 너무 아파 그냥 독일로 돌아갈까 망설이다가 최소한 예약해 놓은 스코틀랜드(Scotland)의 에든버러(Edinburgh)까지는 가보기로 했다. 드디어 서울에서 구입한 590달러짜리 브리트레일(BritRail)패스를 처음으로 쓰는 날이다.

쾌적한 기차를 타고 북쪽으로 4시간 30분 가량 올라가 스코틀랜드의 에든버러에 도착. 숙소를 정하고 저녁은 레스토랑이 많이 몰려 있다는 그라스 마켓(Grass Market)의 '라 마리아치' 라는 멕시코식당에서 칼칼한 홍합요리로 해결.

오늘아침 에든버러 시내 구경을 나갔는데 오늘은 햇님이 같이 하기로 해서 그냥 시티투어 버스에 앉은채 두 바퀴를 돌았다.

에든버러는 도시 가운데를 지나는 북교(North Bridge)의 남쪽은 올드타운(Old Town)이고 북쪽은 뉴타운(New Town)이라는데 먼저 올드타운의 프린세스 스트리트(Princes Street)로 들어서니 애국적인 글로 빅토리아(Victoria) 여왕에게 많은 감명을 주었다는 「아이반호(Ivanhoe)」의 작가 월터 스코트(Walter Scott)경의 동상이 안에 있는 뾰족탑이 있다. 그 옆의 꽃시계가 있는 공원을 지나가니 그리스 신전을 연상시키는 기둥을 가진 국립미술관이 보이는데 그런 건물들이 많아 그런지 에든버러를 '북쪽의 아테네(the Athens of the North)' 라고 부른다고 한다.

그냥 먼 발치에서 올려다본 에든버러 성(Edinburgh Castle). 화산 폭발에 의한 바위 위에 지어진 에든버러 성 앞의 '마

브리트레일
기차표 표지

녀의 우물' 이란 곳은 옛날에 마녀라 의심된 여자들을 묶어 성의 북쪽에 있는 노록 (Nor' Loch)이라는 호수로 던져서 처형하던 곳이라는데 가라앉은 사람은 결백하다고 했고 떠올라 살아남은 이는 건져내어 다시 화형시켰다니 좀 잔인한 것 같았다.

1471년부터 400년간 시장으로 자리 잡았던 '그라스 마켓'에는 광장 왼쪽에 죄인을 처형했던 장소가 있는데 (마지막 교수형은 1864년에 있었다 함) 처형하기 전 사형수들에게 위스키 한 잔씩을 주었다 한다. 스코틀랜드 사람들에게는 위스키가 '생명의 물(Water of Life)' 이라는데 아이러니가 아닌가 싶다.

캔들메이커 로우(Candlemaker Row) 거리의 맨 위쪽에는 작은 강아지 동상이 하나 있다. 이름하여 '그레이프라이어의 보비(Greyfriar's Bobby)'. 보비라는 테리어 종의 개가 경찰이었던 주인의 죽음 이후 14년간을 주인이 묻힌 그레이프라이어 교회 주위를 떠나지 않았다 하여 나중에 빅토리아 여왕의 요구에 의해 교회 뒤 주인의 묘지 가까운 곳에 묻혔다고 한다.

의학연구로 유명한 의과대학 (University Medical School) 출신으로 제일 유명한 사람은 「셜록 홈즈(Sherlock Holmes)」의 저자인 코난 도일(Conan Doyle)경이고 또한 에든버러 예술대학은 배우가 되기 전엔 '관을 광내기(coffin polish)' 했다고 하는 숀 코너리(Sean Connery)의 모교라 한다.

또한 「지킬 박사와 하이드」를 쓴 R.L. 스티븐슨(R.L. Stevenson)은 낮에는 존경받는 시의원, 저녁에는 갱 두목이었던 디컨 브로디라는 사람을 모델로 그 소설을 썼는데 지금은 '디컨 브로디의 술집(Deacon Brodie's Tavern)'이 유명하다고 한다.

에든버러 성에서부터 왕족들이 거처했던 홀리루드 팰리스(Holyrood Palace)까지 1마일 가량 이어지는 길을 로얄 마일(Royal Mile)이라 부르는데 이 길은 캐슬 힐(Castle Hill), 론 마켓(Lawn Market), 하이 스트리트(High St.), 캐논 게이트(Cannon Gate), 홀리루드 팰리스(Holyrood Palace)로 이어진다.

특히 1880년경 론 마켓에서는 인구의 폭발적 증가로 집을 높게 짓고 살다 보니 사람들이 돼지분뇨 등 쓰레기를 아래로 마구 던져 많은 질병을 유발했다는데 이를 경고하는 말이 '가디 루(Gardy Loo)!' 프랑스어의 '가르데 로(gardez l'eau)'에서 나온 말로 '물 조심하라(watch out for the water)'라는 뜻.

먼 발치에서
올려다 본 에든버러 성

또한 다이나믹 어스(Dynamic Earth)라는
미래 공상과학관의 뒤쪽으로 갑자기 나타나는
아름다운 산이 있는 넓은 공원엔 뛰는 사람, 쉬
는 사람, 산을 오르는 사람들이 보인다.

날씨도 쌀쌀하기에 내내 버스에 앉아 이
리저리 둘러보다 백화점 앞에서 내려 햇님의
지팡이를 하나 사고(스위스에서 산 두 개의
스틱을 독일에 놓고 왔기 때문) 기차역 근
처의 프린세스 몰(Princes Mall)의 상가
안을 이리저리 왔다 갔다 했다. 🌙

미래 공상과학관
다이나믹 어스(위)

전통의상에
백파이프 연주중인
거리의 악사(아래)

여행 다니며 머리 자르기

원래 바쁘게 살다보니 머리에 신경 많이 쓰는 편도 아니어서 서울에서도 두 달에 한번
쯤 동네 미장원에서 7,000원에 커트만 하면 그럭저럭 지냈었고 중간에 필요하면 혼자
서 앞머리 정도는 가볍게 훌훌 자르곤 했었다. 그래서 아는 사람들은 모두 '너 같은 사
람만 있으면 미장원 다 굶어 죽겠다!'고 이구동성이었는데….

여행초기 미국에서는 그래도 4월에 펜실베니아 조카 집 근처의 차고에서 하는 무허가
미용실에서 한 번, 6월에는 LA에서 다시 한 번 커트를 했었고 15년 된 110볼트짜리
고물 헤어드라이어도 미국여행 끝날 때쯤 수명을 다 한 것 같아서 용감하게 버리고는
유럽으로 출발했다.

그런데 유럽에서 여행을 시작한 후 지금까지 거의 4개월을 앞머리만 자르며 다녔더니
버티는 데에도 한계가 있음을 느껴갈 무렵, 스코틀랜드의 에든버러에 도착해서 오랜만
에 근사한 호텔에 들었더니 화장실의 욕조가 큼직한 것이 아주 마음에 들었기에 '옳지,
오늘은 머리를 자르는 날이다!' 하고 결심했다.
먼저 화장실로 들어간 햇님에게 욕조에 물방울 튀기지 않게 조심해 달라고 신신당부(나
중에 머리카락을 모아서 버릴 때 욕조에 물기가 있으면 골치 아프니까).

커다란 검은색 쓰레기 비닐봉투의 한쪽 귀퉁이를 머리가 들어갈 수 있게 자른 다음
뒤집어쓰고 최소한의 의상만을 걸친 채 욕조로 들어가 섰다.
마주 보이는 큰 거울을 향해 서서 이번엔 뒷머리까지 용감하게 싹둑, 싹둑, 잘랐다.
'역시 가위는 비싼 게 잘 들어…' 하면서.
목 뒤, 그러니까 뒷머리 끝나는 부분의 마지막 마무리는 신기한 듯 구경하고 있던 햇님
에게 부탁했다.
다 됐다고 회심에 찬 미소를 지으며 내게 거울을 내미는 햇님.
돌아서서 큰 거울에 뒷모습을 비춰보니? 아뿔사! 뱀이 기어가듯 구불구불….
하긴, 잘라달라고 맡긴 내가 잘못이지.
이 노릇을 어쩐다?
내일 동생에게 손 좀 봐 달라고 해야하나…? 

9월 30일
아일랜드 수도 - 더블린

- 국가명 : Ireland(IRL)
- 위 치 : 그레이트브리튼 서쪽 섬
- 면 적 : 7만 273㎢
- 인 구 : 396만명
- 수 도 : 더블린
- 정 체 : 공화제
- 공용어 : 영어, 아일랜드어
- 통 화 : 유로(Euro ; €)
- 환 율 : 0.90유로 = $1
- 1인당 국민총생산 : $2만 2,850

어제 아일랜드로 가기 위해 에든버러에서 런던으로 가는 기차를 타고 가다가 크루(Crewe)에서 갈아타고 서쪽 웨일즈 지방의 홀리헤드(Holyhead)에 도착. 마침 스케나 라인(Skena Line) 페리가 있어 내친김에 아일랜드로 건너가 더블린(Dublin) 근교 던 러게어(Dun Laoghaire)에 숙소를 정했다.

오늘 아침, 남자 같은 걸걸한 목소리에 당당한 체구를 한 B&B의 주인 아줌마가 정성스레 준비해준 아침을 잘 먹고 더블린으로 나섰다. 더블린의 오코넬 스트리트(O' Connell St.)로 가니 2003년 1월에 완성했다는 120m의 높이의 밀레니엄 기념 뾰족탑이 눈에 확 띈다. 바로 그곳에서 시티투어를 시작했다.

서기 841년 바이킹이 그들의 긴 배(Long Boat)로 이곳 리피(Liffey)강에 처음 정박하고 나서 더블린시의 진짜 역사가 시작되었다는데 그것을 기념하는 돌이 있고 희곡 「고도를 기다리며」로 노벨 문학상을 받은 사뮤엘 베케트(Samuel Beckett)가 다녔던 유명한 트리니티 칼리지(Trinity College)는 그 대학 안의 도서관에 있는 '켈스 복음서(The Book of Kells)'로 유명하다고 한다.

지금은 아메리칸 대학(American College)이 되어 있는 메리온 스퀘어(Merrion Square) 1번지. 그곳 앞의 공원 바위에 반쪽씩 다른 독특한 얼굴 표정을 한 오스카 와일드(Oscar Wilde)의 동상이 자기가 살던 집(1번지)을 보

국립성당인 성 패트릭 성당

고 앉아 있다. 메리온 공원 안에
는 아일랜드의 독립 운동가 마이
클 콜린즈(Michael Collins)의 동
상도 있다는데 보진 못했다.

재미있는 것은 온 아일랜드
가 제임스 조이스(James Joyce)
의 *「율리시즈(Ulysses)」를 기리
는 '블룸스데이(Bloomsday)'는
매년 6월 16일인데, 그 날이 바
로 제임스 조이스가 1904년 아
내 노라(Nora)를 오스카 와일드
의 집 앞에서 만나 첫 데이트를

한 날이라는 것(조이스의 소설 「율리시즈」의 주인공 레오폴드
블룸(Leopold Bloom)의 이름을 따 'Bloomsday'로 했다함).

색칠한 문들이 예쁜 동네를 지나 아일랜드의 애국자이자
성인인 세인트 패트릭(St. Patrick)을 기리는 국립성당인 성
패트릭 성당(St. Patrick's Cathedral)으로 갔다.

「걸리버 여행기」의 저자 조나단 스위프트(Jonathan
Swift)가 이 성당의 주임 사제로 있었으며(1713년~1745년) 그
는 또한 세인트 패트릭 정신병원 원장으로도 오랫동안 지냈다
고 한다.

미묘한 얼굴 표정의
오스카 와일드 동상(위)

그의 앞에 있는
여인 조각
(아래)

더블린의, 아니 세계의 명물 '기네스 맥주'와 '기네스 북
(Guinness book of world records)'의 본산인 '기네스 스토어 하우스(Guinness
Store House)'로 갔다. 이곳은 아더 기네스(Arthur Guiness)란 사람이 1759년
에 4에이커의 땅을 사서 맥주 제조공장을 시작하여 지금은 64에이커에 이
르는 거대한 회사로 발전되었다고 하는데 입장료 12유로를 내니 작은 손
잡이가 달린 투명하고 둥근 문진 하나씩을 준다. 이곳은 옛날 맥주공장을

개조하여 7층 짜리 전시관으로 만들어 기네스의 역사, 제조 공정 등을 멀티미디어를 이용해 흥미롭게 보여준다.

맨 위층에 있는 더블린 시내가 한눈에 보이는, 유리창으로 둘러져 있는 큰 방(Gravity Rooftop Bar)으로 올라가서 아까 받은 문진을 보여주니 작고 검은 손잡이를 떼고는 기네스 흑맥주를 1핀트(500cc)씩 무료로 따라준다.

트리니티 대학이 보이고 조이스의 소설 「젊은 예술가의 초상」 중 한 구절(위)

공짜 기네스 맥주 (아래)

많은 사람들이 느긋하게 앉아 저 멀리 건물들이 보이는 위치에 그 건물의 이름과 더불어 유리 위에 쓰여 있는 제임스 조이스의 「젊은 예술가의 초상」, 또는 「율리시즈」에서의 구절, 혹은 Y.B. 예이츠(Y.B. Yeats)의 시구 등을 읽어보며 맥주를 즐긴다. 알고 보니 아일랜드 출신의 노벨 문학상 수상자는 예이츠, 베케트, 버나드 쇼(Bernard Shaw) 이렇게 세 명이나 된다. 밖으로 나오니 너무나 쌀쌀한 바람. 그래도 흑맥주 500cc가 들어가 있으니 속은 훈훈했다.

중학교 3학년 때인가 읽었던 「젊은 예술가의 초상」 때문에 찾아간 제임스 조이스 센터(James Joyce Center). 너무 늦게 갔더니 입장료도 받지 않아 고마운 마음으로 작가의 생애와 발자취를 열심히 보았고 그가 죽은 후 스위스 취리히에 묻혀 있다는 것을 처음 알게 됐다.

더블린 시내를 흐르는, 그리 넓지 않은 리피강에 걸쳐 있는 여러 개의 다리 중에는 몇 개의 특징적인 다리가 있는데 그중 흰색으로 된 현대적 디자인의 제임스 조이스 다리의 바닥은 유리가 깔려 있었고, 그 옛날에는 통행세를 받았다는 하페니 다리(Ha'penny Bridge)는 어떤 사람이 가방은 통행세를 받지 않는다는 이야기를 듣고 큰 가방 안에 사람을 넣어 건넜다는 일화로 유명하다.

예전엔 통행세를 받았다는 하페니 다리 (위)

템플 바 동네의 한 예쁜 바 (아래)

하페니 다리를 건너 물어물어 '템플 바(Temple Bar)'라는 동네로 찾아가 밀집해 있는 레스토랑과 재미있는 가게들을 구경했다. 내가 느끼기엔 스코틀랜드의 에든버러보다 아일랜드의 더블린이 훨씬 생기 있는 도시 같아 보였다.

영국, 신사의 나라? - 글쎄요?

흔히 영국하면 예의 바른 이들의 나라, 신사의 나라라고 한다.
그런 선입관이 여지없이 깨진 며칠 간의 런던에서의 경험이다.
물론 오리지널 영국신사들이 모이는 곳에서는 틀리겠지만….

첫째, 대도시의 운전자들.
자동차의 우측통행에 익숙해 있는 우리는 길을 건너려고 서 있을 때 습관적으로 왼쪽을 본다. 영국은 차의 운전대는 오른쪽이며 따라서 차는 좌측통행이다.
다행히 런던 여러 곳의 보행자 건널목 바닥에는 'LOOK LEFT' 혹은 'LOOK RIGHT' 혹은 'LOOK BOTH WAYS' 라고 크게 써있는 곳이 많이 있다. 얼마나 헷갈리는 사람이 많으면 궁여지책으로 건널목 바닥에 그렇게 써 놓았겠는지….

처음엔 신호등의 버튼을 누르고 'Wait' 사인이 나온 상태에서 초록색 신호등이 켜질 때까지 멍청하고 서 있었는데 오래 걸리니까 영국사람들은 빨간 신호등에도 거침없이 건너가기에 우리도 따라서 빨간 신호등에도 가끔 건너게 되었는데….
문제는 여기에 있다.
아무리 보행자 신호등이 초록색이 아니어도 횡단보도에 사람이 건너기 시작했으면 미국이나 한국에서는 기다려 주더니만 이곳에선 인정사정 볼 것 없다.
시속 50km정도로 우리 앞을 쌩! 하고 지나간다.
'에구머니나! 잘못했어유!'

둘째, 쓰레기 막 버리기.
영국사람들이 지나간 자리에는 거짓말 좀 보태서 쓰레기가 한 차다.
런던에서 만난 제자 정희도 동감한다.
너무나도 우아하게 차려입은 한 할머니가 버스 안에서 사탕을 꺼내 먹고 껍데기를 탁 버리더라나? '앗 저럴 수가!' 하며 왜 그냥 버리는지 궁금해서 물었더니 "우리가 세금 내어 청소부들 월급을 주니 그들의 할 일을 만들어 주어야 한다"고 했다나?

여행 에피소드

셋째, 기차 안과 같은 조용하고 한정된 공간에서 큰소리로 통화하기.
쾌적한 기차에 지정된 자리에 타게 되어 좋구나 하고 있었는데 웬걸, 건너편 창가 쪽
자리에 앉아 노트북을 편 젊은 남자, 내 생각에 보험 외판원인 것 같은데….
타자마자부터 큰소리로 전화를 시작하더니 끊임없이, 끊임없이, 끊임없이….
눈감고 자는 둥 마는 둥 하다가 조용해져서 눈을 뜨고 보니 그가 사라졌다.

다음 순간 그 자리에 앉은 중년의 아줌마.
그런데 그 자리는 전화하는 사람 자리인가?
이번에는 전화가 울리면 받고, 또 걸고 어쨌든 쉬지 않고 통화. 얼마 있다가 또 사람이
바뀌어 젊은 아가씨가 그 자리에 탔다. 샌들 신은 발로 버려진 잡지 등을 지근지근
밟으며 소프라노 목소리로 또 통화, 통화….
이 사람들 예의교육 다시 시켜야겠지유?

대도시에서 투어버스 타면 가끔 운전사
아저씨에게 인사도 하고 어디에 갈 건데
여기서 몇 정거 더 가야 하냐고 묻기라
도 하면 무뚝뚝한 얼굴로 필요한 말만
턱턱 뱉는다. 앞만 바라보면서.
이건 예의하곤 상관없는 사항인가? 하
긴….

줄 서 있는 투어버스들

나중에 아일랜드에 가서 보니 진짜 친절
한 분도 많았다.
길을 물어보면 아주 적극적으로 가는 길을 그려주며 설명해주고 혹은 길거리의 지도가
붙은 게시판을 보고 있노라면 다가와 "도와줄까요?" 하고 물어 보는 이도 있었다.
내가 너무 섣불리 판단한 건가?

10월 1일
아일랜드의 남부도시 – 코크시티

더블린의 휴스턴(Heuston)역에서 10시 40분 출발, 더블린의 서남쪽에 있는 코크시(Cork City)에 오후 1시 30분 도착.

벨파스트(Belfast)에 가보고 싶었지만 북아일랜드는 아직도 위험 지역이라 하여 아일랜드 공화국의 남단 가운데에 있는 코크시만 둘러보기로 했다. 14개의 섬으로 이루어져 있는 코크시는 27개나 되는 다리로 연결되어 한 개의 섬처럼 되어 있는데 현재 28번째 다리를 건설 중에 있으며 그 많은 다리 중 가장 오래된 다리는 800년 전부터 있었다는 노스게이트 브리지(North Gate Bridge)라고 한다.

성 패트릭(St. Patrick's) 다리에서 이어지는 성 패트릭 거리는 가장 바쁜 시내의 중심거리이며, 그리고 그 옆의 그랜드 퍼레이드(Grand Parade) 거리에는 유럽에서 지붕이 있는 시장으로는 가장 오래되었다는 잉글리쉬 마켓(English Market)이 있다.

두 갈래로 흐르며
바다로 나가는 리강
(위)

교수형 하던 자취가
남아있는 감옥
(아래)

엘리자베스 1세 여왕때 만들었다는 요새에서는 나폴레옹을 무찌른 것으로 유명한 웰링턴(Wellington) 장군이 병사시절 훈련을 받았다고 하며, 두 갈래로 흐르며 시내를 관통하는 리(Lee)강은 바다로 들어갈 때 폭이 400m 정도로 좁아져 적의 침공을 막기에 아주 좋은 여건을 갖추었으며 세계에서 호주의 시드니 다음으로 가장 깊은 자연 항구라 한다.

시내가 한눈에 내려다보이
는 성 빈센트 교회 (St.
Vincent's Church). 북아일랜
드에서 온 붉은 석회석과 남쪽
에서 온 흰 석회석으로 지어져
적색과 백색이 어우러진 독특
한 모습을 하고 있다. 교수형을
하던 자취가 정문 벽에 그대로
남아 있는 감옥(Cork City
Gaol)에서 내려와 일요일의 벽
(Sunday's Wall)을 지나면 보
이는 아름다운 빅토리안 다리

네 개의 얼굴을 가진
거짓말쟁이
성 앤 성당

(White Victorian Suspension Bridge)는 흔들거려 '흔들다리(Shaky Bridge)' 라
고 불린다고.

쉔돈(Shandon) 언덕 위에 있어 강 건너편에서도 잘 보이는 성 앤 성당(St.
Anne's Church)은 시계탑의 4면에 있는 시계의 바늘이 바다에서 부는 바람 때문
에 조금씩 움직이는데 그 때문에 시간이 약간씩 틀리게 보여 얻은 시계탑의 별명이
바로 'four faced liar!'. 즉 '네 개의 얼굴을 가진 거짓말쟁이!' 이다. 그 안에는 8
개의 종이 있어 많은 사람들이 그 종을 울려 소원을 빈다고 한다.

성 패트릭 거리를 중심으로는 샛길에도 상점과 음식점들이 가득하고 작은 도시
지만 과거와 현재가 적절히 융화되어 움직이고 있는 곳 같아 보였다.

시내를 구경한 후 안내소에서 예약해준 언덕 위의 B&B. 찾아가기는 힘들었지
만 구석구석까지 주인의 손길이 담뿍 깃들어져 있는 이 집이 아주 맘에 들었다. 벽
지, 커튼, 카펫, 걸려있는 그림까지 실내장식도 주인이 손수 골라서 했다는데 색깔
을 아주 잘 골라 보는 이에게 즐거움을 주었다.

겸손하고 예의도 바른 주인 아줌마, Thank you. 

10월 2일
코크시티 근교 블라니 성의 입맞춤하는 돌

아침에 식사하러 아래층으로 내려가 앉으니 시끌벅적 학생들이 여러 명 내려온다. 이 근처에서 열리는 자동차 경주를 응원하러 왔다나? 이름하여 앨런(Allen)과 그의 서포터즈 일행이다. 그리고 미국에서 오셨다는 한 중년부부. 여기서 차를 렌트했다는데 이틀만에 벌써 사이드미러가 와장창! 부서졌다고. 그 얘기를 듣더니 '그리기에 이쪽에서 운전 안 하기로 한 건 잘 한 거지?' 하는 표정의 햇님.

가을색이 완연한
블라니 성

코크 근교 투어는 어제 예약했는데 버스가 오질 않아 전화를 하고 기다리니 결국 30분 늦게 빨간 칠을 한 미니버스가 나타났다. 이미 버스에 타고있던 7~8명의 미국인 관광객들이 우리 네 사람을 맞이한다.

'로드 러너스'라는 투어회사의 운전사 겸 가이드 닐(Neil)은 늦어서 미안하다고 하곤 우리를 이곳에서 30분 걸리는 블라니 성(Blarney Castle)으로 먼저 데려 갔다.

코크를 소개하는 책자 등에는 모두 이 블라니 성의 '키씽스톤(Kissing Stone)'에 대해 언급하기에 호기심이 일었는데 성에 도착해서는 먼저 성 주위의 넓은 숲에 있는 선사시대 고인돌 같은 유적들과, 엄청나게 크고 늙은 귀신같은 나무인 '유 나무(Yew trees ; 영국과 아일랜드에서 가장 오래 사는 나무들인데 2,700년 된 것도 있다 한다)'를 보여주고 성에 대한 역사 등을 간단히 설명해 주었다.

'키씽스톤'으로 알려진 '블라니 스톤(Blarney Stone)'에 얽힌 여러가지 설 중에 하나. 처음에는 나무로 만든 성이었던 것을 1210년경 돌로 다시 지을 때 탑을 덧붙여 건축하였다고 하는데 나중에 이 탑을 점령하고 있었던 맥카시(McCarthy)란 왕이 물에 빠진 늙은 여인을 구해준 적이 있다고 한다. 집시로 신분이 밝혀진 그 여인이 이 돌을 보답으로 주면서 그 돌에 입을 맞추면 달변가 혹은 웅변가가 될 수 있다는 비밀을 말해 주었다고 하는데….

어쨌든 아직도 그 돌에 키스하면 '달변의 재능(The gift of eloquence)'을 가질 수 있다는 것으로 알려져 있다.

햇님도 불편한 다리를 이끌고 속은 텅 비고 껍데기만 남은 돌로 만든 성 꼭대기로 올라가 '블라니 스톤'에 사람들이 입 맞추는걸 보았다. 세상에! 아슬아슬한 성 꼭대기에서 누워서 고개를 거꾸로 하고 성의 일부분인 돌에 입을 맞추다니! 떨어질까 봐 옆에서 허리를 붙잡아 도와주는 아저씨도 있고 결정적인 순간 사진을 찰깍! 찍어주는 사람도 있다.

내려오면 블라니 스톤에 입맞추었다는 증명을 사진과 함께 12유로에 발급해 준단다. 우리는 모두 입맞춤을 단념! 구경하는 것으로 만족했다. 위험해 보이기도 했거니와, 수많은 사람들이 입술을 대었던 돌이라 조금 찜찜했기 때문이다.

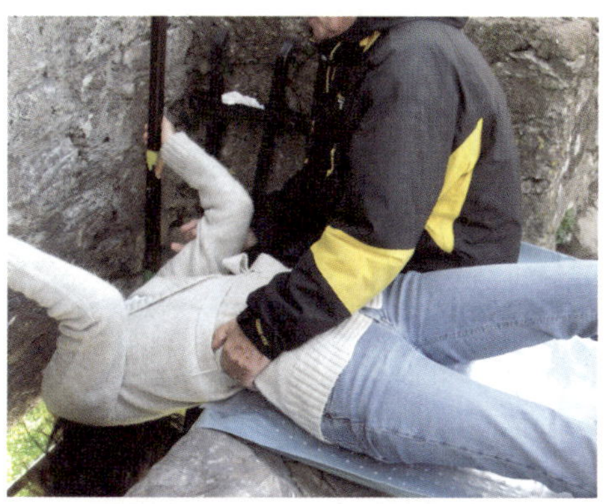

성 꼭대기의 키씽스톤에 입 맞추는 아가씨(위)

블라니 성에서 차례를 기다리는 관광객들(아래)

경쟁하듯 예쁘게 꾸민
킨제일의 상점들
(위 · 가운데)

아름다운 바닷가의
찰스 요새(아래)

블라니 울른 밀스(Blarney Woolen Mills)라는 쇼핑센터에서 점심을 하고 투어버스로 돌아오는 미국에서 온 아저씨들은 부인들이 샀을 쇼핑백을 줄줄이 들고 오면서, 우리에게 "어떻게 아무것도 사지 않았느냐"며 신기해했다. 우리는 그냥 웃음만….

그리고나서 코크시의 서쪽에 있는 항구 킨제일(Kinsale)로 갔다. 킨제일 시내는 가지가지 색깔로 경쟁하듯 예쁘게 칠해 놓은 장난감 같은 상점들로 가득했는데 알고 보니 해마다 가장 아름다운 가게에 35,000유로의 상금을 주고 있다고 한다.

성 멀토즈(St. Multose) 교회 앞의 'Fishy Fishy' 라는 바 겸 레스토랑 앞에 햇볕 쬐며 하염없이 앉아 있다가 바닷가에 있는 별처럼 생긴 찰스 요새(Charles Fort)로 갔다. 지금은 사용하지 않지만 바다 쪽으로 면한, 높은 데서 보면 진짜로 별 같은 모양으로 잘 지어 놓은 요새의 옛 터들과 바람 부는 오후의 바다와 건너편의 산, 집들…. '정말 아름답구나…' 하며 구경했다.

거리의 시인

키씽스톤(Kissing Stone)으로 유명한 아일랜드의 코크시티 근교에 있는 블라니 성을
구경하고 점심 먹으러 쇼핑 센터 쪽으로 가는 길.
밝은 베이지색 옷에 안경을 쓰고 흰 수염이 얼굴 가득한 한 할아버지가
지나가는 나를 불러 세운다.

'아! 산타 복장만 하고 있으면 진짜 어울릴 할아버지네…!' 생각하며
"무슨 일이냐"고 했더니 내게 "시를 좋아하는가?"하고 묻는다.
"조금요"하고 대답하니 가장자리에 장식이 둘러진
A4 용지 만한 약간 누런 종이를 꺼내더니
내 이름을 묻고는 한 열 줄 가량의 시를 그 위에 써 주었다.

'영애,
　당신은 사랑이 가득한 사람
　비 내리는 중에도
　무지개와 태양을 만날 것이며…'

내 얼굴을 쳐다보며 시가 적힌 종이를 돌돌 말더니 리본을 매어 내민다.
순간적으로 상황판단이 되어 얼떨결에 5파운드를 건네고는 식당으로 가서 다시
차근차근 읽어보았는데 10파운드 주지 않고 5파운드만 주길 잘했구나 하고 생각했다.

내 딴에는 영화 「비포 선라이즈(Before Sunrise)」에서 에단 호크와 줄리 델피가
빈의 다뉴브강가에서 만난 거리시인에게서 지어 받았던
그런 멋진 시구를 떠 올렸었는데….
행여나, 꿈도 야무지지….

10월 3일

북 웨일즈의 홀리헤드 도착

B&B 주인 아줌마,
새색시 로즈와 작별

오늘은 다시 더블린으로 돌아가 배를 타고 영국으로 넘어가는 날. 고마운 B&B 주인 아줌마와 마케도니아에서 왔다는 도우미 새색시 로즈와 작별인사를 하고 비가 많이 내려 코크 중앙역까지 택시를 타고 갔다.

이곳으로 올 때 배를 내렸던 더블린의 던 러게어에서 오후 4시 5분에 떠나는 스케나 라인(Skena Line) 페리를 타자마자 버거킹 햄버거로 허기를 끄고 조금 쉬려 하니 배 안의 TV에서는 미국 오리건 주(州)의 '세인트 헬렌 산'이 폭발하는 모습이 생중계되고 있어 지난 6월 그 근처에 갔었던 것이 생각났다.

폭발조짐이 그때부터 있다고 했었는데 드디어…. 그러나 미국 활화산의 폭발과는 상관 없이 비바람으로 거친 바다를 전속력으로 달리는 배. 점차 사람들 표정이 이상해지며 화장실로 직행하는 이들이 늘어난다. 나는 멸치와 고추장으로 간신히 멀미를 넘겼다.

10월 4일
북 웨일즈의 아름다운 휴양지 클란두드노

지난주 수요일 스코틀랜드의 에든버러에서 홀리헤드로 오던 날. 기차에서 만나 자신을 가수라며 소개했던 웬디(Wendy) 아줌마가 자기가 사는 북 웨일즈의 클란두드노(Llandudno)가 그렇게 아름답다고 하기에 오늘 그곳으로 가 보기로 했다(웨일즈에선 L 두 개로 시작하는 앞쪽의 L은 '크'로 발음한다나? 게다가 아일랜드, 스코틀랜드, 웨일즈 말이 다 다르다니 원 참!).

클란두드노 정션(Llandudno Junction) 역에서 다시 기차를 갈아타 도착한 '클란두드노'. 걸어서 바닷가엘 가 보았다. 햇빛에 반짝이는 높은 산을 배경으로 한 예쁜 건물들, 그리고 휘어진 해변에 쭉 늘어선 흰 호텔들…. 너무나 평화롭고 아름다워 보였다. 할 수 있으면 이런 곳에서 한 한 달쯤 지내보면? 하고도 생각했다.

클란두드노
바닷가의 하얀 호텔

10월 4일
세계 유적지 콘위 성

산 꼭대기에 4,000년 된 구리 광산(copper mine)도 있어 볼 만하다는 그레 이트 옴(Great Orme)산으로 기차를 타고 올라갔다. 기차가 움직이기 시 작하니 바람이 세어지기 시작하고 너무너무 추워서 제일 두꺼운 파카를 입고 있었 는데도 춥기만 해서 모자 끈을 꽉 조여서 턱밑에 붙들어매고는 햇님과 꼭 붙어 앉아 여분으로 가져간 옷을 무릎에 같이 덮었다.

바람이 쌩쌩 부는데도 100년 이상 되었다는 트램 기차는 이상하게도 어느 한 곳 유리창이라곤 없다. 눈도 뜨기 힘들고 콧물까지 나려 한다. 산꼭대기로 올라가 그레 이트 옴산의 생태계에 관한 소개 비디오 한 편을 보았다. 밖으로 나가 세찬 바람 속 에 산 아래쪽을 조금 둘러보고 나니 너무 추워서 빨리 이곳을 벗어나고 싶은 생각만 가득해 다음 번 내려가는 기차를 탔다.

아까 처음 올라오기 시작할 때 마주쳤던 내려오는 차에 앉은 사람들 얼굴이 시 퍼러 둥둥하니 이상했는데 우리가 꼭 그 꼴이 되었다. 너무 추워서 정거장 바로 앞

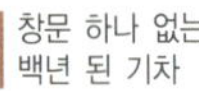

창문 하나 없는
백년 된 기차

에 있는 음식점에 들어가 따뜻한 차와
함께 점심을 하고 나니 몸이 풀리면서
하품과 함께 졸음이 슬슬 오려 한다.

다시 바다경치가 보고 싶어 바닷가
쪽으로 갔다가 클란두드노 정선역 가까
운 곳에 있는 북 웨일즈의 세계유적지
(World Heritage Site)라는 콘위 성
(Conwy Castle)으로 갔다. 역 쪽에서
성이 있는 마을 쪽으로 다리가 연결되어

성과 연결되어 있는
토마스 텔포드 다리(좌)

세계 유적지
콘위 성의 모습(우)

성 위에서 바라다 본
강 풍경(아래)

있어 독특한 모습을 하고 있는 콘위 성은 옛날 성곽이 거의 고스란히 남아있어 성에
올라가 구경하고는 연결되어진 성곽 위를 걸어 콘위강까지 나가 보았다.

이 성은 13세기 에드워드(Edward) 1세에 의해 건설된 후 우여곡절 끝에 허물어
질 뻔했다가 18세기경 성과 마을의 성곽 등이 사람들의 관심을 끌게 되었으며 19세
기에 토마스 텔포드 통행교(Thomas Telford's Road Bridge)가 건설되자 성의 보
존과 수리의 필요성이 거론되었고 1987년에 세계 유적지 명단에 오르게 되었다고
한다.

여러 개 있는 탑 중 하나에 올라가 마을을 내려다보니 마치 훈훈하고 든든한 성
이 큰 팔을 벌려 작은 마을을 보듬고 있는 것 같아 보였다. 성곽에서 내려와 마을의

가장 번화한 거리를 걸었다. 아기자기하고 재미있는 가게들이 어찌나 많은지….

성 앞에 마치 성의 일부분처럼 붙어있는 토마스 텔포드 통행교 다리를 건너 클란두드노 정선역으로 걸어갔다. 다리를 건너며 보니 강가에는 하염없이 강을 바라다보며 앉아있으면 좋을 것 같은, 오후 햇살에 빛나는 예쁜 벤치들이 꽃밭과 어울려 너무나 평화롭게 보인다. 우리는 그런 벤치를 '하염없는 벤치'라 부르기로 했다.

가끔 그런 곳이 있다. 스위스의 제네바 영국 공원 쪽에서 레만 호수의 그 높이 솟는 분수를 바라보며 앉아 있었던 벤치, 오전에 들렀던 클란두드노의 바닷가에 있는 앉아 있기만 해도 행복할 것 같은 벤치….

아참, 세상에서 가장 긴 이름을 가진 역을 오늘 두 번 지나갔다! 클란두드노 갈 때와 돌아올 때. 홀리헤드와 클란두드노 중간에 있는 평범하고 작은 역 'LANFAIRPWLLGWYNGYLLGOGERYCHWYRNDROBWLLLLANTYSILIO GOGOGOCH'.

뜻은 St. Mary's church by the white hazel pool, near the fierce whirlpool, with the church of Tysilio by the Red Cave 라는데, 한번에 읽으려니 숨도 차고, 사실 어떻게 읽어야 할지도 모르겠고…. 그사이 기차는 역을 지나쳐 버렸네.

10월 6일

영국의 고인돌 스톤헨지와 솔즈베리 성당

어제 웨일즈의 홀리헤드를 출발하여 런던에 도착, 지난번 왔을 때와 같은 호텔에 체크인 하고 내일 독일 뒤셀도르프로 떠나는 버스 예약을 확인했다(예약되어 있는 티켓을 확인만 하는데 일인당 3파운드(한화로 약 6천 원)씩이나 받다니!).

점심을 건너뛰었으니 저녁을 4시 반경 호텔 근처 식당에서 닭날개 튀김과 맥주로 배를 채우고 저녁 7시부터 일찍 들어가 자려니 잠은 오지 않고 머릿속에서 꿈인지, 환상인지 '물김치, 냉면, 총각김치, 김치찌개, 물 말은 밥에 오이지…' 등이 왔다 갔다 했다.

드디어
스톤헨지를 보다
(보너스로 무지개까지)

성모님, 시내로
나가시나요?(위)

역사시간에 배웠던
'마그나 카르타'의
복사본이 이곳에(아래)

오늘 아침 동생에게 그 얘길 하니 "언니, 뭐, 사람 고문 할 일 있어요?"하는 게 '가뜩이나 김치 생각나 죽겠는데…' 하는 말투다.

오늘은 기차로 런던 근교의 솔즈베리(Salisbury)라는 곳에 있는 그 유명한 * '스톤헨지(Stonehenge)'에 가 보았다. 솔즈베리 기차역에서 스톤헨지행 버스를 타고 가서 입장료 5파운드 20페니씩 내고 입장.

바람이 심상치 않기에 두꺼운 파카를 꺼내 입었지만 벌판에 덩그마니 서 있는 스톤헨지 주위를 반 바퀴도 돌기 전에 비바람과 함께 엄청난 돌풍이 불어 할 수 없이 단념하고 안내소로 뛰어 들어왔다가 5분 후 거짓말처럼 햇빛이 나기에 비싼 입장료가 억울해 다시 보러 나갔다. 그랬더니 이번엔 보너스로 아름다운 무지개가!! 그것도 약간 희미하지만 쌍무지개!!

스톤헨지 뒤로 빛나는 무지개와 무지개 앞에 선 햇님을 찍었다.

기원전 2000년경부터 세워진 것으로 추정된다는 '매달린 돌(Hanging Stones)'이라는 뜻의 스톤헨지는 사실 벌판에 볼 곳이 그곳 한군데라서 조금 실망했다. 좀더 굉장한 걸 기대했었는데….

기차역이 있는 솔즈베리로 돌아와 솔즈베리 대성당(Salisbury Cathedral)으로 갔다. 13세기에 건설된 이 성당은 중세 영국 고딕스타일을 잘 보여주고 있는데 그중 8각의 뾰족탑(땅에서 123m ; 탑 높이만 55m)은 영국에서 가장 높고 우아한 것으로 유명하며 해마다 수십만 명의 순례자들이 방문한다고 하며 또한 1215년 영국왕 존이 발표한 '대헌장 ; 마그나 카르타(Magna Carta)'의 복사본 4개 중 한 개가 이곳에 보관되어 있었다.

성당 안의 선물가게에서 묵주 몇 개를 사고나서 조각공원처럼 꾸며져 있는 성당 정원을 구경했다. 그중 지금이라도 성당에서 나와 시내로 걸어나갈 것만 같은 「걸어가는 성모(Walking Madonna)」의 조각이 가장 인상적이었다.

솔즈베리 대성당의 모습

영국 솔즈베리 평원에 있는 고대의 거석. 바깥 도랑과 제방 그리고 힐스톤은 B.C. 1848±275년에, 입석류는 B.C. 1700~B.C. 1600년, 중앙의 석조물은 B.C. 1500~B.C. 1400년 건조된 것으로 추정되고 있다. 이 스톤헨지가 고대의 태양신앙과 결부되고, 하지의 태양이 힐스톤 위에서 떠올라 중앙제단을 비추었던 시기가 방사성 탄소연대측정의 결과와 일치하는 점으로 주목받고 있다. 1986년 세계문화유산 목록에 등록되었다.

10월 7일
비틀즈 워킹 투어

열흘 전 런던 투어 할 때 무릎이 너무 아파 쉬었던 햇님. 오늘은 지난번 남은 표에 내가 한 장을 더 사서 같이 돌기로 했다. 그때는 호텔에서 기다릴 햇님 걱정에 선택할 수 있었던 '비틀즈 워킹 투어(Beatles Walking Tour)'를 단념했었는데 그걸 기억해 오늘은 같이 하자고 해주어서 너무 고마웠다.

오후 3시 반 트라팔가(Trafalga) 정류장에 12명 가량이 모였다. 50대 초반으로 보이는 믿음직한 모습의 가이드. 소호(Soho) 쪽으로 우리를 데려가며 리버풀(Liverpool) 출신의 비틀즈가 독일의 함부르크(Hamburg)에서 약간의 명성을 얻고 런던으로 돌아와 폭발적인 인기를 얻게된 경위를 이야기 해 준다.

당시 비틀즈의 네 멤버 중 대장격인 존 레논은 'Boss Beatle', 귀엽게 생긴 폴은 'Cute Beatle', 큰 코에 섹시한 링고 스타는 'Sexy Beatle', 그리고 언제나 얌전한 조지 해리슨은 'Quiet Beatle'이라 불렸다고 기억되는데…. 당시 17세였던 조지 해리슨은 연소자라서 런던에서는 연주를 할 수 없었기에 앉아서 구경만 했다고 한다.

그들이 처음 연주했던 곳, 당시 틴에이저(teenager)들의 집합 장소였다는 'Two Eyes Coffee Bar'와 비틀즈 특유의 헤어스타일과 깃(collar) 없는 정장을 디자인 해준 사람의 사

The Beatles ; 왼쪽부터 존 레논, 링고 스타, 조지 해리슨, 폴 매카트니

무실을 지나, 아직도 사용하고 있다는 소호 스퀘어
(Soho Square)의 폴 매카트니(Paul McCartney)
의 사무실로 가보니 2층의 한쪽 벽에 골든 레코드
를 쭉 전시해 놓은 것이 밖에서도 보였다.

라 카사 델 하바노(La Casa del Habano)라
는 바. 이곳은 폴이 암으로 먼저 세상을 떠난 부
인 린다(Linda)를 처음으로 만난 곳이며 「천국
의 눈물(Tears in Heaven)」로 유명한 가수 에
릭 클랩튼(Eric Clapton)을 처음 만난 장소이
기도 하고….
　라 카사 델 하바노의 바깥 유리창 아래에
는 레드 제플린, 조 카커, 에릭 클랩튼, 딥 퍼
플, 애니멀스 등등…. 유명한 팝 아티스트들
의 이름이 잔뜩 새겨져 있다.

투어가 끝나고 우리와 헤어져 둘이서 미술
관 등을 둘러보고 돌아온 동생네와 지난번 갔었
던 호텔 근처의 식당에서 또 닭날개 튀김과 생맥
주를 하고 뒤셀도르프로 가는 버스 타러 오후 8
시에 빅토리아역으로….

유머러스한
소호동네 안내판(위)

라 카사 델 하바노
(아래)

런던의 가짜 생맥주

우리는 가짜 생맥주 팔지 않음

런던에서는 햇님이 무릎을 상했고, 그 때문에 구경도 제대로 못 한데다가 인심도 별로 좋은 것 같아 보이질 않아서 전체적으로 그다지 유쾌한 기억이 별로 없었지만 한가지 재미있는 일이 있었다면 이름하여 런던의 가짜 생맥주!

동생네가 개발한 한 식당. 우리가 묵은 호텔에서 한 블록 밖에 떨어져 있지 않고 사거리의 모퉁이에 있어 유리창으로 지나가는 사람들도 보이고, 실내 공기도 맑은 데다가 닭날개 튀김도 맛이 괜찮기에 세 번이나 갔었다.

처음에는 햇님이 시티 투어를 포기했던 날 저녁에 영국에 유학 중인 제자 정희와 같이 갔었고, 스코틀랜드와 아일랜드를 거쳐 다시 돌아온 저녁에 두 번째, 그리고 영국을 떠나던 날 저녁에 또 한번 동생네와 갔다.

그때까지 나는 우리가 계속 시켜서 마셨던, 근사한 머그 잔에 거품도 알맞게 있던 맥주가 생맥주인줄만 알았었는데….
내 자리가 나빴었는가? 그걸 보다니….

주인 아저씨가 우리에게서 주문을 받더니 카운터 안의 냉장고에서 병 맥주를 네 개 꺼내 놓는다. 그러더니 다른 냉장고에서 얼려져 있는 머그 잔을 꺼내어 기술적으로 따르는 게 아닌가? 거품까지 아주 알맞게….
아니? 이제까지 생맥주인줄만 알았는데! 속았잖아?
하지만 할 말은 없다.
어디에도 '생맥주(draft beer)' 라는 말은 없었으니….

여행 에피소드

런던 빅토리아 역의 대 혼란

이번 영국여행은 초장부터 카메라를 잃은 데다가 햇님이 무릎을 상해서 성에 차게 구경도 제대로 하지 못했고 음식도 해먹고 다니질 못하니 끼니 때마다 '무얼 사 먹나?' 하고 걱정을 해 댔었는데 오늘 막상 떠나려하니 아쉬움 반, 시원함 반 진짜로 '시원섭섭'이다.

동생네와 닭날개 튀김과 생(?)맥주로 저녁을 하고 9시30분 출발하는 뒤셀도르프행 버스를 타러 빅토리아역으로 갔다.

아무리 버스지만 국제선이므로 비행장에서와 똑같이 짐을 부치고 나서 좌석배정을 받아야 하는데 우리가 서 있는 줄의 담당자는 잠깐 있다가 사라지더니 나타나질 않는다.

버스가 떠날 시간은 점점 다가오고,

줄을 잘못 서 있었던 건 아닌가 하고 불안해져서 우리가 서 있는 줄의 앞 뒤 사람에게 확인도 했다.

처음엔 우리만 안절부절 했었는데 나중엔 다른 사람들도 점점 목소리가 커지기 시작.

9시 20분경에 한사람이 나타나 "뒤셀도르프 방향으로 가는 승객들은 버스로 직접 가서 운전사에게 짐을 맡기고 수속하라"고 한다.

그 순간 '여기가 런던인가? 한국의 시골 장터인가?' 할 정도로 믿기 어려운 사태가 발생했다. 수많은 사람들이 모두 짐을 들고, 끌고 대합실 문을 와장창 열고 버스 있는 곳으로 가서 서로 먼저 타려고 달려드니 아수라장이 따로 없다. 그러나 막상 버스 기사는 아직 연락을 못 받은 듯 자기는 아무것도 모르니 수속하고 오라고 딴청!

많은 사람들이 아우성 치며 화를 내니 그제서야 못 이기듯 짐을 버스에 싣게 한다.

짐표고 검사고 뭐고 없이 그 많은 짐과 사람을 꾸겨 넣어 버렸으니 '세상에 이게 무슨 국제선 버스야? 이게 무슨 신사의 나라 영국 런던이야? 왕복 1인당 108유로씩 낸 돈이 무척 아깝네…'하며

계속 궁시렁궁시렁 아니 쫑얼쫑얼. 

지 중 해

로마와 바티칸과 미켈란젤로와 콜로세움.

아말피 해안의 절경을 거쳐 카프리 섬에서는 「후니쿨리 후니쿨라」를 노래했고

페리를 타고 건너간 그리스는 눈이 머무는 곳 모두가 박물관이었다.

고대 올림픽의 발상지 올림피아를 시작으로 미케네를 거쳐 도착한

아테네의 파르테논 신전은 원래 모습대로 복원 공사 중.

터키에서는 카파도키아 지방의 상상을 뛰어 넘는 희한한 풍경과

파타라 해변의 흰 모래밭에서의 낮잠, 또 환상적인 계단식 연못 파무칼레,

그리고 쓸쓸한 트로이를 뒤로하고 이스탄불의 거리를 헤맸다.

'위스키 달라…' 노래를 흥얼대며.

4차 여행
지중해

파리
리용
발렌스
밀라노
베네치아
제노바
모나코
칸느
산레모
피사
리브르노
마르세이유
로마
나폴리
폼페이
바리
소렌토
아말피
오스투니
브린디시
카프리섬
이구메니짜
메테오라
칼람바카
델피
파트라
올림피아
코린토
트리폴리
미케네
미스트라스
몽넴바시아
베리아
테살로니키
아스트로발타
알렉산드로폴리
에제하트
트로이
케에프스 니온
아테네
에페스
밀레투스
디디마
이스탄불
위스크다르
이즈미트
차나칼레
이즈미르
셀축
파무칼레
데니즐리
달리안
파타라
안탈리아
앙카라
우쉬사르
아크사라이
괴레메
젤베
테린쿠유
메르신
보즈야

10월 11일

먼 나라에서 만나 더 반가운 친구

영국 런던으로부터 밤새 달려 8일 아침에 독일 뒤셀도르프의 베이스캠프에 도착하자마자 노트북 컴퓨터에 새로 산 카메라의 프로그램을 넣고 작동시켜 보았는데 이상하게도 지난 9개월 동안 찍었던 수 천장의 사진이 어디론지 사라지고 없다.

마침 서울 사는 나의 컴퓨터 선생인 친구 호영이 내외가 로마에 와서 기다린다는 소식이 들어왔고, 동서 내외가 집안사정으로 서울로 돌아가겠다고 하기에 이틀후인 10일 날 아침 그 두 사람을 파리의 드골 공항에 데려다주고 그 길로 남쪽으로 열심히 달려 프랑스의 리용(Lyon)을 지나 발렌스(Valence)까지 와서 잤다.

다음날 아침 발렌스에서 떠나 칸느(Cannes), 모나코(Monaco), 산 레모(San Remo), 피사(Pisa), 리보르노(Livorno)를 정신없이 달려 로마에 도착.

어두워진 로마에서는 길 찾기가 어려워 시내 나폴레옹 호텔 앞에 주차하곤 친구에게 연락해서 데리러 와 달라고 했다. 한국식당 주인과 같이 온 호영이는 나를 보자마자 너무 반가워서인지 나를 마구 때린다. 미처 안전벨트를 풀지 못한 나는 차에 앉아 맞기만 하였다.

생각해 보니 독일 뒤셀도르프에서 친구를 만나러 장장 2,000km를 이틀만에 달려온 셈이다. 같이 한국식당으로 간 우리는 친구가 한국에서 가져온 소주를 마시며 먼 나라에서 다시 만난 즐거움을 만끽했다.

- 국가명 : Italy (I)
- 위　치 : 유럽 중남부
- 면　적 : 30만 1,277㎢
- 인　구 : 5,703만명
- 수　도 : 로마
- 정　체 : 공화제
- 공용어 : 이탈리아어
- 통　화 : 유로(Euro ; €)
- 환　율 : 0.90유로 = $1
- 1인당 국민총생산 : $1만 9,390

친구 호영이네 가족과 함께 저녁

10월 12일
이태리 로마 시내구경

아침에 호텔로 오신 친구분께서 잃어버렸다 생각했던 사진들을 컴퓨터 안 구석 창고에 들어 있었다며 찾아내 주시니 너무나 행복한 햇님. 사실 이제와 생각해 보니 사진이 없어졌다는 생각에 며칠 입맛도 없다고 했고 내 자신도 프랑스의 파리에서부터 브르고뉴(Bourgogne) 지방과 보졸레 누보(Beaujolais Nouveaux) 포도주로 유명한 보졸레, 또한 모두들 꼭 들리라고 했었던 프로방스(Province) 지방을 바람처럼 스쳐 지나 로마로! 로마로! 달리면서 풍경사진을 찍을 생각이 하나도 나질 않았다.

점심에 한국식당으로 가서 친구분 부부와 비빔밥을 먹으면서도 햇님은 연신 싱글벙글, 내 보기에도 영락없는 햇님표(?) 얼굴이다.

아직도 신통치 않은 무릎 때문에 지팡이를 짚은 햇님과 로마시내를 돌아보러 스페인 광장(Piazza di Spagna)으로 갔다. 이곳은 영화 *「로마의 휴일」에서 머리를 짧게 자른 오드리 헵번이 아이스크림을 먹으며 걸어내려 가고 그레고리 펙이 우연히 마주친 척하던 스페인 계단(Spanish Steps)으로 유명하다.

계단 위쪽에 있는 오벨리스크 사진을 찍으려 하니 뒤쪽에 있는 건물 트리니타 데이 몬티 성당(Church of the Trinita dei Monti)의 공사를 위해 덮은, 간디의 사진이 들어간 광고판이 압도적이다.

그리고 그 아래 스페인 계단에는 관광객으로 가득해서 맨 아래쪽 길에 있는 조각배 분수(Fountain of the Broken Boat) 근처에선 사람들이 흘러 넘쳐 사진도 못 찍을 정도였다. 모두들 햇빛 속에 널찍널찍한 계단에 앉아 먹기도 하고 애기하기도 하며 즐기고 있다.

「로마의 휴일」
영화 포스터
(위)

판테온의 웅장한
겉 모습(아래)

그 다음은 「Three Coins in the Fountain」이란 노래가 언제나 연상되는 트레비(Trevi) 분수. 다른 분수들처럼 길 가운데가 아니고 내 상상과는 전혀 틀리게 건물의 한쪽 벽에 조각상이 있고 그 앞에 영롱한 샘물이 튀고, 흐르고, 뿜어내지고…. 와! 탄성이 절로 나온다. 아니나 다를까 이곳도 인산인해!

겨우 비집고 들어가 로마로 다시 돌아오기 위해 등 뒤로 동전 3개 던지고는 사진 한 장!

다음은 어마어마한 크기의 기둥들로 이루어진 판테온(Pantheon). 약간은 어두워 보이는 안쪽으로 들어가 벽화들과 장식 등을 보았는데 안쪽이 그렇게 환상적으로 장식되어 있을 줄은 몰랐다.

다른 광장과 마찬가지로 가운데에는 어김없이 분수가 있는 나노바 광장(Piazza Nanova). 장터 비슷하게 상인들의 가판대가 줄지어 있었고 다른 한쪽에 길거리 예술가 한 명이 검은 안경에 웃는 얼굴, 바람에 날리는 머리와 초록색 옷자락, 검은 007가방을 든 채로 바삐 걷는 모습이 정지된 채 거의 15분간(?)을 그대로 서 있는다.

이대로 그렇게
오래 서 있다니!

그 다음은 베네치아 광장(Piazza Venezia). 비토리오 엠마누엘(Vittorio Emanuele) 2세의 기마상이 가운데로 솟아있는 크고도 멋진 건물과 조각상들을 한참 구경했다.

기둥 위에 세워진 천사들과 거대한 전차를 몰고 있는 날개 달린 승리의 여신상은 양쪽 지붕 위에 청동으로 세워져 있는데 대리석 건물과 대비되어 더욱 눈에 잘 뜨일 수 있게 되어 있고 그 아래 1921년 만든 무명용사비를 근엄한 표정의 병사들이 지키고 서 있었다.

부서진 유적 모습
그대로 정다운
콜로세움

지난 몇 달 동안 북쪽서부터 유럽을 돌면서 때로는 자연경치에 넋을 잃기도 했지만 때로는 사람이 만든 물건에 감탄하면서 여기까지 내려 왔는데 '야! 모든 것이 이 동네로부터 비롯되었구나, 이게 오리지널이구나!' 하는 생각이 점점 든다. '그러니 북쪽부터 보면서 오길 잘했지' 하며….

트레비 분수
동전 3개 던져서
다시 로마로
올 수 있다면…

　　어젯밤 햇님 친구분을 만나려고 헤매면서 스쳐 지나갔던 콜로세움(Colosseum)을 보니 반갑다.

　　영화와 사진에서 너무나 많이 보아왔던 콜로세움. 우리는 항상 부서져서 남아 있는 유적으로서만 머리에 입력되어 있어 그 상태대로가 익숙하고 정다운 것 같다. 들어가는 입구를 100m나 지나쳐 다시 돌아가서 입장하려 하다가 바깥에서 조금씩 안을 엿보는 것으로 통과!

　　어차피 로마는 하루 구경거리가 절대 아니니까… 하면서 친구분과 약속한 식당으로 향했다.

* 영화 「로마의 휴일(Roman Holiday, 1953)」

I.M.헌터 원작에 윌리암 와일러 제작ㆍ감독, 오드리 헵번, 그레고리 펙이 출연하였다. 경쾌하고 유머가 있는 로맨틱 명작으로 오드리 헵번에게 그 해 아카데미 여우주연상을 안겨 주며 오드리 신드롬을 낳게 한 명작이다. 로마의 '관광안내 영화'라는 평을 듣기도 한 이 영화는 유명한 '트레비 분수', '스페인 계단', '진실의 입' 등을 보여준다.

아말도 포모도로의
둥근 조각이 있는
바티칸 박물관의 안뜰

달님의 박물관 관람기

바티칸 박물관

> 바티칸의 교황궁 내에 있는 미술관이다.
> 역대 로마 교황청이 수집한 방대한 미술품 · 고문서 · 자료를 수장하고,
> 또 미켈란젤로, 라파엘 등의 대화가의 작품으로 된
> 내부의 벽화와 장식으로 유명하다.
> 미켈란젤로의 「최후의 심판」으로 유명한 시스틴 소성당과 파오리나 성당,
> 니코로 5세 성당 등도 미술관의 일부로 여기고 있다.

*10*월 *13*일

바티칸 박물관과 성 베드로 성당

세상에서 가장 작은 국가이며 전 세계 카톨릭 교회의 대표인 교황이 수장인 특별한 곳. 카톨릭 신자라면 누구나 한번은 와 보고 싶어할 바티칸.

아침 10시 지하철을 타고 바티칸 박물관(The Vatican Museums)으로 향했다.

길 표지판을 보고 입구로 향했으나 표를 사려고 줄 선 사람이 골목길을 돌아 돌아 200m도 넘는다. 비도 오락가락해서 우산을 펴 들고 30분 가량 기다리다 입장.

가이드를 따라온 그룹여행객들이 무더기, 무더기. 각국 나라말이 이쪽 저쪽에서 들린다. 빔 벤더스의 영화 「베를린 천사의 시」에 나오는 천사처럼 이쪽 가서 귀 기울이면 영어, 저쪽 가서 귀 기울이면 프랑스어, 또는 독일어, 가끔은 일본어, 중국어….

바티칸 박물관의 입장권(위)

팔각형의 안뜰에 있는 「라오콘」(아래)

처음 들어간 곳이 이집트의 유물 전시관. 본토인 이집트에서 본 것들 보다 더욱 보존상태가 좋다. 이집트는 마치 이쪽저쪽에 조상들의 유물들을 다 뺏기고 껍데기만 가지고 있는 형상인 것 같다. 반면 많은 유물들을 빼앗아 온 아우구스투스 황제를 이들은 공로자라고 엄청나게 대접하고 있다. 그러니 나라는 힘이 있어야해!

사람들의 물결에 휩쓸리다시피 하면서 이쪽 저쪽 눈 굴리느라 바빴다. 세상에서 이렇게 많은 예술품을 한곳에 모아 놓은 곳이 또 있을까? 하며 벽을 보다가, 고개를 꺾어 천장을 보다가, 세워져 있는 조각상들을 침을 꼴깍 삼키며 보다가 '라파엘(Raphael)의 방'과 '시스틴 소성당(Sistine Chapel)'으로 갔다. 사진으로 늘 보아왔던 오랜 세월 때에 찌들어 어둠침침한 그림들이 모두 복원 작업을 마쳐 생각했던 것보다 밝은 느낌이었다.

마지막은 미켈란젤로(Michelangelo)의 *「최후의 심판(The Last Judgement)」이 있는 시스틴 소성당. '사진촬영금지'라고 붙어 있지만 많은 사람들이 찰칵찰칵, 미안했지만 나도 몇

시스틴
소성당에 있는
미켈란젤로의
「최후의 심판」

장 찍었다. 물론 플래시는 없이….
「최후의 심판」 그림이 잘 보이는
의자에 앉아 쉬기도 할 겸 멍청하
니 한참 있었는데 그림구경 반,
사람구경 반이었던 것 같다.

카페테리아에서 피자로 점심
을 하고 다시 한 정거장쯤 걸어
가 진짜 바티칸 시국의 본거
지, 성 베드로 성당(St. Peter'
s Basilica)으로 갔다.

비가 추적추적 내리는 엄
청나게 넓은 성 베드로(St.
Peter ; St.Pietro ; 삐에뜨
로) 광장.

그 광장의 거의 끝까지
입장하려는 사람들의 줄이 늘어서 있다. 성 베드로
광장의 가장자리, 성인들의 조각이 꼭대기에 서 있는 수많은 원주들이 광장을 타
원형으로 감싸듯이 둘러 세워져 있는 것은 이 베드로 성당이 온 세상에 있는 모든 신자들을
팔을 벌려 신앙 속에 감싸안는 형태를 가진 입구가 필요했기 때문이라고 한다. 마침 우리 뒤
쪽에 한국에서 단체로 온 신혼여행 중인 젊은이들이 있어 줄이 줄어들길 기다리며 이야기를
나누었다.

박물관과 달리 입장료는 없었고 성당 안으로 들어가니 유난히 사람이 많이 모여 있는 곳이
몇 곳 있었다. 먼저 1499년 미켈란젤로가 겨우 24세 때 만든 「피에따(Pieta ; 비탄)」. 슬픔에
잠긴 성모마리아가 운명한 그리스도를 안고 있는 모습의 조각으로 테러의 위협을 느껴서인
지 두꺼운 크리스틸 유리로 보호되고 있어 자세히 보기가 힘들었다. 겨우 성모마리아의 견대
에 새겨져 있는 글씨가 미켈란젤로의 서명이겠거니 하면서 보았을 뿐….

둘째로는 순례자들의 신앙심의 표현인 '만짐'과 '입
맞춤'으로 발의 형태가 거의 마모된 이 성당의 성인인
'베드로'의 조각상. 그리고 중앙에 위치한 교황의 제대
위, 청년기의 베르니니(Bernini)가 만들었다는 그 유명
한 「청동 천개(발다키노 ; Baldacchino)」는 미켈란젤로
가 디자인했다는 아름답고 높은 돔(Dome) 아래에 검은
색으로 상승하는 형태로 만들어져 있다.

지하에 '베드로 성인의 무덤'이 있다고 했으나 가 볼
수는 없었다. 성당 안에는 이곳저곳에 고백성사를 하는
작은 방들이 있어 바깥에 Italiano, Portugese 등등으로
고백성사를 받는 신부님이 알아들을 수 있는 각 나라의
언어를 표시해 놓은 것이 특이했다. 물론 Italiano가 가
장 많았다.

미켈란젤로가
디자인한
제복을 입은
스위스 용병(위)

성 베드로
광장의 분수(아래)

저녁, 다시 지하철을 타고 돌아오는 길. 서울을 떠난
이후 이렇게 사람들에 찡겨서 숨쉬기 힘든 공간에 있어
보긴 처음이었다. 그 와중에 지팡이를 짚고 있는 햇님에게 자리를 양보해준 필리핀에서 온
아가씨, 일하러 로마로 온지가 일 년 반이 됐다며 우리에게 지갑 조심하라고 일러주고 내린
다. 세상에는 참 아름답고 고마운 사람이 많다.

*「최후의 심판(Last Judgement)」

미켈란젤로는 1533년 중순 당시의 교황 클레멘스 7세로부터 시스틴 소성당의 제단 위 벽에 「최후의
심판도」를 그리라는 명을 받았다. 클레멘스 7세가 이 그림을 주문한 것은 스페인 군에 의한 로마의 점
령과 약탈 등 재난의 연속에 대한 분노의 감정을 달래기 위한 것이었는데, 다음 해 교황의 사망으로
이 작업은 일단 중지되었으나 그의 뒤를 이어 교황이 된 바오로 3세가 다시 이 작업을 의뢰함으로써
1541년 가을, 면적 200㎡ 벽면에 인간이 취할 수 있는 모든 모습을 한 총 391명의 인물상이 드러났다.

10월 14일

세계적으로 아름다운 해안도로 – 이태리 아말피

나폴리에 잠시 들린 후 유네스코 지정 '세계 최고의 해안(Coast of the World)' 이라는 이름이 붙은 아말피(Amalfi) 해안도로. 깎아지른 듯한 절벽에 세워진 집들과 해안을 따라 만들어놓은 길들. 좁아서 차들이 겨우겨우 비켜가지만 주변 경치는 정말 기가 막히다.

아말피에 도착해 보트, 요트 등이 즐비한 석양의 바다를 바라보다가 시내로 들어가 독특하게 장식되어진 두오모(Duomo) 성당 한 곳을 둘러보고 마을 안쪽으로 길게 나 있는 길을 따라 있는 상점 한 곳에서 스위스의 베른, 달님 친구 집에서 맛본 리몬첼로(Limoncello ; 식후 디저트로 마시는 레몬향기 나는 술)를 발견하곤 반가워서 두 병을 샀다.

다시 소렌토(Sorrento) 쪽으로 조금 올라가면서 잘 곳을 찾던 중 바닷가 절벽 위 비교적 주차장이 널찍해 보이는 호텔이 있어 값은 좀 비쌌지만 무조건 들었다.

방에서 탁 트인 바다가 바로 보이고 왼쪽 옆으론 멀리 아말피 마을 불빛이 화려하다. 점점 어두워지면서 수평선 저 너머의 불빛이 바다를 둘러싼다. 아스라이 반짝이는 불빛을 보면서 방 앞 베란다 탁자에 마주 앉아 포도주 한 잔씩을 마셨다.

이런 기분과 맛을 어디에 비길까? 

절벽 위의 아름다운
아말피 마을(위)

아슬아슬 달려간
해안도로(아래)

폼페이에 있는
아폴로 신전의 유적

햇님의 박물관 관람기

폼 페 이!

> **"**
>
> 1748년부터 본격 발굴에 착수하여 현재는 옛 시가의
> 거의 절반 정도가 발굴되었다. 벽화를 포함한 초기의 발굴품은
> 대부분 나폴리의 박물관에 소장되어 있으나,
> 가급적 현지에서 복원한다는 방침이다. 폼페이는 전성기에
> 갑자기 멸망하였으므로, 당시의 일상생활을 자세히 알 수 있는
> 흥미로운 자료들이 많이 발굴되었다.
>
> **"**

10월 15일

폼페이!

'신비의 빌라'에 남아있는 벽화 (위)

원형경기장 (아래)

오늘은 소렌토에서 출발하는 배를 타고 카프리 섬을 가 보기로 했다. 빠른 배표를 1인당 19유로씩에 사고 차를 부두 옆 주차장에 세웠다. 그런데 배를 타기 위해 줄을 서서 기다리는 동안 비가 억수로 퍼부어 내일 다시 오기로 하고 폼페이로 향했다. 오후 2시경 폼페이에 도착하니 거짓말처럼 비는 그치고 맑고 푸른 하늘이 구름 사이로 보인다.

폼페이(Pompei)!

그 옛날 화산이 폭발하여 이 도시를 완전히 덮었던 곳을 발굴하여 이젠 유적지로 보여준다. 초등학교 시절인가 「폼페이 최후의 날」이란 영화도 있었던 걸로 기억나는데 막상 와 보니 화산이 덮쳤던 부분이 매우 넓다. 도시 위쪽을 보니 저 멀리 베수비오(Vesuvio) 화산이 보인다. 한쪽이 찌부러진 그 산의 모습에서 그 당시 얼마나 많은 용암과 화산재를 이곳에 쏟아 부었는지 짐작이 간다.

로마제국 시절 가장 경제적으로 활발하고 화려했던 도시 중 하나였던 폼페이가 최후의 순간을 맞이한 것은 서기 79년. 베수비오 화산의 폭발로 폼페이는 물론 인근의 에르콜라노 등의 도시도 일순간에 묻혀 버렸으나 비교적 다른 도시에 비하여 화산재를 걷어내기 쉬웠던 폼페이는 원래 모습에 가깝게 발굴되었다고 한다. 그래서 당시의 도시뿐만 아니라 한 순간에 화석처럼 굳어져 버렸던 그 시절의 생활상을 볼 수 있게 되었다.

　당시의 일상생활을 엿보게 하는 많은 벽면의 그림, 낙서와 공동 목욕탕, 부엌, 방앗간, 빵 굽는 곳, 창녀들이 있던 곳, 옷 만들던 곳, 대장간, 식료품, 과일, 채소상점의 흔적 등이 남아있다. 그 외에 작고 좁은 일반 서민들의 집, 정원 등을 갖춘 저택, 운동장과 큰 교실 등이 남아 있는 학교, 넓적한 큰돌을 깔아 마차가 다니게 한 도로와 그 옆에 사람 다니도록 만든 인도, 비가 오면 신발 젖지 않고 건너게 한 디딤돌들도 있고…. 발굴시 찾아낸 각종 항아리와 세간들, 재 속에 파묻혀 석고처럼 된 사람과 동물의 모습들….

　오랜 세월이 지난 지금도 생생한 당시의 모습이 남아있어 마치 엊그제 화산 피해를 입었던 곳을 와서 보는 듯한 기분이다. 아직도 천연덕스럽게 버티고 있는 베수비오 화산을 흘낏 흘낏 뒤돌아보며 발길을 돌렸다.

사실 이렇게
야한 벽화는
'부적' 용이었다고…

10월 16일

너무나 아름다운 섬 – 카프리

새벽에 천둥번개가 엄청나게 쳐서 비몽사몽간에도 '어이구, 오늘도 카프리 섬 가보는 건 단념해야겠구나' 했었는데 아침에는 그럭저럭 해가 나려 한다.

어제 폼페이에서 소렌토로 와서 밤을 지내고 아침에 호텔의 주차장에서 나와 카프리행 배를 타러 항구로 출발했다. 어떤 픽업트럭이 들어가는 걸 보고 '혹시, 지름길인가?' 하고 쫓아 들어간 길이 완전 골 때리는 함정 같은 좁디좁은 골목일 줄이야!

움베르또 광장에서 내려다 본 카프리 섬

　　자동차의 사이드미러를 접고도 양옆으로 겨우 5~10cm 여유 밖에 없어서 1m 전진하는 데 1분도 더 걸리는 것 같고 영원히 빠져나갈 수 없을 것 같은 생각이 드는, '앞으로도 뒤로도 갈 수 없는 – 진퇴양난' 이란 말 바로 그 자체다.

　　실제로는 50여m 남짓한 골목을 진땀을 쭉 빼면서 겨우 나왔다. 그래도 역시 햇님 운전기술은 알아줘야….

　　오늘은 쾌속선이 아니라 1인당 14유로에 40분 걸린다는 카프리행 배 파라글리오니(Faraglioni)호. 아직도 비가 간간이 뿌리는 3번 부두로 가서 10여 분 기다렸다가 탄 배는 파도가 심한데도 마구 달려가니 멀미기운을 조금 느끼고 있는데 조금 전까지 배 안의 매점에서 커피 등을 팔던 아저씨가 어느 틈에 흰색의 비닐봉지 뭉치를 들고 사람들 사이로 한 바퀴 돌다가 아예 우리 자리 가까운 배 한가운데에 와서 앉으니 잠시 후 우리 옆자리에 있던 영국 아줌마들이 그 비닐 봉지가 무엇에 쓰이는 물건인지 알아차리고는 웃는다.

후니콜라레 타는 곳(위)

마리나 피콜라로 내려가는 꼬불꼬불 산길(아래)

　　너무나 아름다운 섬 '카프리'.

　　왜 사람들이 이곳을 그렇게 좋아하는지 와서 보니 정말 이해가 간다. 항구에 내려 먼저 산 위로 올려다주는 케이블 열차를 탔다. 열차에서 내리니 움베르토 우노 광장(Piazza Umberto 1)이다. 바다와 마을, 숲을 내려다보고 화장실에 들렸다 나오는데 바깥쪽에서 「후니쿨리 후니쿨라(Funiculi Funicula)」 노래를 합창하는 소리가 들린다. 나와보니 햇님이 그곳에서 장사하는 분들과 같이 노래를 하고 있는 게 아닌가? 고등학교 때 배운 이태리 노래 「후니쿨리 후니쿨라」가 바로 이 케이블 열차 후니콜라레(funicolare)를 노래한 것이니까!

아우구스투스의 정원(Gardens of Augustus). 옛날에는 그리스 땅이었던 이곳 카프리 섬을 로마제국시대의 황제 아우구스투스가 동쪽에서의 전쟁 후 돌아가는 길에 들렸었는데 이곳의 아름다움에 완전히 반해서 당시 이곳이 속해 있던 나폴리시에 더 크고 경제적으로도 더 넉넉한 이쉬야(Ischia)라는 도시를 주고 카프리를 빼앗다시피 했다 한다.

그 황제의 이름을 기린 정원이었는데 사실 정원은 특별히 잘 꾸며 놓은 것은 없어 보였고 대신 그곳에서 내려다보이는 숨막히는 절경들이 이 정원을 유명하게 하는 것 같았다.

동쪽으로는 바다에 우뚝 선 바위들과 섬들이 이루는 기막힌 경치, 이름하여 파라글리오니(Faraglioni ; 우리가 타고 온 배 이름과 같다). 서쪽으로는 발 아래로 보이는 마리나 피콜라(Marina Piccola)로 내려가는 꼬불꼬불 산길과 더불어 보이는 맑고 푸른 물.

내츄럴 아치로 가는
좁은 언덕 길(위)

도자기로 구운
예쁜 문패들(아래)

　다시 움베르토 광장으로 올라가 봉골레 스파게티로 점심을 했다. 이 광장은 카프리 섬의 중심으로 멋있는 물건들이 환상적으로 진열되어 있는 세계최고 브랜드의 상점들과 각양각색의 음식점들이 몰려 있다.

내츄럴 아치 사이로
보이는 바다

　내츄럴 아치(Natural Arch)가 있는 곳으로 가는 좁은 언덕길로 들어섰다. 길이 너무나 좁으니 자동차가 다닐 수가 없어서 동네주민들이 슈퍼에서 산 물건들을 몇 봉지씩 들고 걸어 올라간다. 가끔 조그만 카트 같은 걸 끌고 가는 할머니도 있고 경운기보다 작은 차로 물건들을 배달해주는 아저씨도 있어 이곳에서만 볼 수 있는 독특한 풍경인 것 같았다. 올라가는 길 내내 집집마다 주소 표지판이 예쁜 타일로 되어 있어 다정하게 느껴졌다.

　해가 쨍쨍 비쳐 땀을 흘리면서 도착한 내츄럴 아치. 멋있어 보이긴 했지만 미국에서 갖가지 아치가 있는 아치스 국립공원(Arches National Park)을 이미 본 터라 바닷가에 아치가 단 한 개만 있는 것이 그리 신기하지는 않았다. 아치 옆에는 바닷가 쪽으로 내려가는 좁은 층계가 있어 그쪽으로 가면 아치가 더 잘 보일 수도 있었겠지만 다시 올라올 생각을 하니 엄두가 나지 않아 단념.

　이 섬에는 아나카프리(Anacapri)라는 곳도 있고 배를 타고 돌면 몇 개의 동굴도 볼 수 있으며 몬테솔라로 산(Monte Solaro) 정상으로 올라가는 리프트(lift)도 있었지만 이곳도 사실 하루에 다 볼 수는 없는 곳이다. 그냥 다 잊고 푹 쉴 수 있을 정도로 한적한 곳은 아니지만 카프리 섬! 정말 반할 정도로 아름다운 곳이었다.

10월 18일

고대 올림픽의 발상지 올림피아

- 국가명 : Greece(GR)
- 위 치 : 유럽 남동부
- 면 적 : 13만 1,957㎢
- 인 구 : 1,100만
- 수 도 : 아테네
- 정 체 : 공화제
- 공용어 : 그리스어
- 통 화 : 유로(Euro ; €)
- 환 율 : 0.90유로 = $1
- 1인당 국민총생산 : $1만 1,430

그리스로 들어서니
지천으로 깔린
올리브 나무

어제 오후, 이태리의 동쪽, 지도에서 보면 장화 뒤축 모양 부근에 있는 항구 브린디시(Brindisi)에 도착하여 그리스(Greece)로 가는 페리 배표를 샀다. 자동차 한 대와 캐빈 하나에 272유로.

오후 7시에 출항한지 15시간만에 그리스의 펠로폰네소스(Peloponnese) 섬의 파트라(Patras) 항에 내린 우리는 아테네 쪽으로 가지 않고 항구의 서남쪽에 있는 올림피아(Olympia) 쪽으로 방향을 잡아 달렸다. 우측으로는 바다를 끼고 좌측으로는 올리브 나무가 가득한 산들….

올림피아는 신전과 성직자 처소 및 공공건물이 있던 신성한 곳일 뿐 아니라 4년에 한 번씩 열렸던 고대 올림픽의 개최지였다. 현대 올림픽의 원조라 할 수 있는 타원형의 커다란 운동장은 다른 원형극장들처럼 관람석은 없지만 4만 5,000명이 앉을 수 있었다는 운동장 주위를 에워싼 둑이 있다. 오늘도 관광 온 젊은이들이 둑 위의 잔디밭에서 오후를 즐기고 있었다.

한편엔 그 옛날 엄청난 규모였다는 제우스 신전을 상상케 하는, 여기저기 널려있는 굉장히 큰 기초석들과 쓰러지지 않고 남아있는 몇 개의 기둥들을 비롯한 무너진 옛 터와 박물관을 둘러보았다.

처음의 올림픽은 기원전 776년에 열렸는데, 올림픽 기간동안 이곳 도시국가들은 3개월 간 싸움을 멈추고 운동경기를 하자는 신성한 휴전 협정을 지켰다 하며 이

경기로 도시국가간의 문화 교류 등도 이루어졌다고 한다. 경기는 말달리기, 던지기, 레슬링, 복싱 등으로 약 5일간 진행되었다고 하며 여자는 참가는커녕 참관조차도 못 했었다고 한다.

우승자에게는 제우스 신전 가까이에 있는 올리브 나무에서 가지를 잘라 관(crown)을 만들어 씌워주었다고 하는데 이 '올리브 관'을 쓴 우승자는 돈이나 사회적 지위보다도 그의 가족에게는 물론 그가 속한 도시국가에 크나큰 명예를 안겨주었다고 한다.

하여튼 그 옛날에 이런 경기를 생각해 내고 이렇게 시설을 만들어 이런 모임을 했었다는 것은 참으로 놀라운 일이 아닐 수 없다. 차기 올림픽 개최지로 선정된 중국인들의 관심이 이곳 올림픽의 발상지로 몰려 있는 듯, 많은 중국인 단체 관광객들이 눈에 뜨인다.

올림피아에서 구경을 마치고 트리폴리(Tripoli)로 향했다. 오던길로 다시 가기 싫어서 지도를 보고 곧장 가는 산길로 들어섰다. 그런데 그 길이 보통 산길이 아니고 어마어마한 큰 재를 넘어가는데 지금까지 다녀본 산길 중에 아마도 제일 험하고, 길고, 가파른 것 같다. 달님은 멀미로 벌써 옆자리에서 파김치가 되어 있다. 3시간을 지나서야 겨우 내리막 평지에 다다랐다.

아찔아찔하고 멋있는 절경을 지나 왔는데 달님은 사진 찍을 생각조차 못하였으니 너무 아까웠다. 나도 온 몸이 땀으로 흥건하다.

제우스 신전의 옛 터(위)

올림피아 박물관의
아기 디오니소스를
안고 있는
헤르메스상(아래)

10월 19일

미스트라스와 모넴바시아

트리폴리에서 남쪽으로 70km, 스파르타(Sparta)의 근교 미스트라스(Mystras)로 가다가 과수원이 있기에 길거리에서 사과와 토마토를 샀는데 이제까지 유럽에 와서 먹어본 중 제일 맛있는 것 같았다. 다 먹고 나서 '조금 더 많이 살걸, 값도 너무나 쌌었는데…' 하고 후회했다.

13~15세기에는 비잔틴제국의 실제적인 수도였었다는 미스트라스. 도착해 보니 테이게토스(Taygetos) 산꼭대기에는 성터가 남아있고 궁전과 수도원, 교회 등이 한꺼번에 몰려있다.

미스트라스의
성 소피아 성당(좌)

예피라에서 본
산 같은 섬
모넴바시아(우)

　　1249년에 프랑크족이 세웠다는 지금 보아도 과거의 위용을 짐작케 하는 막강한 요새, 보수공사가 한창인 궁전, 그리고 여러 개의 수도원과 교회, 그중 성 소피아(St. Sophia) 성당(이스탄불의 성 소피아 대성당과는 다름)은 프레스코 벽화 등의 보존상태도 좋고 인상적이었다.

　　이것저것 구경하고 성벽 맨 위로 올라가 한숨 돌리는데 그리스 제2의 도시 테살로니키(Thessaloniki)에 사는, 나의 뉴욕에서의 대학원시절 기숙사 룸메이트였던 에바(Eva)의 전화를 받았다. 주말쯤 아테네에 도착해서 다시 연락하기로 했다. 성에서 내려와 오징어튀김 칼라마리(Kalamari)를 시켜 맛있게 먹고 다시 남쪽으로 1시간 반 가량 걸려 모넴바시아(Monemvasia)로 갔다.

　　모넴바시아는 원래 반도였었는데 A.D. 375년에 발생한 지진으로 본토에서 분리되어 현재는 섬으로 남아있지만 예피라(Gefyra)라는 마을에서 둑길을 통해 들어갔다.
　　반대편 마을에서 볼 때는 바다에 갑자기 솟은 산 같은 섬이 인상적이었지만 그 산 같은 암벽을 오른쪽으로 돌아나가니 숨겨져 있던 중세의 도시가 갑자기 눈 앞에 펼쳐지는 듯한 느낌이 드는 좁디좁은 골목에는 가게와 호텔, 음식점으로 사람들이 가득하다. 산꼭대기의 성으로 오르는 길은 완전 지그재그. 겨우 올라가 발 아래로 보이는 아름다운 바다와 중세마을의 모습을 즐겼다.
　　길은 좁고 바위들은 미끄럽고…. 아슬아슬 내려오다가 카메라를 든 채로 미끄러져 카메라의 모서리가 탕! 부딪쳐서 상처가 났다. 내 엉덩이 보다 새로 산 카메라가 더 걱정되었는데 다행히 양쪽 다 괜찮은 것 같다.

10월 20일

미케네 유적지

그리스는 어느 곳을 보아도 유적이 너무나 많이 남아 있는 것 같아 이렇게 수박 겉핥기 식으로 보아도 되는 건지 유적들에게 조금 죄스러운 마음이 들기까지 한다.

아침 트리폴리에서 출발하여 동북쪽에 있는 미케네(Mycenae)로 향했다. 오늘 가 보기로 한, 천연적으로 요새의 조건을 갖추고 있는 미케네는 기원전 1600년~1200년까지 약 4세기 동안 전 그리스에서 가장 강력한 왕국이었다 하며 이미 기원전 4000년경, 그러니까 지금으로부터 6000년 전부터 사람들이 살았던 유적을 볼 수 있다.

안쪽에서 본 사자의 문

1874년 독일인 하인리히 슐리만(Heinrich Schliemann)에 의해 시작된 발굴 작업은 아직도 계속 이어지고 있으며 그에 의해 발견된 '아가멤논(Agamemnon)왕의 황금마스크(Gold Mask)'가 유명한데 아가멤논 가계의 이야기는 호머(Homer)의 고대 희랍 비극시 「일리아드(Iliad)」와 후기 르네상스 유럽문학의 훌륭한 소재거리이기도 하다.

먼저 박물관부터 들어가 한 바퀴 돌았는데 나중에는 '아가멤논 왕의 황금마스크' 밖에 생각나질 않는다. 사실 이곳에는 복제품이 전시되어 있고 진품은 아테네의 고고학 박물관에 있다고 한다. 밖으로 나가 미케네시의 성문으로 유명하다는 '사자의 문(Lion's Gate)'을 보려 했으나 마침 보수 공사 중이어서 문 안쪽으로 들어가서 사진만 한 장 찍었다.

둥글게 둥글게 여러 겹의 돌담이 세워져 있는 '왕실의 묘 터(Royal Tombs)', 그 안에서 발굴된 것도 모두 아테네의 고고학 박물관에 있고 이곳은 터만 남아있다. 몇 개의 성벽과 둥근 묘 터를 왔다 갔다 했는데 햇빛이 쨍쨍 쬐어 모자를 쓰고도 땀이 뻘뻘. 차에서 가지고 온 물 한 병이 금방 동이 났다. 다른 이들도 그늘에서 부채질하며 휴식을 취하고 있고….

바로 5분 거리에 있는 '아트레우스의 보고(Treasury of Atreus)'로 갔다. 아트레우스는 아가멤논의 부왕으로써 이곳 또한 왕실의 묘인데 들어가는 입구는 큰돌을 정확하게 잘라 쌓은, 36m나 되는 긴 벽이 양쪽으로 서 있고 안으로 들어서니 마치 거대한 이글루 안에 들어서 있는 듯한 느낌이었는데 천장에 둥근 구멍이 있어 하늘이 보였다.

'아트레우스의 보고'
들어가는 길과
안에서 본 모습

10월 20일
에피다브로스의 원형극장과 코린트 운하

미케네에서 나와 남쪽에 있는 아름다운 항구 나프플리오(Nafplio)에 잠깐 들렸는데 그곳에서도 성이 있었지만 1,000개의 계단을 올라가야 한다기에 포기하고 보존상태가 가장 양호한 원형극장이 있다는 에피다브로스(Epidavros)로 갔다.

과연 듣던 대로 지금이라도 공연을 할 수 있을 것 같은 거의 완벽한 상태의 극장. 사람들마다 원형극장 무대 중앙에 있는 큰 돌 위에 동전을 떨어트려 보는데 위쪽의 좌석에서도 소리가 너무 잘 들린다.

어떤 가족은 중앙에 서서 합창을 하기도 하고, 어떤 가이드는 손뼉을 치며 이쪽저쪽으로 왔다갔다, 종이를 찢어 보기도, 꾸겨보기도 하고…. 우리는 2/3쯤 되는 위쪽에 앉아 그런 광경을 재미있게 듣고 구경하였다.

이번에는 아테네(Athens)로 가는 길에 꼭 들려보아야 한다며 햇님이 열심히 데리고 간 코린트(Corinth) 운하. 이 운하로 인하여 펠로폰네소스가 섬이 되었다고 하는데, 암벽을 배 한 척이 지나갈 수 있게 깊게 잘라놓은 곳이었다.

다리 위로 올라가 이쪽저쪽을 구경하다 보니 그곳에서 번지 점프하는 사람이 많은지 광고판이 주르륵 붙어있다. 아득하게 내려다보이는 바닷물을 향해 좁은 암벽 사이로 몸을 던져봐?

한숨 나오는 천 개의
계단이 있는
나프폴리오의 성(좌)

조그만 소리까지도
위쪽 좌석에서
잘 들린다(우)

복원공사중인
파르테논 신전

파르테논 신전과 국립 고고학 박물관

"

그리스 국립 고고학 박물관은
세계적으로 가장 흥미진진한 고대 유물들을 보관하고 있다.
19세기 독일인 슐리만에 의해 미케네에서 발견된
황금마스크·컵·접시·보석 등을 포함,
그리스 전역에서 발견된 제우스·아폴로·헤지아·저키 등의 조각상들과
수공예 꽃병 등이 전시되어 있다.

"

10월 21일

아테네 – 파르테논 신전과 국립 고고학 박물관

아테네에는 서쪽 해변을 타고 남쪽으로 가는 길에 호텔이 많이 있으니 그곳에 숙소를 정하라고 일러준 트리폴리의 호텔 주인 이야기대로 올해 2004년 아테네 올림픽을 기회로 새로 단장한 해변 길을 따라 내려가다가 숙소를 정했는데 아침에 일어나 보니 방에서 바다가 내다보이는 조용한 호텔이다. 시내의 교통이 혼잡하다고 하여 차를 호텔에 세워두고 길 건너의 트램을 타고 아테네로 갔다.

신타그마(Syntagma)역에서 내려 파르테논 (Parthenon) 신전이 있는 아크로폴리스(Acropolis)까지 걸었다. 드디어 파르테논 신전으로 올라가는 관문에 다다르니 수많은 단체 관광객, 그들에게 설명하는 가이드들 때문에 장터처럼 혼잡하다. 하도 많은 사람들이 다녀서 그 단단한 대리석이 닳고닳아 계단이며 바닥이 두루뭉실해졌고 겉이 반질반질해져서 체격이 조금 큰 어떤 서양아줌마 한 분은 돌에 미끄러져 크게 다치기도 하였다.

높은 언덕 위에 아득하게 높게 파르테논 신전을 지어 놓았고 그 아래로는 디오니소스(Dionysos) 원형극장도 잘 지어 놓았었는데 세월도 무심하지…

아름다운
나이키 신전(위)

거대한
디오니소스
원형극장(아래)

그렇게 애써서 만든 사람들은 과연 얼마나 즐기다 갔을까? 그 옛날 선조들은 역사를 만들고, 후손들은 조상 덕에 먹고 살고 있구나.

파르테논 신전 이곳저곳을 둘러보는데 한쪽에선 허물어져 내린 곳을 복원하느라 새로운 대리석을 가져다 짝 맞추어 자르고 다듬고 한편에서는 기중기를 신전 안에 설치하고 돌을 올리고 내리고 한다. 옆에서 그러고 있으니 고적을 답사하러 온 것이라기보다 무슨 공사현장 시찰 왔던 것 같아 입맛이 씁쓸하다.

아가멤논 왕의
황금마스크 원본(위)

바다의 신
포세이돈상(아래)

헤파이스토스(Hephaistos) 신전까지 다 둘러보고 골목 길을 따라나오니 넓은 광장. 각종 가게와 음식점 등이 늘어서 있고 사람들이 바글바글하다. 우리도 그곳에서 케밥을 하나씩 사서 콜라와 함께 남들처럼 길거리에 앉아 맛있게 먹고 바로 앞에 있는 모나스트리아키(Monastriaki)역으로 와서 지하철을 타고 빅토리아(Victoria)역에 내려 그리스 국립 고고학 박물관으로 갔다.

그리스 국립 고고학 박물관은 모든 주요 유적지의 유물들을 소장하고 있는 그리스에서 가장 중요한 박물관이다. 특히 하인리히 슐리만이 미케네의 원형 무덤에서 발견한 유적들 중 유명한 '아가멤논 왕의 황금마스크' 원본을 비롯한 매우 정교하고 아름다운 금 공예품과 진귀한 조각 및 프레스코 등이 전시되어 있다.

돌아오는 길, 멋있는 해변이 보이기에 무조건 트램에서 내려 한참을 걷다가 바다가 잘 보이는 곳에 있는 벤치에 앉아 지중해 저 너머로 지는 해를 하염없이 바라보았다. 이런 게 바로 '하염없는 벤치' 라네….

10월 22일
바다의 신 포세이돈 신전

아테네에서 서남쪽 바닷가 길을 따라 내려가면 제일 남쪽 끝에 케이프 수니온(Cape Sounion)에 이른다. 이곳에 그리스 신화에서 제우스와 형제뻘인 바다의 신 포세이돈(Poseidon) 신전이 있다.

파르테논 다음으로 유명하다는 이 포세이돈 신전은 파랗고 드넓은 아틱(Attic) 바다를 내려다보는 해발 60m나 되는 바위산 위에 지어져있다. 펠로폰네시안(Peloponnesian) 전쟁에서 파괴되어 지금은 16개의 기둥만 남아 있는 이 신전은 푸른 바다와 어우러져 가슴이 탁 트이는 기분이고 마침 바다에서 부는 바람이 상쾌하게 느껴졌다. 어제 바글바글 인파에 공사 현장 같던 파르테논 신전에 비하면 이곳은 깨끗하고 조용하면서도 거센 힘 같은 것이 느껴져 정말 멋있고 평화롭고 시원하다.

푸른 바다와
바위산 위의
포세이돈 신전

하도 멋있어서 이곳에서의 낙조를 보며 시를 읊었다는 바이런(Lord Byron)이 이곳 열여섯 개의 기둥 중 한 개(North Pillar of the Naos)에 그의 이름을 새겨 놓았다는데 (지난번 스위스의 시용 성에서도 그의 이름이 새겨진 기둥을 보지 않았던가?) 아무리 보아도 바이런의 이름을 찾을 수 없어서 그냥 내려오다가 마침 단체로 수학여행을 온 학생들의 인솔교사에게 물어보았으나 지금 그쪽은 출입금지라고 해서 결국 멀리서 일러주는 기둥만 쳐다보았다.

우리가 갔을 때는 사람들이 별로 없어 조용하던 곳이 수학여행 온 학생들과 관광 온 사람들로 갑자기 북적댄다. 그 가운데 비즈니스 차 왔다가 잠시 틈을 내어 이곳에 들렸다는 중국인 철강사업가 한 분을 만났다.

포세이돈 신전을 보고 우리의 다음 목적지 델피(Delfi)로 가기 위해 동쪽 해안선을 탔으나 입구부터 길이 너무 험해서 오던 길로 다시 나와 아테네로 와서 델피(Delfi) 방향 고속도로 입구를 겨우 찾아 들어갔다.

너무 피곤한 나머지 델피 도착 즉시 골아 떨어져 3시간쯤 잤다. 일어나 보니 오후 8시, 메인 스트리트로 내려가 구경을 하고 옴파로스라는 식당에서 저녁을 했다.

델피의
아테나 포로나이아
신전

달님의 박물관 관람기

델피의 고고학 박물관

"

이 박물관에는 주신인 아폴로 동상을 비롯하여
델피의 유물들을 전시하고 있다. 그 주요한 유물들 중에는
세계의 배꼽, 나시안의 스핑크스, 아르고스의 쌍둥이 형제상, 아칸투스 원주,
그리고 시시온과 아테네의 보물에서 나온
메톱 등이 소장되어 있다.

"

10월 23일

델피의 고고학 박물관

클레오바이스와 비톤 형제의 상

델피가 그렇게 사람을 끄는 곳이라 하던데….

산꼭대기에 있어 멀리 바다까지 보이는 호텔에서 하룻밤. 그리고 아침, 캐나다 노바 스코시아의 할리팍스에서 유학했다는 마음씨 좋은 호텔 아저씨(어쩐지 영어가 유창하더라니…)와 인사하고 고고학 박물관과 유적지를 돌아보았다.

신화에 의하면 제우스 신이 세상의 양쪽 끝으로부터 독수리가 날아 오르도록 하여 그 두 마리의 독수리들이 '델피'에서 만나게 하였다는데, 그것은 즉 델피가 세상의 중심(hub) 혹은 배꼽(navel)임을 뜻하는 이야기라 한다.

고고학 박물관에 들어 가려하니 아침 일찍부터 일본인 단체 관광객이 벌써 한바퀴 돌고 나가는 중이었다. 유난히 조각품들이 많이 발굴되어 전시중인 이곳에서 특히 '아르고스의 쌍둥이(Twins of Argos)'로 알려진 클레오바이스(Cleobais)와 비톤(Biton) 형제의 조각상이 있는 곳에 사람들이 많이 모여 설명을 듣느라 움직이질 않아 사진 찍는데도 한참을 기다려야 했다.

헤라(Hera) 여신의 여사제였던 이 두 형제의 어머니는 자기가 탄 전차(chariot)를 자신의 두 아들로 하여금 소 대신 끌고 성소로 나아가게 하여 헤라 여신에게 이 두 형제에게 귀한 선물을 달라고 기도하니 여신은 그 둘이 그 성소에서 영원히 잠들게 해 주었다고 한다. 결국 영웅적이고 영광스러운 죽음을 맞이한 두 형제…. 그들의 모습이 아주 보존상태가 좋은 조각으로 남아 관광객들의 눈길을 끄는 것이다.

밖으로 나가보니 웅장한 바위산을 배경으로 번성했을 고대도시의 윤곽이 드러나 보인다. 아폴로 신전과 원형극장, 그리고 맨 위에 있는 고대경기장(Stadium)으로 올라갔다. 넓은 운

우람한 돌산 아래
델피 유적(좌)

프리즈비하는
영국 학생들(가운데)

테살로니키로
올라오다 들렸던
플라타모나스의
해변(우)

동장에 높은 스탠드까지 갖추어져 있는 고대 경기장엔 영국에서 단체로 수학여행 온 듯한 학생들 중 선생님의 설명을 듣곤 고대 그리스인들처럼 출발선으로 쓰였던 땅에 박힌 돌을 박차고 나가 운동장 저쪽 끝까지 달려갔다 오는 학생들도 있고 더러는 유적지 답사가 지루한 듯 현대식 원반 프리즈비(frisbee)를 가지고 놀고 있는 학생들도 있다.

우리는 땀도 식힐 겸 그늘진 곳에 앉아 사람구경을 했다(나중에 친구 에바에게 그 얘길 했더니 "Foolish English, 자기들이 어디에 있는지도 모르고 프리즈비를 갖고 놀다니!" 했다. 아마 신성한 그리스의 유적지에서 하찮은 놀이를 하는 영국인들이 한심했던 모양이었다).

10월 23일

테살로니키에서 만난 옛친구 에바!

델피를 떠나 북으로, 북으로 테살로니키로 향했다. 테살로니키 시내로 들어서면서 해변 길을 따라오면 멀리서부터 잘 보여서 만나는 장소로 딱인 화이트 타워(White Tower). 그 앞에서 친구를 만나기로 했으나 생각보다 일찍 도착하게 되어 주차해놓고는 옆에 있는 왕립극장(Royal Theater)이라는 곳을 기웃거리는데 에바의 전화.

화이트 타워 쪽을 보니 정열적인 붉은 원피스에 긴 머리의 에바가 보인다. 전화를 받으며 "나 바로 네 뒤에 있어!" 하니 돌아보는 에바! 뉴욕에서의 유학생시절 만났다가 헤어진 후 15년만의 상봉이다. 화장을 화사하게 하고 약간 살이 좀 찐 듯 하

더 이상 하얗지 않은
화이트 타워

지만 여전한 모습! 너무 반가웠다. 서로 "변하지 않았구나!"하며 포옹.

같이 집으로 가니 동생 같은 쌍둥이 언니 크리스틴과 어머니께서 반갑게 맞아준다. 그리고 나를 눈물나게 감격시킨 물김치 2통!!!

거의 열흘간 김치 근처에도 못 가서 '혹시나 에바가 김치를 담가 놓고 기다려주면 얼마나 좋을까?' 하고 속으로 생각했었는데 내가 오면 주려고 15년 동안 한번도 안 만들었던 김치를 만들었다나? 먹어보니 간도 딱 맞고 알맞게 익어 정말 맛있었다 (햇님도 완전 동의!).

저녁준비에 바쁜 세 사람. 햇님과 나는 구경만 했다. 물김치와 함께 나를 또 놀라게 한 김밥! 누구한테 배웠냐니까 "이것도 네가 가르쳐 줬잖아" 한다.

어머니, 크리스틴, 에바와 함께 (위)

정성스레 마련해 준 에바의 식탁(아래)

거기에다 그립고 그리웠던 '에바표 그린 샐러드(Green Salad)'! 도미 여섯마리는 어머니께서 손수 베란다에서 구우시고, 흰 소스의 오이 샐러드, 포도주, 정이 담뿍 담겨 더 맛있는 음식들로 햇님과 나는 정말로 오랜만에 푸근한 저녁을 즐겼다.

또 '에바' 하면 생각나는 그리스 커피(Greek Coffee). 작은 잔의 걸쭉한 그리스 커피를 2/3쯤 마시고 나머지는 쏟아버린 다음 컵을 엎어놓고 기다리면 깡지가 마르면서 컵에 만들어지는 무늬로 운명(fortune)을 읽는다. 저녁 먹고 나서 재미로 했는데 나는 너무 깡지를 많이 남겨서 실패했다.

그러나 햇님 컵은 O.K.라서 언니 크리스틴이 읽어 주었는데 하트모양이 두 개 나왔으니 우리 여행 중 두 사람의 사랑이 더욱 깊어지고 나중에 돈도 많이 생길 거라고 해서 모두 행복한 웃음을 웃었다. 디저트로는 이태리의 아말피에서 사온 리몬첼로를 미리 얼려놓은 조그만 잔에 마셨는데 모두들 너무 좋아했다.

나의 친구 - 그리스인 에바

1989년 2월 나의 뉴욕 프랫 대학원 마지막 학기.
아이들은 한국에, 햇님은 인도네시아에 가 있을 때 나는 에바와 같은 기숙사에서 4개월을 같이 지냈었다.

건축전공인 그녀는 그리스 전국에서 여자 한 명, 남자 한 명 뽑는 국비장학생으로 선발되어 뉴욕에서 공부했고 다시 그리스로 돌아와 건축가로 일을 하고 있다.
그때 4개월 동안 거의 날마다 저녁을 같이 먹으면서 이야기를 나누고 음식을 나누곤 했는데 특히 그녀가 날마다 다르게 준비하는 샐러드와 땀 뻘뻘 흘리면서 한꺼번에 15~20개씩 굽곤 했던 둥근 호밀 빵이 지난 15년간 매우 그리웠었다.

머리가 비상한 것은 말할 필요도 없고 보통 서양 여자들같이 호들갑스럽지 않고 점잖아서 나이가 훨씬 아래인 그녀가 가끔 언니같이 느껴지기도 했다.
기숙사 시절 고향 떠나와 있는 각국의 학생들을 자주 초대해서 배워 본 적도 없는 그들 고향의 음식을 한두 가지씩 준비해서 먹이고 그들의 청춘 고민 이야기 들어주고 그리스 커피도 만들어 운세도 봐주고….

이번에 그녀의 고향 그리스에 와보니 동네의 주인 없는 개나 고양이들을 위해 파스타를 큰 냄비에 준비해 냉장고에 넣어놓고는 하루에 한 번씩 덜어내다가 먹인다. 동물들까지….
"에바 너는 전생에 여왕이거나 왕비였을 꺼야, 이렇게 모두를 걷어 먹이니…" 했더니 그녀는 서슴없이 말한다.
자기의 전생 중 두 개를 아는데 한 번은 남자였고 한 번은 마케도니아 왕의 부인이었다고 한다. 진짜 그랬을 것 같다.

| 하트 두 개가 보이는 그리스 커피잔

이번에 헤어지면 또 15년을 기다리기 싫으니 빨리 한국에 한번 나오라고 했다.

10월 24일

그리스 제2의 도시 – 테살로니키

지형적인 여건 때문에 예부터 마케도니아의 수도였고 동과 서를 잇는 관문이었으며, 그리스 제2의 도시이자 두 번째로 중요한 항구이기도 한 테살로니키(Thessaloniki) 혹은 살로니카(Salonica).

도시는 언덕 위 4km의 성벽과 좁은 길들이 가득한 old city와 아래쪽 해변을 끼고 거의 현대적인 건물들로 이루어진 lower city로 나뉜다.

아침, 에바가 컴퓨터로 지도책을 복사하여 꼼꼼히 이어 붙여 만들어준 세 장의 지도를 챙겨들고 먼저 에바의 차로 오래된 성벽이 있는 old city쪽으로 가서 성터와 탑들을 구경하고 꼬불꼬불한 옛길을 걸어 내려왔다.

언덕을 내려오는 길에 들른 성 데메트리오스 교회(St. Demetrios' Church).

성 데메트리오스 교회 |

로툰다의 천장
가운데 부분

테살로니키의 수호성인인 데메트리오스를 기리는 교회로 제단 아래에 순교한 성인의 마른 피가 담긴 유리병도 있다고 하는 곳인데 마침 일요일이라 신자들이 많이 모여 있었다. 웅장한 교회건물 앞 광장 한편에 깃발이 많이 날리기에 다른 교회들과는 다른 매우 독특한 분위기구나 하는 느낌이 들었다.

3세기 갈레리우스 황제의 페르시아 전쟁승리 기념탑으로 유명한 갈레리우스 아치(Arch of Galerius)는 4개의 기둥 위에 조각들로 가득 장식되어진 복합 아치로 보였다.

그리고 유네스코지정 문화재로서 기독교 교회였다가 모슬렘 예배당으로 변하면서 1,600년 동안 서 있는 로툰다(Rotunda of Saint George).

안에 들어서니 어마어마하게 큰 둥근 교회로, 이곳저곳에 남아 있는 벽화들이 옛날에는 정말 아름다웠을 것이란 상상을 하게 한다. 그러나 지금은 보수 공사를 하느라 쇠기둥들이 가득해서 제대로 감상할 수는 없었다.

바닷가 쪽으로 쭉 걸어 내려오다가 인터넷 카페를 발견, 내일 와서 그동안 밀린 일기를 올리기로 하고 점심 후 전날 에바를 만났던 화이트 타워로 갔다.

눈부신 바다 바로 옆에 서 있는 이 탑은 15세기에 지어져 '칼라마리아(Kalamaria)의 요새' 또는 '피의 탑(Bloody Tower)' 으로 불리기도 했는데 그 이유는 한때 종신형 죄수들의 감옥이었기 때문이며, 18세기 터키군의 침공으로 학살이 이루어져 탑이 피로 채워졌었다고 하여 붙여진 이름이라고 한다.

탑 안에는 이 탑의 역사를 보여주는 박물관이 있고 빙글빙글 돌아가는 계단을 계속 걸어 올라가니 테살로니키 시내와 바다가 한눈에 보이는 탑 꼭대기. 탑 안은 환기시설이 잘 안되어 공기가 너무 탁해서 숨을 참고 올라가 그곳에서야 숨을 쉴 수가 있었다.

데리러 와준 에바 차를 타고 다시 집으로…. 우리를 기다린 것은 카레 밥, 샐러드 두 가지, 태국 수프, 야채튀김 등등….

여행 에피소드

그리스의 TV 연속극

15년 만에 에바를 만나니 옛날 뉴욕 대학원 기숙사 시절로 돌아간 듯 서로 이야기가 끊이질 않았다.
저녁 식사 후 거나하게 취한 햇님은 벌써 코를 고는 소리가 들리고 새벽에 기상하시는 어머님도 침실로 들어 가셨고….
에바와 언니 크리스틴, 그리고 나, 이렇게 세 사람은 거실 소파에 드러눕듯이 앉아 TV를 보았다.

처음엔 앞니 두 개 사이가 벌어진 그리스 출신의 유명한 메조소프라노 '아그네스 발차'의 공연 모습을 한참 보았는데 10시 반쯤 되니 우리나라의 일일 연속극 같은 드라마가 시작되었다.
나는 그리스 말을 한 마디도 알아듣지 못하지만 사람들과 상황을 쉽게 때려 맞추어 볼 수 있었는데 –

돈 있고 권력 있는 집안에서 고이 자란 왈가닥 같은 아가씨에게는 집에서 정해준 신랑감이 있다. 그러나 그녀는 단짝 친구의 애인의 둘도 없는 친구, 터프하고 불량기 있지만 마음씨는 착한 가난한 청년을 좋아하는데 서로가 좋아하는 걸 알면서도 만나기만 하면 튕기느라 티격태격 싸운다.
어떻게 해서든 둘 사이를 떼어놓으려는 여자의 부모, 어떻게 해서든 둘 사이를 붙여주려는 단짝 친구 커플. 간간이 웃음을 자아내는 해프닝도 있고…

그래서 "어쩌면 한국 드라마랑 똑같네, 똑같애…"하면서 두 여자와 함께 웃으며 보았다.
에바는 저렇게 'stupid' 한 연속극을 가끔 보면 자기 머리도 비워지는 것 같다고 하며 웃는다.

달님의 박물관 관람기

테살로니키 고고학 박물관

1963년에 개관된 박물관으로 동서 마케도니아의 유적에서
출토된 유물뿐 아니라 1977년에 베르기나에서 발굴된
알렉산더 대왕의 아버지 필리포스 2세의 묘에서 나온 보물까지
전시되어 있다. 별관에는 고대 마케도니아의
금 장식품들이 전시되어 있다.

10월 26일

고고학 박물관과 비잔틴 박물관

서로 이웃하고 있는 테살로니키 고고학 박물관과 비잔틴 박물관으로 갔다. 두 군데 합쳐서 1인당 6유로 입장료를 냈는데 너무나 귀한 걸 많이 봐서 아깝단 생각이 들지 않았다.

기원전 약 4000년 전 것부터 주로 이곳 마케도니아 지방에서 발굴된 유물 등이 전시되어 있는데 그중 1977년 베르기나(Vergina)에서 발견된 것이 더해져 국보급 보물이 상당히 많이 진열되어 있었다.

작은 방 하나에 두 명 정도씩 지키는 사람들이 있었는데 그도 그럴 것이 기원전 4000년, 즉 지금으로부터 약 6000년 전의 도자기 등 생활유품들과 2500년 전의 금, 은, 동제품들은 이제까지 본 어느 것보다도 아름답고 정교하며 정말 놀라울 따름이었으니까. 특히 감탄이 절로 나오는 기원전 4~5세기의 금 장식품들과 금 월계관 등은 우리 신라시대의 금관 등 보다 훨씬 오래 된 것들이 아닌가?

고고학 박물관 바로 옆에 있는, 현대식이면서도 옛 건물의 분위기를 한꺼번에 가지고 있는 비잔틴 미술관에 들려 초기 기독교 시대 / 암흑시대 / 중기, 말기 비잔틴 시대 / 포스트 비잔틴시대 / 그리고 오토만 기념비 등 12개의 방에 나뉘어 전시되어 있는 많은 전시품들을 보았으나 종교적, 역사적 지식이 짧은 본인은 그저 수박 겉핥기일 수밖에 없었다.

집으로 돌아가 보니 에바가 만두 속을 만들어 놓고 기다린다. 얼마나 얼마나 고마운지…. 같이 반죽을 밀며, 빚으며 정말 행복했다.

화려한 장식의
금 귀걸이
(위)

비잔틴 시대의
종교화
(아래)

"카발라, 까발라!"

지난 10개월간 '동가숙, 서가식'하면서 나름대로 세상을 누비고 다닌 우리는 이제 어느 정도 길 찾는 요령도 생겼고 숙소 찾는데도 이력이 나서 딴에는 이만하면 우리, 길 찾기에도 '환상의 2인조 아냐?' 하고 생각했었는데….

오늘 그리스 테살로니키의 친구 에바와 작별하고 터키로 향해 가는 길. 시내 북쪽으로 올라가 E 90번 고속도로를 타야 하는데 지도를 보니 E 90번 도로 근처에 그래도 제법 큰 도시인 카발라(Kavala)가 눈에 띈다.

그런데 아무리 봐도 E 90번 고속도로표지판이 나오질 않아 고속도로가 나올법한 동네 근처에 가서 신호등에 서면 나는 차의 오른쪽 창문을 열고 옆 차선 운전자와 눈을 맞추고는 "카발라, 까발라!"하고 소리치고 햇님은 햇님대로 왼쪽 창문을 열고는 옆 차의 운전자에게 거리가 조금 머니까 더 큰소리로 "까발라, 까발라!"하고 소리쳤다.

그런데도 이 사람, 저 사람 얘기가 달라서 몇 블록을 뱅뱅 돌며 고생하다가 결국 한 마음씨 착한 용달차 아저씨와 철모를 쓰고 커다란 오토바이를 모는 씩씩해 보이는 아줌마의 합동작전 덕에 겨우 E 90번을 타게 됐다.

그때까지 우리가 외친 "까발라, 까발라 …"는 도대체 몇 번인지 기억할 수 없을 정도. 일단 고속도로에 올라선걸 확인하자 우리는 그동안 참았던 웃음을 맘껏 웃었다. 서로 쳐다보며 "까발라? 무얼 까발라?" 하면서….

10월 27일

마주 오는 차의 헤드라이트에 교통딱지는 면하고…

터키로 가는 길
짐을 가득 실은
트럭이 힘들어 보인다

나흘을 머문 에바의 집을 떠나 인터넷 카페로 갔다. 며칠 전 홈페이지에 올린 새 카메라로 찍은 사진들이 너무 커서 그사이 서울에 있는 둘째에게서 인터넷으로 코치 받아 사진을 축소시켜서 한 시간 반에 걸쳐 고쳐 올리고 터키를 향해 출발했다.

테살로니키에서 터키 국경까지 약 350km, 국경에서 이스탄불까지는 또 300km이다. 그리스의 고속도로는 잘 되어 있는 편이지만 중간중간 일반도로로 연결된 부분이 몇 군데 있다.

한번은 고속도로에서 나와 얼마간 고속도로 기분 그대로 달리고 있었는데 언뜻 마주 오는 차가 헤드라이트를 번쩍 한다. 느낌이 이상하여 급히 속도를 낮추었다. 지난 10여 개월 미국과 유럽 여행을 하면서 이렇게 번쩍해 주는 일은 처음이라 무슨 일인가 하면서 5~6분을 천천히 가다가 다시 속도를 내려고 하는 순간 스피드건을 내 차에 겨냥하고 서있는 교통경찰과 마주쳤다.

걸렸으면 찍소리 못하고 벌금 많이 낼 뻔했는데 마주 오면서 번쩍해 주신 분, 너무 고마워요….

오늘 흠씬 달려 500km정도 갈려고 마음을 먹었었는데 경찰도 있고 아무래도 너무 무리인 것 같아 터키 국경에서 가까운 알렉산드로폴리스(Alexandroupolis)라는 도시에서 하루를 지내기로 했다.

10월 28일

입국하기 어려운 터키

터키 입국하는 날이다. 터키는 유럽연합(EU)에 가입되어있지 않아서 국경을 그냥 통과 할 순 없을 거라 생각했는데 국경근처에는 이렇다할 안내 간판조차 없기에 일단 국경에 차를 세우고 면세점에도 들리고 환전도 하고 나서 차를 몰고 마지막 초소를 막 나가려는데 그제야 차를 세우더니 뭔가 서류를 달란다.

알고 보니 자동차 증명서, 여권 등을 보고 컴퓨터로 서류를 뽑아주면 8유로짜리 인지를 붙이고 스탬프를 찍고 검사관의 서명을 받아서 마지막 관문에서 제출해야 하는 거였다. 그걸 그냥 통과하려 했으니…. 그렇게 해서 입국하는데 총 45분이나 걸렸다.

세계에서 유일하게 두 개의 대륙, 즉 유럽과 아시아에 걸쳐있는 도시 이스탄불(Istanbul)에 가까이 오니 갑자기 차들이 많이 늘어나고 서로 먼저 가려고 비집고 들어가는 것이 20년쯤 전의 한국 같은 기분이 든다. 유럽과 아시아를 잇는 보스포러스(Bosphorus) 다리를 건너기 위한 톨게이트까지 가는 길은 한국의 추석 귀경길을 방불케 하는 것은 물론 통행료를 내고 나서 다리까지 가는 길도 말도 못하게 붐빈다.

터키의 길 사정을 말해주는 '튀는 돌 조심표'

게다가 이스탄불 시내에서 호텔 찾느라 2시간 여를 헤매다가 매연에 괴로워하는 달님을 보고는 '우선 여길 빠져나가자' 하는 생각에 이스탄불을 지나쳐 계속 달렸으나 얼마 안가 어두워지기 시작하여 근교인 이즈미트(Izmit)에서 하루를 머물기로 했다.

괴레메에서 프레스코가
가장 잘 보관 된
엘마리 교회

카파도키아지방의 괴레메 야외 박물관

> 이 지역에만 1,000개가 넘는 동굴집과
> 동굴교회가 있다. 일부 동굴교회에는 비잔틴 성화가 남아 있다.
> 그리스도인들의 처절했던 삶의 현장을 말없이 보여주는
> 지하교회는 지하 100m(지하 20층)까지 땅을 파 내려가
> 미로처럼 이어져 있으며 피신하는 통로가 무려 9㎞에 이르는 곳도 있다.

10월 30일

터키의 대표 관광지 카파도키아 지방

어제 아침 이즈미트에서 출발 앙카라(Ankara)로 가는 고속도로를 찾아 헤맬 때 한 마음씨 착한 고속도로 관리인 청년 덕에 무사히 길을 찾을 수가 있었다. 하도 고마워 돈 얼마를 주려했지만 한사코 받지를 않았다. 얼굴도 잘 생긴 청년이 마음씨도 그렇게 착하다니….

앙카라 시내는 무슨 축제기간인 듯 어마어마한 인파에 매연 가득한 교통지옥(?). 겁에 딱 질려서 그냥 통과하여 카파도키아(Cappadocia 혹은 Kapadokya)의 아크사라이(Aksaray)에 도착했다.

오늘은 아크사라이에서 70km정도 떨어진 곳에 있는 네브제이르(Nevsehir)를 거쳐 이곳 카파도키아 지방의 진짜 볼거리를 돌아보는 날이다. 백만 년 전의 화산폭발 이후 흘러내린 용암이 굳으면서 사람들이 정착하기 시작했다 하며, 1만 년 전의 것으로 추정되는 장신구, 색깔도자기, 항아리 등이 발견되었고, 그 후 몇 개의 강력한 국가가 있었으나 페르시아, 그리스, 로마 등의 지배를 연이어 받는 등… 우여곡절을 겪은 카파도키아.

먼저 우쉬사르(Uchisar) 마을의 꼭대기에 있는 바위산을 파서 만든 요새에 올라가 보았다. 희한한 풍경이 펼쳐지기 시작할 조짐이다.

다시 괴레메(Goreme)로 가서 입장료 천2백만 리라씩 내고 야외박물관(Open Air Museum)을 구경했다.

참으로 희한하고도 희한한, 바위 속에 구멍을 뚫고 살던 선사시대의 사람들의 집, 그리고 곁에 있는 비둘기 집들조차도 희한하게 보였고 중세시대 종교 박해를 피해 숨어서 예배를 드리던 예배당, 교회들에는 프레스코 벽화들도 많이 남아 있었다.

우쉬사르의 바위산 꼭대기엔 요새 (위)

괴레메 야외 박물관 희한한 바위와 낙타…(아래)

젤베의 버섯같이
생긴 바위들(위)

바위속의 집 거실
–천장을 보면
돌 깎은 자취가…
(아래)

그 중 스위스 엥가딘 지방의 스그라피티를 연상
시키는 흰색의 벽에 붉은 밤색으로 장식을 한 바라
바(Baraba) 교회와 프레스코가 가장 잘 보존된 엘
마리(사과) 교회가 가장 인상적이었다. 오르락내리
락 하면서 구경하니 정말 세상에 이렇게 살던 사람
들도 있구나 하는 생각이 들었다.

그곳에서 멀리 떨어져 있지 않은, 자연풍경과 흥
미로운 수도원들이 있다는 젤베(Zelve)로 가는 길에
차들이 주차해 있기에 들른 전망대(view point)라
고 써 놓은 곳. 끝없이 펼쳐진 구멍 뚫린 바위산들의 풍경을 구경하고 차를 타려는데 옆에 주
차해 놓은 다른 지방에서 왔다는 터키인 가족이 바위 속의 집 구경을 시켜준다고 하는 사람
이 있는데 같이 가서 보자고 한다. 얼마씩이냐고 하니까 돈은 안 내도 된다고 한다. 아닌게
아니라 바위 속에 사는 사람들의 집이 아주 궁금했는데….

신발을 벗어들고 들어서자마자 입구 왼쪽에 작은 기도 드리는 방이 있고 제법 넓은 카펫이
깔린 거실에는 벽 가장자리로 걸터앉을 수 있는 의자가 빙 둘러 있고 한쪽 구석에는 재봉틀,
그리고 안쪽에 있는 부엌에서는 냉장고가 윙윙 돌아간다.

　거실 바깥쪽으로 나가니 천연 베란다. 즉 깔때기를 엎어
놓은 것처럼 생긴 바위의 한쪽으로부터 뚫고 들어가 반대
편으로 나온 것이다. 탁 트인 전망에 탁자도 놓여 있고 조
그만 화단엔 여러 가지 화초도 가꾸고 있었다.

　플라스틱 파이프가 위의 도로 쪽에서 내려와 부엌 쪽
으로 들어가 있어 무엇이냐고 물어보니 시에서 공급하
는 수도 파이프란다. 알고 보니 이런 바위 속의 집에도
전기와 수도가 공급되어 제법 문화 생활을 하고 있는 것
이다.

　부인과 아이 둘과 같이 살고 있다는 자기 집을 구경시켜준
아저씨, 너무 고마워 돈을 조금 드리려 했으나 극구 사양. 터
키 사람들은 참으로 순박하구나 하고 다시 생각했다.

　젤베(Zelve) 마을입구에서부터는 희한하게 생긴 바위들
이 우뚝우뚝 솟아있다. 꼭 송이버섯 같기도 하고…. 역시
야외 박물관으로 되어진 이곳은 너무 넓어 걸어서 다 돌
아보기는 힘들 것 같아 겉에서만 보고 지나가긴 했는데 무릎이
시원치 않은 햇님, 오늘 너무 무리하지 않았는지 걱정된다. 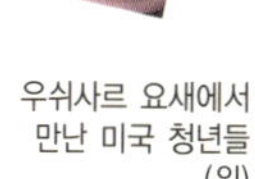

우쉬사르 요새에서
만난 미국 청년들
(위)

젤베의 밀떡 굽는
아줌마(아래)

햇님의 박물관 관람기

데린쿠유 지하도시

> 1968년에 발견된 데린쿠유의 지하 동굴 도시에는
> 수많은 환기 갱도, 우물, 식량 저장고 및 출입 통로 등이 광대한 망을
> 이루고 있다. 지하도시 내에는 부엌, 거실, 창고, 회의실,
> 공동묘지, 교회, 연결 회랑 등이 있으며
> 모든 필요한 시설이 완전하게 갖추어진 도시이다.

10월 31일

썸머타임이 필요 없던 지하도시 – 데린쿠유

오늘은 지하도시를 보러 가기로 한 날. 아침에 TV를 보고 있는데 시간이 이상하다. 호텔의 프런트에 시간을 확인해보니 썸머타임이 어제 자정부터 해제되어 아침 9시가 8시가 되었다고 한다. 지하도시에 살았던 사람도 썸머타임이 필요했었을까?

지도에 표시된 지하도시는 이곳저곳에 36개 정도로 많이 있지만 대표적으로 잘 볼 수 있는 곳으로 알려진 데린쿠유(Derinkuyu)로 갔다. 데린쿠유는 네브제이르에서 30km 남쪽으로 떨어진 해발 1,355m의 높은 곳에 있다.

지하 8층의
우물이 있던 곳

이 지하도시는 우연히 발견되어 고고학 박물관 위원회에 의해 1965년에 일반에게 공개되었다는데 아직도 도로나 표지판이 썩 잘 되어 있지 못하여 근처에 가서는 경찰아저씨에게 길을 물어 찾아갔다. 도로는 좋지 않지만 요즈음 많은 관광객들이 몰려오고 있다고 하며 지하도시가 혹시나 무너질까봐 지상에는 집도 짓지 못하게 하고 주차도 못하게 넓은 공원처럼 만들어 놓았다.

지하 8층으로 된 이 지하도시는 그 옛날 원시 히타이트(Hittite)부족이 지하 1층 정도에서 살기 시작한 후 로마시대, 비잔틴시대에도 사람들이 이곳에서 살았었고 서기 6~7세기부터 그리스도 교인들이 아랍부족의 핍박을 피하기 위하여 그들의 은신처는 물론 종교 전파를 위한 비밀장소로 이용하면서 더 파 내려가 마치 개미집을 크게 확대한 것처럼 되었다고 한다.

지하 8층까지 있어 이곳저곳에 식량저장고, 식당, 부엌, 와인창고, 무기저장고, 성경학교, 수도원, 침실 등을 지었다고 하며 외부의 공격을 피하기 위하여 출입구가 있는 복도에는 안쪽에서만 열 수 있고 외부에서는 열 수 없는 돌문을 만들어 놓기도 하였다.

지하도시에서 나와
마주친
양배추 장사
(양배추 한번 크네요!)

　　이런 거대한 지하도시를 건설하고, 그 안에서 사는 데 가장 큰 문제가 환기인데 이들은 이곳에 통풍구를 52개나 만들어 공기가 잘 통하도록 해놓았다 한다. 그래서 그런지 지하 8층까지 내려갔다 다시 올라왔는데도 공기가 탁하지 않고 환기가 잘 되는 것을 느꼈다. 안내책자에는 어떤 사람이 지하 8층에서 담배를 피워 보았더니 담배연기가 위로 빨려 올라가더라고 쓰여 있다(물론 이곳은 금연이다).

　　맨 아래층에 있는 교회는 십자모양으로 만들어져 있는데 천장도 높고 많은 사람이 모여 예배 볼 수 있을 만큼 크게 만들어져있고 그 조금 아래에는 우물도 만들어져있다. 이 지하도시에는 1만 명 정도가 살 수 있었을 것으로 추정하는데 이런 지하도시를 만들려면 과연 얼마나 많은 노동력이 동원되었을까?

　　아직도 답을 얻을 수 없단다.

　　그래서 세계 제9대 불가사의 중의 하나라고 한다. 

11월 1일

터키 – 콜탈 사건

어제는 지난 이틀간 머물렀던 아크사라이를 떠나 남쪽으로 지중해에 있는 도시 메르신(Mersin)쪽으로 내려와 바닷가를 따라 안탈리아(Antalya)로 향했으나 높은 절벽과 산이 많아 해변도로가 산을 돌고, 넘고, 오르고, 내리고, 꼬불꼬불 정신이 없었다.

가고자 했던 안탈리아를 훨씬 못 가서 날이 어두워 보즈야(Bozya)라는 곳에서 하루를 지내고 오늘은 지중해

만만치 않은 해변 길
(위)

세차중인 아저씨
(아래)

에 면한 터키 남부 해안 중 흰 모래밭으로 정평이 나 있는 파타라(Patara) 해변을 가보려고 일찌감치 출발을 했는데 어제에 이어 오늘도 도로가 험하기가 만만치 않아서 안탈리아에 오니 벌써 점심시간이다.

점심 후 쿰루카(Kumluca)라는 조그만 도시의 한 은행에서 환전을 하고 다시 떠났는데 꼬불꼬불 산길을 한참 가다보니 산을 허물어 길을 넓히는 공사가 한창이다.

먼지길을 얼만큼 갔을까? 이번에는 질척질척 콜탈을 뿌려놓은 길 위로 차들이 모두 거북이 걸음이다. 나는 마음이 급해 '에라 모르겠다' 하고 앞차들을 추월하여 달렸는데 얼마 후 콜탈 길이 끝나고 차를 세워 살펴보니 온통 콜탈이 튀어 차가 말이 아니다.

산길을 넘어 마을로 들어서는 입구. 마침 기름도 달랑 달랑 하던 차에 주유소에 들려보니 그곳에서 앞서가던 콜탈 묻은 다른 차를 세차해주고 있지 않은가. 반가운 마음에 값은 고하간에 기름을 넣고 세차를 부탁했다. 30분 만에 말짱해진 차를 보니 마음도 깨끗해진 듯 기분이 좋다.

예상보다 1시간 이상 지체되어 어두워진 길을 '파타라' 도로표지판을 잘 보면서 해변 쪽으로 들어가 호텔을 하나 찾아 들었다.

11월 2일
바다거북 보호구역 – 파타라 해변

파타라 해변으로 가는 길에서 만난 낚시꾼

밤에 모기 때문에 시달리다가 결국은 침대 위 천장에 매달아 놓은 둥근 모기장을 내려 얼굴부분만 가리고 겨우 몇 시간을 잤는데….

상쾌한 아침, 식사하러 깨끗한 물이 넘치는 풀장 옆의 식탁에 가 앉으니 날씬하고 영어를 아주 유창하게 하는 아줌마가 나타났다. 알고 보니 영국 출신으로 터키아저씨와 결혼한 이 집 여주인. 영어가 잘 통해 이것저것 물어보니 친절하게 대답해준 아줌마는 모든 액운을 물리쳐

주고 행운을 지켜준다는 터키아이(Turkey Eye ; Evil Eye)를 선물로 준다. 나도 내 개인전 팜플렛 하나를 건네주고 해변으로 향했다.

5월부터 10월까지는 이곳 파타라(Patara) 해변에서는 바다거북이들이 알을 낳고 부화하는 기간이라 저녁에는 해변에 출입금지라고 한다. 낮에도 물에서 20m 떨어진 곳까지만 비치파라솔 등을 꽂을 수 있게 되어 있다고 한다. 혹시나 바다 거북들이 낳아놓은 알들을 해칠 수가 있기 때문이란다. 지금은 11월이고 아침인 데다가 우리는 모래밭에 꽂을 비치 파라솔도 없으니 우리와는 별로 상관없는 얘기인 것 같았다.

오랜만에 해변에 누웠다. 모자로 얼굴을 덮고 누워서 잠이 들락 말락 하는데 햇님이 "히야! 바닷물이 우리를 위해 오케스트라 연주를 해주고 있는 것 같지 않아?"한다. '아니, 이 양반이 어디 이렇게 센티멘털한 구석이 있었남?'
아닌게 아니라 누워서 눈감고 들어 보니

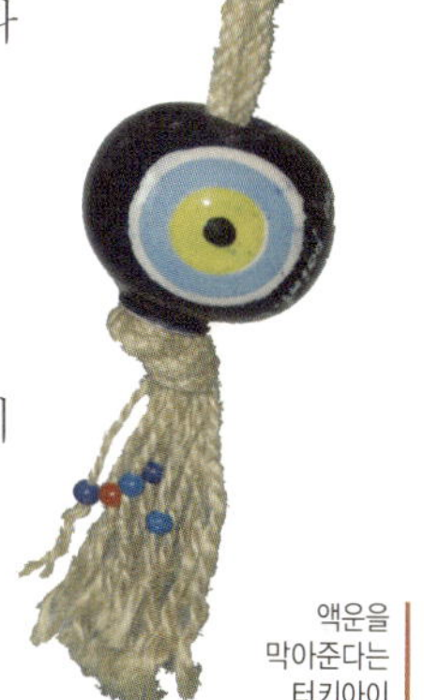

왼쪽의 제1 바이올린이 '???' 하면
가운데 관악기들이 '쏴아 ^^' 하며 어물쩍 받아넘기고
오른쪽의 첼로들이 '!!!' 하고 대답한다.
'아하, 바람이 왼쪽(동쪽)에서 부는 모양이구나' 하면서 z z z…

파타라를 떠나 또 꼬불꼬불 산길, 해변 길을 3시간 가량 달려가니 달리안(Dalyan)에 도착.

기원전 6세기~4세기에 걸쳐 만들어졌다는 바위에 새겨진 왕족들의 무덤들을 보러 갔다. 4천만 리라에 작은 배 하나를 세내어 배를 타고 가면서 물 위에서 보니 돌산에 조각된 묘(Rock-cut tombs)가 잘 보였다. 가장 화려하게 신전처럼 조각되어 있는 것은 남향이었고 다른 것들은 동쪽을 향하고 있었다.

배가 도착했던 섬에는 꼭대기에 성도 있었고 그곳에서 돌산이 잘 보였다. 돌아오는 길에 수백 대의 보트들이 정박해있는 모습을 보니 제철인 여름에는 굉장하겠구나 생각을 했다.

'붉은 해는 서산마루에 걸리었다… 갈 길은 150km나 남았는데…' 터키의 11월 오후 5시는 해가 지려는 시간. 서쪽 파무칼레(Pamukkale)를 향해 산길을 달리려니 바로 맞은편 서쪽 산마루에 걸린 붉은 해가 보인다.

갑자기 김소월의 「초혼」이 생각났다.

………
붉은 해는 서산마루에 걸리었다 / 사슴의 무리도 슬피 운다
떨어져 나가 앉은 산 위에서 / 나는 그대의 이름을 부르노라
…… (중략)……
선 채로 이 자리에 돌이 되어도 / 부르다가 내가 죽을 이름이여!
부르는 소리는 비껴가지만 / 하늘과 땅 사이가 너무 넓구나
…… (중략)……
사랑하던 그 사람이여! / 사랑하던 그 사람이여!
………

차 안의 CD에서는 루이 암스트롱의 「What a wonderful world」가 흘러나오고…

11월 3일

선녀들의 목욕탕인가 – 파무칼레 그리고 디디마

새벽 4시, 세상이 떠나갈 듯 요란한 북소리에 잠을 깼다. 알고 보니 요즈음 이 회교도들이 지키는 * '라마단(Ramadan)' 기간이라 해가 떠있는 동안에는 굶어야 하니까 새벽 5시 되기 전에 얼른 일어나서 아침 먹으라는 신호란다. 그통에 아침잠은 설쳤지만 호텔 방의 창문을 통해 건너다 보이는 파무칼레의 흰 산은 아침햇살을 받아 더욱 희게 빛나고 아침 일찍부터 올라 가있는 사람들이 보인다.

파무칼레의
푸른 계단 연못

디디마의
찡그리고 갈라진
메두사의 얼굴(위)

15세기 지진으로
무너진 기둥(가운데)

기둥받침 하나가
이렇게 커요!(아래)

카펫가게도 겸하고 있는 호텔 주인의 터키 카펫에 대한 강의를 좀 듣고 5km 더 올라간 곳에 있는 고대도시 히에라폴리스(Hierapolis)로 갔다.

예전부터 이곳은 치료효과가 있다는 온천이 솟아 유명했는데 섭씨35도의 석회질의 온천물이 고원을 지나 100m 아래로 떨어지면서 식어 가장자리부분이 굳어지면서 천연 물웅덩이를 만들게 되었다고 한다. 몇 개의 기둥이 풀장 안에 쓰러져 있는 옛날목욕탕 같은 고대 풀장(Ancient Pool)이라는 곳에는 지금도 야외온천을 즐기는 사람들이 많이 있었다.

옆에 있는 박물관을 들려나오는데 물소리가 나는 곳이 있어 따라 가보니 정말 '자연의 경이(Natural Wonder)' 다.

미국의 옐로우스톤에서는 미네르바 스프링스(Minerva Springs)가 있었지만 규모도 훨씬 작았고 물이 말라있었기에 제대로 볼 수 없었는데 이곳은 동남아시아의 항공사진에서 흔히 볼 수 있는 계단식 논과 같은 형태로 흰색의 돌 웅덩이에 맑고 푸른 물이 고여 흐르는 것이 정말 감탄사가 저절로 나온다. 책자에 나온 사진에서 보면 이곳에서의 석양이 근사해 보이던데 하여튼 대낮에도 너무너무 멋있었다.

파무칼레를 나와 터키의 소개책자 표지에 메두사의 얼굴이 나와있는 디디마(Didyma)로 향했다. 아이딘(Aydin)의 서남쪽 밀레투스(Miletus)에 들렸다가 다시 남쪽으로 16km 떨어진 디디마에 있는 아폴로 신전(Apollo Temple)으로 갔다.
오후 4시 30분, 벌써 해가 많이 기울었으나 아직도 관광객들이 꽤 있었다. 이곳은 한때 '밀레투스 성지'의 중심이 었고 밀레투스로부터 디디마로 이르는 길 중 마지막 6km에는 사자, 스핑크스상, 아폴로 신전의 사제들의 좌상이 서 있었다고 한다.

기원전 300년경에 시작하여 짓는데만 300년이나 걸렸다는 아폴로 신전은 엄청난 크기의 건축구조물로 비잔틴시대에는 요새로서, 나중에는 교회로 쓰여졌다고 한다. 15

해질녘의 디디마 아폴로 신전

세기에 일어난 큰 지진으로 신전 거의 모든 부분이 파괴되어 지금은 폐허로 남아있다. 들어가는 입구에 있는 가운데 부분이 갈라진 돌에 조각된 '메두사의 얼굴'은 지려하는 햇빛에 눈을 찡그리고 있다.

바닷가 가까운 곳에 호텔을 정하고 저녁 먹으러 신전 부근의 식당으로 다시 돌아와 먹어본 중 가장 맛있는 깔라마리(물오징어튀김)를 맥주와 함께 먹고 돌아가던 중 이발소 발견!

* 라마단(Ramadan)

이슬람력(曆)에서 9월. 아랍어로 '더운 달'을 뜻한다. 천사 가브리엘이 마호메트에게 코란을 가르친 신성한 달로 여겨, 이슬람교도는 이 기간 일출에서 일몰까지 의무적으로 금식하고, 날마다 5번의 기도를 드린다. 라마단이라는 용어 자체가 금식을 뜻하는 경우도 있다. 라마단 기간 동안에는 음식뿐만 아니라 담배, 물, 그리고 성관계가 금지된다.

터키 시골마을의 이발소

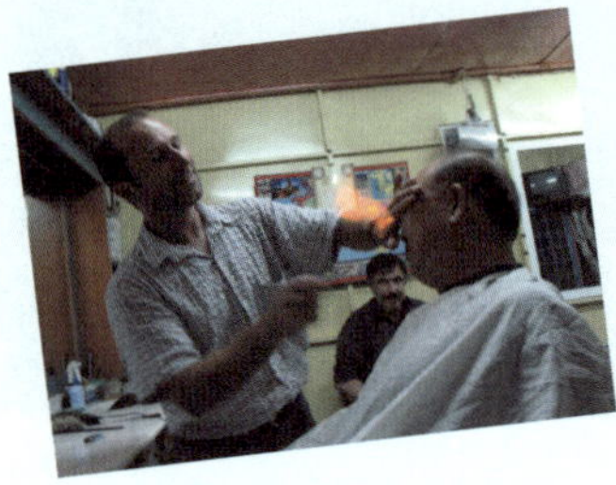

메두사의 얼굴이 있는 디디마(Didyma)를 구경하고 저녁을 먹은 후 호텔이 있는 해변 쪽으로 가려다 눈이 멎은 곳 'Barber Shop'.
내가 가위로 잘라주는 것이 한계가 있어 근래 햇님의 머리가 영 엉망이라 언제부터 이발소에 한 번 가야 한다고 생각했었는데 마침 잘 됐구나 싶어 등 떠밀어서 들여보내고는 이 풍경을 놓칠 수 없을 것 같아 카메라를 찾으러 자동차로 가서 문을 여는 순간 전화가 따르릉 울린다.

| 기술적인 터키식 케밥

독일에서 햇님 친구분 황 사장님의 전화다.
"잠깐 기다리세요, 이발소에 들어갔는데…" 하니
"아니 그 친구 뭐 깎을 머리나 있습니까?" 하신다.
황사장님 소식 늦으시네…. 그동안 햇님 머리숱이 많아진 걸 모르시나봐!

남자들의 이발소에 들어가 앉아 있어보기는 아주 어릴 때 빼고는 처음이다.
햇님처럼 머리 윗부분이 훵 비어있는 이발사는 먼저 와서 이발을 끝내고 면도를 하기 위해 의자에 앉아있는 손님 얼굴에 손님이 뜨거워하지 않는가를 살피며 스팀타올을 조심스럽게 댔다 뗐다 하더니 정성스레 면도를 한다.
내 옆에 앉아있는 학생 같아 보이는 젊은이는 간간이 심부름을 하고 나중에 들어선 콧수염아저씨는 기다리는 의자에 같이 앉아(아니 이 아저씨, 웬 복에 머리숱이 이렇게 많으신가?) 잘 통하지는 않지만 같이 이야기를 나누었다.

이번엔 햇님 차례, 몇 푼어치 없는 머리칼이지만 그래도 이발사 아저씨는 이쪽저쪽으로 머리카락을 제치며 베테랑답게 잘 깎는다. 연신 엄지손가락을 들어 보이는 햇님은 홀딱 반한 눈치다.
머리를 다 깎고 나서 날더러 카메라를 준비하라고 손짓하더니 작은 솜방망이에 불을 붙여 '터키식 케밥'이라며 햇님의 귀 부분과 이마에 있는 솜털들을 살짝 그을려 없앤다.
와! 그 솜씨는 단연 압권이었다!
햇님이 면도는 할 필요가 없다고 하니 오케이! 단체 사진 찍어주고 주소를 받았다.
나중에 이 이발소에 사진을 꼭 보내드려야지.

11월 4일

터키카펫과 에페스

아침에 떠나면서 엊저녁에 들렸던 이발소 앞을 다시 지났다. 시간이 일러 가게문은 닫혀 있었지만 어제 이발소에서 만난 털보 아저씨가 옆에 있는 빵 가게에 들렸다가 나오며 반갑게 인사!

북쪽으로 소케(Soke : 목화 추수철인지 목화 따는 사람들과 솜 실은 달구지, 트럭들이 거리에 가득했다)와 셀축(Selcuk)을 거쳐 에페스(Efes 혹은 Ephesus)로 갔다.

차를 주차하니 관리인이 와서 주차비를 받고 아코디언처럼 되어있는 이곳의 소개 책자를 보여주고는 "에페스는 구경할 곳이 길어서 저쪽 먼 끝쪽까지 데려다 줄 테니 차를 타겠느냐" 하더니 "단, 중간에 이 도시에서 운영하는 마켓이 있는데 의무적으로 사야하는 건 아니고…" 하기에 '글쎄, 어떤 곳이길래…?' 하며 따라갔다.

도착해보니 나라에서 터키의 카펫을 선전, 장려, 판매하는 큰 카펫 센터였다.

마침 어제 호텔주인에게서 들은 이야기도 있고 호기심이 일었는데 터키에서 가장 유명한 헤레케 카펫(Hereke Carpet) 이야기와 유일하게 터키에서만 쓰는 방법인 이중매듭(double knot)에 대한 설명, 그리고 번데기에서 비단실을 뽑는 모습과 카펫을 짜는 아가씨들이 직접 어떻게 짜는지 보여 주고 나서 수많은 카펫을 보여 주었다. 우여곡절 끝에 결국 하나를 사고 말았고….

터키의 카펫은 이렇게…(좌)

유창한 영어로 터키 카펫을 설명하는 아저씨(우)

에페스(Efes) 안으로 들어서서 목욕탕과 운동장이 있던 곳을 보고 쭉 걸어가니 왼쪽에 있는 원형극장(이게 벌써 몇 번째 보는 원형극장인가? 생각이 잘 안 나네…)이 나타난다. 마침 근처 이즈미르(Izmir)에서 왔다는 아주머니와 미국에 산다는 그분의 딸, 그리고 오스트리아에서 왔다는 친구분 부부들과 함께 얘기하며 구경했다.

그 원형극장에서 최근까지 여름에 록 콘서트(Rock Concert) 등을 했는데 몇 년 전인가 영국출신 가수 스팅(Sting)의 공연 때 이 고대극장의 기둥들이 흔들려서 그때부터 록 콘서트는 금지되고 대신 조용한 음악을 공연했는지 그 아주머니가 이곳에서 존 바에즈(Joan Baez)의 공연을 보았는데 너무 좋았다고 했다.

길을 따라 가다보니 유난히 사람들이 많이 모여 있는 곳이 있다. 고대 도서관이 있었던 유적 '셀수스의 도서관(Library of Celsus)'. 누군가가 유적에 문이 없는 것을 보고는 "도서관 열렸어요(The library is open)!" 하고 소리쳐서 모두들 웃음. 몇 개의 계단 위에 2층으로 되어있는 기둥이 많은 입구부분이 남아있는데 섬세한 조각이 눈을 끌었다.

이곳이 물이 좋았었는지 유난히 샘물 있는 곳이 많았고(그러고 생각해 보니 터키 천지에 푸른색의 에페스(Efes) 맥주광고가 깔렸던데 혹시 에페스 맥주가 샘물 많은 이곳 에페스하고 무슨 관련이 있는 것인가? 역시 맥주는 물이 중요한가봐!), 길게 이어진 옛날 도시의 쿠레테스(Curetes) 거리에는 긴 거리 곳곳에 기둥들이 늘어서 있어 옛날 이곳이 얼마나 번성했었는지 짐작할 수 있었다.

점심 후 이즈미르를 지나 북으로 북으로 트로이(Troy 혹은 Truva, Troia)를 향해 달리고 또 달렸다. 6시, 어두워져 트로이 바로 앞의 히사르릭(Hisarlik) 호텔에 들었다.

11월 5일
조금은 허무한 트로이

트로이 옛터의 바로 앞 히사르릭 호텔. 화장실은 찬물만 나오고, 밤새 너무 추워 잠이 안 왔다. 바람소리는 쌩쌩, 담요를 덮어도 춥고 아직 한 겨울은 아닐텐데 문틈으로 황소바람이 들어온다. 12시 넘어 좀 잠이 들었는가 했더니 또 귀청 떨어지는 라마단 북소리. '아유 졸려… 새벽 4시구나' 하면서 깼다.

바람이 너무 불어 식탁 위에 먼지가 어석어석 하지만 그래도 호텔에 딸린 아래층의 레스토랑에서 정성스레 준비해준 아침을 먹고 바로 옆의 기념품 가게에서 트로이 소개 책자를 하나 골라 돈을 내려고 안으로 들어가니 주인인 듯한 한 아저씨가 이곳 사람 같지 않은 유창한 영어로 그 책은 자기가 쓴 책이라고 하며 원하면 사인해 주겠다고 한다.

무스타파 아스킨(Mustfa Askin)씨. 이곳에서 태어난 트로얀(Troyan ; 트로이 태생을 일컬음)으로 런던에 가서 영어 공부를 하고 오랫동안 이곳 트로이에서 가이드를 하다가 이곳과 미케네를 발굴한 유명한 독일인 하인리히 슐리만이 트로이 발굴 당시 오두막을 짓고 지

현대판
트로이의 목마

트로이에서
발굴된 장신구를
걸쳐보인
슐리만의 부인 소피아

냈던 이곳에 호텔을 열고 책도 쓰고 했다고 한다.

말이 난 김에 나는 우리가 어릴 때 '위스키달라…' 하고 따라 불렀던 노래가 바로 이스탄불의 *위스크다르(Uskudar)를 소재로 한 노래인지 물어 보았다. 처음 터키 입국하던 날, 숨쉬기 힘들 정도로 매연이 가득한 이스탄불의 동쪽에서 헤매다 지도 하나 사러 들어갔던 동네 이름이 바로 위스크다르였다.

그 노래 중간에는 영어로 'Uskudar is the name of a little town in Turkey…' 하는 대목이 있다. 아스킨씨는 맞다고 하며 그 노래 가사를 터키어로 적어 주며 영어로 뜻도 설명해 주었는데 대충 다음과 같다.

'위스크다르의 밤은 비가 내려요
비가 내려 그의 옷에는 진흙이 묻었어요
멋진 옷 차려 입으면 한 인물 날 사람이지만
아무려면 어때요
그래도 그는 내 사랑인걸요…'

옛날 호머의 「일리아드」를 읽고 너무 심취해 신화 속의 이야기가 아니라 고대에 실제로 '트로이' 가 존재했을 것이라고 믿어 사재를 털어 고생 끝에 이곳을 발굴해 낸 하인리히 슐리만의 덕으로 우리는 트로이의 유적을 볼 수 있게 된 것이다. 유명한 '트로이의 목마' 가 아직도 존재할 수는 없을 테니 기대하지는 않았지만 나무로 만든 커다란 관광객용 '트로이의 목마' 가 한 무리의 일본인들에게 점령당하고 있었다.

속에 만들어진 층계를 통해 올라가 뚫어진 창문으로 내려다보는 친구를 사진 찍어주고 '고다이, 고다이(교대, 교대)' 하며 다시 바꾸어 올라가 사진 찍히고….

한참을 기다린 후 우리도 올라가 목마 속에서 밖을 내려다보았다. 지난 5월 미국 덴버에서 본 영화 「트로이(Troy)」가 생각났다. 그리고는 거의 볼품 없이 느껴지

는 조그만 극장 터와, 성터를 지나 그리스와 싸웠던
전쟁터가 멀리 보이는 벌판쪽으로 가 보았다. 더 멀
리에는 그리스인들의 배가 가득했을 바다도 보이
고….

　여인(트로이의 헬렌) 하나 때문에 9년을 싸웠다
니. 사실 터키인들은 트로이의 목마 이야기를 좋아하
지 않았다. 바다의 신 포세이돈이 지진을 일으켜 성
벽의 한 귀퉁이가 무너져 그리스인들이 쳐들어올 수
있었을 것이라고 아스킨씨는 이야기했다.

　재미있는 것은 떠날 때 들린 히사르릭 호텔의 화장실, 여자화장실엔
Helen, 남자화장실엔 Paris라고 쓰여있다. 「일리아드」의 남, 여 주인공
이름이 아닌가? 너무 위트가 있는 것 같았다.

　11시경 트로이에서 출발 다시 북쪽으로 올라가 차나칼레(Canakkale)에
서 페리를 타고 에체바트(Eceabat)로 건너가서 이스탄불로 향했다. 어제부
터 분 강풍 때문인지 지난번 보다 매연이 훨씬 적어 숨 쉴만했다. 멀리서 보아
도 정말 대도시인 이스탄불이 바로 코앞이다.

슐리만의 오두막이
있던 자리에서
아스킨씨와
그의 책 「트로이」

위스크다르라는 터키 민요의 진짜 제목은 「캬팁」이다. 「캬팁」은 오스만제국 때부터 구전으로 내려
오는 터키의 전통적인 민요인데 노랫말을 보면, 위스크다르에 살고 있는 처녀가 젊은 공무원을 사
모하는 연가이다. 1960년대에 에라칼린(Erakalin) 감독이 만든 「캬팁(Katip ; Clerk)」이란 영화가
나왔고 배우이자 가수인 어싸 키트(Eartha Kitt)가 녹음한 노래가 대히트했다.

자동차 안 풍경 2

주차시간을 알려주는
플라스틱 시계

미국에서 여행할 때는 차가 작아서 더했지만, 조수석에 앉은 나는 우리가 차로 움직이면서 꼭 필요할 것 같은 모든 것을 나의 손이 닿는 곳에 놓아둔다.

의자와 의자 사이 사이드 브레이크 있는 곳에 책 주머니 하나를 세워 놓았는데, 그 안에는 최근에 갔던 곳의 안내책자, 지도, 볼펜과 형광펜 등이 들어있는 필통, 작은 물병 하나, 가끔은 금방 먹을 수 있게 씻은 포도나 복숭아도 맨 위에 올려놓고, 앞쪽의 글로브 박스에는 자동차 등록증, 보험증서, 주차할 때 이 차가 몇 시부터 주차했음을 알리는 푸른 플라스틱 시계, 나침반, 손 돋보기, 작은 비닐 여러 개에 각 나라의 동전, 사탕 등등.

오른쪽 차 문에 있는 포켓에는 휴지, 당장 필요한 지도, 호텔 안내서, 우산 등등. 조수석 의자 뒤쪽 바닥에는 예비용의 큰 생수병 하나, 샌들(운동화를 오래 신고 있어서 발에서 불이 날 때 신는), 전기밥솥이 있고 왼쪽 손으로 열기 편하게 뒷자리 가운데에 있는 아이스박스 안에는 음료, 과일, 김치, 오이지, 고추장 등 우리의 먹거리가 가득하며 냄새를 흡수시키려 신문지를 몇 장 맨 위에 덮어놨다.

동생네가 떠나고 나니 차 안이 조금 넉넉해져서 가끔 공원 같은 데서 점심을 먹고 싶은데 너무 춥거나 날씨가 나쁘면 우리는 예의 그 붉은 체크무늬의 비닐 식탁보를 뒷좌석 가운데의 아이스박스 위에 단정히(?) 깔고 느긋하게 식사를 해결한다.

그리고 맨 뒤의 짐 싣는 공간도 여유가 생겨서 요새는 뒷좌석 의자 있는 곳부터 쭉 잡아당겨 가방이나 짐 등을 가릴 수 있는 덮개를 잘 이용한다. 세탁기를 만나기 어려운 요즘은 날씨가 추워져 호텔에도 히터가 들어오니 그때를 이용해 호텔에서 청바지를 빨아서 수건과 함께 자근자근 밟았다가 히터에 올려 말리기도 하지만 조금 덜 말랐을 땐 차 뒤쪽의 그 덮개 위에 척! 얹어놓고 다닌다. 가끔은 티셔츠, 때로는 햇님의 양말까지….

여행을 오래 하다 보니 느는 게 배짱이고 뻔뻔함인가? 

이스탄불의
성 소피아 대성당

>> 달님의 박물관 관람기

성 소피아 대성당

세계의 교회 중 4번째로 크며, 현존하는 교회 중
가장 오래된 성 소피아 대성당은 6세기 이스탄불이 비잔틴제국의 수도
콘스탄티노플일 당시에 건축되어 교회로 사용되다가 후에
477년 간 회교 사원이 되었으나 1935년 아타투르크가
박물관으로 만든 후 지금의 모습을 가지게 되었다.

11월 6일
이스탄불 – 성 소피아 대성당과 블루 모스크

성 소피아 대성당
내부(위)

성 소피아 대성당
2층 갤러리(아래)

열흘이 지나 다시 돌아온 이스탄불은 지난 며칠 간 바람이 쌩쌩 불어 그런지 숨 쉴만했다. 그러나 대신 날씨가 쌀쌀하다.

'이스탄불 – 세상에 하나뿐인, 두 개의 대륙에 걸쳐있는 도시. 보스포러스 연안에 서서 로만, 비잔틴, 오토만 제국을 거치며 수도로서 지켜져 온, 과거와 현재를, 동과 서를 잇는 특별한 연결고리…' 도시 이스탄불을 소개하는 글이다.

아침 전철을 타고 시내의 가장 중심인 술탄 아흐멧(Sultan Ahmet)역으로 가서 세계 곳곳의 도시를 누비는, 눈에 익은 붉은색의 시티투어 버스를 탔다. 그러나 녹음된 안내방송은 너무나 단조롭고 설명도 너무 성의 없어 '저 건물은 몇 년도에 지은 무슨 건물이다' 하면 끝이다.

성 소피아 대성당(St. Sophia 혹은 Haghia Sophia), 술탄 아흐멧 사원(Sultan Ahmet ; Blue Mosque), 지붕이 있는 큰 시장(Grand Bazaar), 톱카피 왕궁(Topkapi Palace), 물 위에 떠 있는 듯한 돌마바흐체 궁전(Dolmabahce Palace)을 지났다.

여러 개의 회교사원들과 또한 쇠로 만든 불가리아 교회(Bulgarian Church), 길게 이어진 시의 성벽, 그리고 토굴감옥(Dungeon), 싱싱한 생선들이 가득한 어시장, 고대도시의 심장부였다는 히포드롬(Hippodrome) 등등을 맛보기로 우선 보았는데 버스 2층에 앉아 한 시간 반 동안 바람을 맞았더니 너무 춥다.

버스에서 내려 우선 성 소피아 대성당으로 갔다.

비잔틴 시대에 세워진 건축물 중 최대의 걸작으로 여겨지는 이 건물은 현재 박물관으로, 성당의 기능은 갖고 있지 않은데 6세기에 세워져 900년간 교회로 사용되다가 15세기 오토만의 정복으로 480년간 이슬람 사원으로 사용되었다 한다.

블루 모스크의
천장(좌)

톱카피 왕궁의
첫 번째 문(우)

현대 터키 공화국의 창시자 무스타파 케말 아타투르크(Mustafa Kemal Ataturk)의 명령으로 비잔틴 모자이크 위에 씌워졌던 회칠이 사라지게 되었고 1935년부터 박물관으로 일반에게 공개되기 시작했다고 한다. 우여곡절을 겪은 건물답게 그리스도교와 이슬람식의 요소가 모두 어우러져 묘한 느낌을 주었다. 건물의 기둥 하나 하나, 벽 하나 하나, 모자이크 벽화 등등이 모두 아름다워 사람들이 그렇게 많이 찾아와 감탄할만 하구나 하고 생각했다.

여성들이 예배를 보도록 특별히 배려한 2층 갤러리 올라가는 길은 계단이 아니고 통로로 된 비탈길로 이어져 빙글빙글 돌아 올라가게 되어 있는데 회교여성 특유의 복장을 한 여학생들을 많이 만날 수 있었다.

나중에 화장실로 가니 머플러로 머리를 가린 많은 여성들이 신발과 양말을 벗고 세면대에 한 발씩 올리고 씻느라 야단이다. 알고 보니 이곳에서 가까운 곳에 있는 블루 모스크(술탄 아흐멧 사원)로 기도하러 갈 준비를 하는 중이었다.

앞에 시원한 분수가 나오는 공원도 있는 블루 모스크 사원으로 가니 입구 오른쪽에 많은 수도꼭지 앞에 네모난 돌이 있어 여기에서는 수많은 남자들이 앉아서 발을 씻느라 바쁘다. 그리고 사원 안으로 들어갈 땐 모두 신발을 벗어서 주머니에 넣어 들고 들어간다.

아름다운 무늬의 카펫이 쫙 깔려 있는 사원 안. 앞에서 얼쩡대며 사진 찍어대는 관광객들은 아랑곳하지도 않고 많은 사람들이 열심히 엎드려 절하고 기도하곤 한다.

성소에
들어가기 전
깨끗이 씻고…(위)

케밥아,
칼 들어가신다!
(아래)

이스탄불에서 가장 크고 훌륭한 사원이라는 블루 모스크, 즉 술탄 아흐멧 사원은 내부의 벽과 돔에 사용된 타일과 그림의 색들이 거의 푸른색과 녹색을 띄고 있어 붙여진 이름이라 한다. 생각해 보니 신도들이 엎드려 기도하던 바닥의 카펫도 푸른색이었다. 그 규모와 아름다움과 신도들의 열심히 기도 드리는 모습에 감탄과 아울러 경건한 마음이 절로 우러난다.

이집트의 룩소르(Luxor)에서 분명히 가져왔을, 아래 부분의 40%가 깨져 나간 채 세워져있는 오벨리스크(Obelisque)가 있는 히포드럼(고대에 경기장이었음), 즉 술탄 아흐멧 광장으로 가 보았다.

정오가 되니 음식점과 상점들이 문을 열기 시작하고 케밥 집에서는 연기를 피우기 시작한다. 우리도 들어가 점심을 때우고 톱카피 왕궁으로 가서 특이하면서도 아름다운 회교식 정원과 건물들, 그리고 거대한 부엌에 전시되어 있는 중국의 당, 청, 명나라 때의 도자기들을 구경할 수 있었다.

돌아오는 길에 들린 지붕 덮인 큰 시장(Grand Bazaar). 눈부신 조명등 밑에 좁은 골목 가득한 상점들, 갖가지 물건들, 각 나라 사람들, 도저히 끝날 것 같지 않은 골목 상점들. 그러나 그 안에 들어갔다 나오면서 아무것도 사지 않은 사람은 우리 둘 뿐인 것 같았다.

11월 7일
며칠 사이 정이 든 터키를 떠나며

터키를 떠나는 날이다. 터키는 입국수속 때부터 기분이 좋지 않았고, 매연에다 교통 체증은 물론, 돈의 단위가 커서 그런지 가끔 거스름 돈 등이 분명치 않을 때도 있었지만 콜탈 묻은 차를 깨끗이 세차해준 분, 이발을 정성스레 잘 해주었던 이발사, 친절하고도 맛있는 *케밥 집에서 자기들과 같이 사진 찍어 달라던 식당 지배인, 고추 절임 반찬이 맛있다고 하니 한 병 가득 채워주신 식당 주인, 세차하는 동안 따뜻하고 노란색의 터키산 차를 내어주던 주유소 주인, 길 잘못 든 우리를 자기 차로 길을 안내해 주던 청년 등등, 이곳저곳의 인심 좋은 분들을 만나

이틀 동안 묵었던
철 지난 바닷가

고 희한한 풍광들을 보면서 지냈는데 10여일 남짓한 여행을 마치고 막상 터키를 떠나려고 생각하니 그 며칠 사이 정이 들었는지 아쉬움과 미련이 남는 듯하다.

출국수속은 거의 일사천리로 마치고 그리스 면세점에서 일전에 터키로 들어갈 때 샀던 싸고 맛있는 포도주 몇 병을 더 샀다.

터키의 박물관
입장권

테살로니키에서 가까운 바닷가 마을 아스프로발타(Asprovalta)에서 한 이틀을 쉬면서 밀린 일기를 정리하기로 하고 방을 찾아 나섰다. 깨끗하고 긴 모래사장, 넘실대는 파도, 우거진 나무들…. 조용하고 멋있는 바닷가에 쭈욱 늘어선 음식점, 상점, 호텔들….

철이 막 지나서 거의 모든 호텔이 내년 시즌까지 문을 닫고 쉰다고 했는데 해변 끝에 있는, 바다가 내려다보이는 2층의 방 하나를 겨우 구하여 이틀 간을 묵었다.
낮에 밥 먹으러 나와서 해변 가를 한번씩 거닌 것 빼고는 방에 틀어박혀 가끔가끔 창 밖으로 비바람에 흔들리는 나무와 저 멀리서부터 하얀 물거품을 내며 몰려오는 파도를 보기도 하며 꼬박 이틀 동안 일기 정리를 했다.

＊ 케밥(Kebab)

원래 뜻은 '꼬챙이에 끼워 불에 구운 고기'이며, 중국·프랑스 요리와 함께 세계 3대 요리의 하나로 꼽히는 터키의 대표적인 요리이다. 주재료는 쇠고기·양고기이며 닭고기를 쓰기도 한다. 케밥은 여러 다른 음식과 곁들여 함께 먹기도 하는데, 터키의 노점에서는 기름에 구운 통고등어를 양파 등 야채와 함께 빵에 끼워 소금을 적당히 뿌려 팔기도 한다.

터키인들과 돈

그리스에서도 그랬지만 터키인들은 정말 순박하다.
길을 물어 보았을 때 설명하다가 잘 안되면 무조건 자기를 따라오라고 한다.
나중에 너무 고마워 돈을 주면 절대로 안 받는다.
카파도키아에서 바위 속을 뚫은 집에 사는 한 아저씨.
자기 집을 돈도 안 받고 그렇게 친절하게 보여주다니….

데린쿠유의 지하도시를 보고 나서 남쪽으로 내려가 해변을 타고
서쪽으로, 서쪽으로 가던 날.
길가에 연기 나는 집이 있어 들렸더니 맛있는 케밥과 함께 짭짤하고 새콤한 고추 절임
을 주기에 다 먹고 나서 빈 통과 돈을 조금 내밀고 고추 절임을 좀 달라고 했더니 고추
절임을 한 통 가득 채워 주고도 돈을 극구 사양하기에 결국 돈을 억지로 주머니에 꾸겨
넣어 주었다.
그러나 터키에 와서 어영부영하다가 돈 셈이 흐린 터키인 때문에 손해 볼 뻔한 적도 몇
번 있다. 한 번은 한 밤중에 주유소에서 8천9백만 리라어치의 기름을 넣고 1억 리라짜
리를 내고 기다리니 우리에게 천백 만을 주어야 하는데 백만 리라짜리 두 장만 주었다.
어두워서 잘 보이지도 않고 지폐에 0자가 너무 많아 맞겠지 하고 그냥 떠나려다가 다
시 세어보고는 적게 받은걸 알고 쫓아가 따져서 9백만 리라를 더 받았다.
과연 어두운 밤을 이용해서 그랬을까? 실수였을까?

남쪽 해안지방 안탈리아 근교 쿰루카의 한 은행에서 돈을 바꿨는데 터키 돈 리라가 너
무 부피가 많아 우선 받아 가지고 나와 의자에 앉아 헤아려보니 이천만 리라짜리 다섯
장이 모자란다.
다시 가서 얘기하고 받아왔다(이건 진짜 은행원의 실수였다).

또 한 개에 1달러짜리 망사를 파는 아줌마, 5백5십만 리라를 거스름으로 주어야 하는데
5십만을 안 주고 가만히 있다가 달라고 하니까 마지못해 준다.
그냥 모른 척 할걸 그랬나?
생각해 보면 순박한 사람들인데 이것저것 환경이 그렇게 만든 것인지 내가 잘못 생각
한 것인지….

그리스 – 메테오라 바위 위의 수도원

비가 오는 아침. 테살로니키의 인터넷 카페를 떠나 서쪽으로 베리아(Veria), 코자니(Kozani)를 거쳐 칼람바카(Kalambaka)로 향했다.

비는 오고 추월은 생각도 못하는 아주 험한 산길에다 안개가 잔뜩 끼어서 모든 차가 기어가듯 천천히 간다. 안개가 없었으면 기막힌 경치가 있었을 텐데… 하는 아쉬움이 있었지만 이런 안개를 보는 것도 멋있는 경치 중 하나라고 생각하니 언뜻 기억나는 것이 있다.

다니던 회사에서 봄, 가을 전 직원이 함께 세미나와 워크숍 등을 하며 묵었던 남한강 옆 연수원. 가을아침 강물에서 피어오른 안개가 자

산 꼭대기의 수도원과 입장권

욱한 사이로 단풍이 아른아른 보이는 풍경이 너무 멋있었다. 그곳의 큰 바위에 새겨 놓은 글이 '남한추무(南漢秋霧)' 였는데 이곳이 꼭 그런 느낌이다.

칼람바카에서 약 20여 분 더 들어가니 메테오라(Meteora)라는 곳에 범상치 않은 바위들이 서 있고 그 사이 평평한 곳에 마을이 옹기종기 모여있다. 80m~100m 정도씩 갑자기 우뚝 우뚝 솟아 있는 바위들.

그런 바위 꼭대기에는 가끔 조그마한 수도원이 지어져 있는데 어떻게 저 꼭대기엘 사람이 올라갈 수 있고 더구나 어떻게 거기에 저런 수도원을 지을 수 있었을까 하는 생각이 들 지경이다. 여러 개 있었던 수도원들이 세월의 흐름속에 거의 없어지고 지금은 이곳저곳에 6개 정도만 남아 있다고 한다.

'남한추무' 가
생각나는
안개 가득한 길(위)

휴!
꼭대기가 보인다
(아래)

그중 루자누 수도원(Holy Monastery of Saint Barbara Rousanou)으로 갔다. 수도원은 앞에서 보면 거의 수직으로 80m 정도 되는 높은 바위 위에 지어져 있어 아무도 그리로 오르지 못할 것 같이 생각되었는데 뒤쪽으로 오를 수 있도록 층계를 내어놓았고 바위와 바위 사이는 다리를 놓고 다시 층계, 다리…. 이렇게 하여 꼭대기까지 올라갈 수 있게 만들어 놓았다.

입구에 써놓은 안내판을 보니 매주 수요일은 쉰다고 하며 개방시간은 오전 9시부터 오후 2시까지이다.

이곳은 여자 수녀님들만 수도하는 곳으로 입구에서는 짧은 치마나 바지 입은 여자들을 위해 걸치고 들어갈 수 있는 긴치마를 준비해 놓고 있었다. 바위 꼭대기 협소한 공간에 잘도 지어 놓은 조그만 교회 안에는 프레스코 벽화가 잘 보존되어 있다. 반경 4~5m 정도의 좁은 교회를 보는데 입장료가 1인당 2유로로 조금 비싼 편.

구비구비
돌아가는 산길

옛날 사람들은 좀더 하늘 가까이 가서 기도하기를 원했고 그리하여 높은 바위가 솟아있는 이곳으로 와서 처음에는 바위틈이나 조금 높은 곳, 움푹 들어간 곳에서 기도하며 살다가 점점 높은 곳으로 옮겨가며 몇 대에 걸쳐 꼭대기에 교회를 짓고 수도원을 지었다 한다. 신앙의 힘은 상상을 초월하는 일도 다 만들어 내는구나 하고 생각했다.

오후에 이태리로 건너가는 페리를 타기 위해 이구메니짜(Igoumenitsa) 항으로 왔다. 바다는 보이지 않고 계속 산만 돌아 내려오는구나 생각하며 오다가 보니 내륙 깊숙이 바다가 들어와 있는 천연적인 항구이다.
이곳 항구에서는 이태리의 브린디시(Brindisi)는 물론 베니스(Venice)로 가는 배가 출항을 한다. 베니스로 직항하는 배는 23시간이나 걸린다고 해서 단념하고 계획대로 내일 아침 10시 브린디시로 출발하는 페리를 타기로 했다.

나프플리오
바다 가운데 있는
아크로나우플리아 요새

남 유 럽

물에 잠기고 있는 베네치아를 안타까운 마음으로 돌아다녔고
슬로베니아의 블레드 호수에서는 그 신비한 풍경을 가슴에 오래 담으려 애썼다.

스페인의 바르셀로나는 온통 가우디의 세상이었으며
마드리드와 톨레도를 거치며 엘 그레코가 좋아졌다.
그라나다에서는 플라멩코 춤도 구경하고 「알함브라 궁전의 추억」을 만들었다.

포르투갈의 땅끝 마을 싸그르부터 스페인 바스크 지방의 게르니카,
또 프랑스의 파리에 와서는 불 밝혀진 에펠탑과 샹제리제 거리를 누비고
우리의 긴 여행을 끝냈다.

5차 여행
남유럽

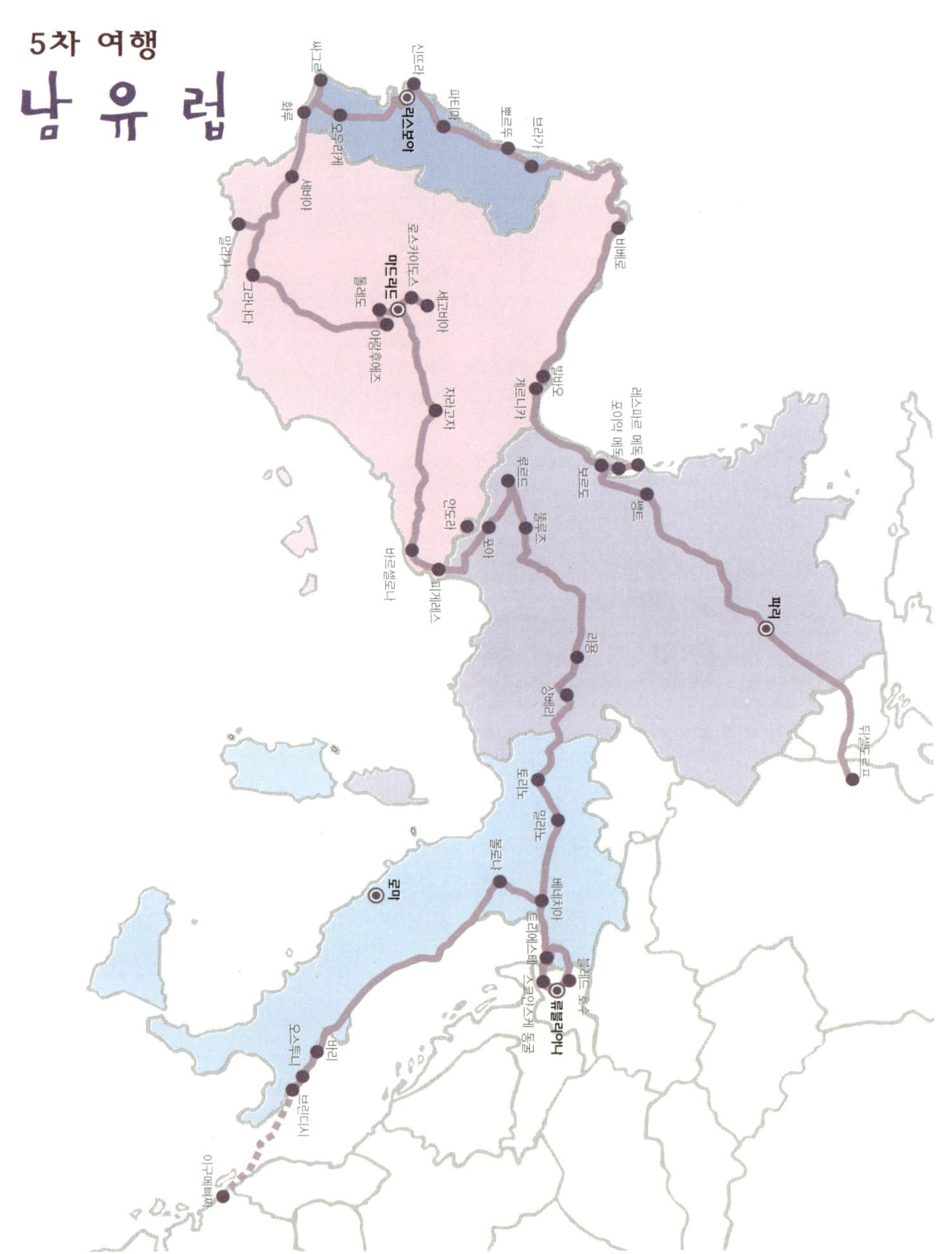
마드리드
똘레도
아란후에스
세고비아
시구엔사
히혼
파티마
신꼬리
안도라
게로나
피게레스
루르드
보르도
뚤루즈
리옹
샹베리
파리
로마
밀라노
베네치아
트리에스테
류블랴나
풀라
자다르

11월 14일
베네치아가 물에 잠기고 있다

"베네치아가 물에 잠기고 있다 – 베네치아로 갈 때에는 장화를 준비하라."

어제 아침 이태리의 오스투니(Ostuni)를 출발, 볼로냐(Bologna)를 거쳐 베네치아(Venezia) 근교 상업지역인 메스트르(Mestre)에서 묵은 우리는 아침에 버스를 타고 육지와 베네치아 섬을 연결하는 자유의 다리(Ponte del la Liberta)를 건너 베네치아의 로마 광장(Piazzale Roma)으로 갔다.

손님 기다리는
정박중인 곤돌라

곧 달려 나가려는 듯한
네 마리의 말 조각

그런데 그곳에서 5유로씩 하는 운하로 다니는 수상 버스를 타고 산마르코 광장(Piazza San Marco)으로 갈 때까지는 몰랐다. 그저 열심히 물가의 집들을 구경하며 사진 찍고 가끔 보이는 납작한 밀짚모자에 줄무늬 셔츠를 한 곤돌라 사공의 모습이 보이면 빙긋이 웃어주곤 했는데 배에 탄 사람들 중 가끔 장화를 신은 사람들이 보여 이상하게 생각했더니-.

광장에 도착해 보니 바닷물이 광장 곳곳에서 꿀럭꿀럭 솟아 나오고 있고 사람들이 발 적시지 않고 길을 걸을 수 있게 임시로 길을 만들어 놓았지 않은가? 그곳에 도착한 지 1시간이 지나 산마르코 바실리카(San Marco Basilica)에서 내려다 본 광장은 거의 전체가 물바다가 되어 있었다.

꿈에도 그리던 산마르코 광장!
'- 밝은 광장엔 사람들, 비둘기들로 가득하고 갑자기 혼자 솟아있는 종탑과 바실리카의 아름다운 모습, 페스티벌의 가면으로 치장한 많은 사람들 등등….'
그림이나 사진으로 보아왔던 그 모습과는 너무 다르다. 비둘기먹이 팔던 사람도 물에 점점 쫓겨 한 편으로 물러서고 장화를 사 신고 온 사람들만 이곳저곳으로 물을 헤치며 다닌다.

산 마르코 광장의 종탑

아침 일찍 갔던 우리는 다행이 바실리카로 들어갈 수가 있어서 거의 완벽하게 보존되어 있는 성당 안의 아름다운 모자이크와 중간 발코니의 네 마리의 말이 곧 달려나가려 하고 있는 것 같은 조각을 잘 구경하고 나서 어찌어찌 발도 적시지 않고 골목길을 돌아 음식점으로 갔다.

골목길 곳곳에도 유사시에 쓰려고 임시 통로 받침대와 그 위에 올려놓을 판자 등이 쌓여 있었다. "베니스 사람들 얼굴에는 근심이 가득하구나…" 하는 햇님의 코멘트.

산 마르코 광장의 장화부대(좌)

아름다운 산 마르코 바실리카(우)

바실리카에서 내려다 본 물 찬 광장(아래)

좁은 골목길과 수많은 다리를 건너고 성당들과 광장 몇 개를 지나 꼭 와보고 싶었던 산타마리아 데이 미라콜리(Santa Maria dei Miracoli ; 기적의 성모) 성당을 찾았다.

17년 전 뉴욕에서 공부할 때 와 보지 못했던 이곳을 주제로 슬라이드와 리포트를 작성해 발표를 했었는데… '작지만 아름다운 성당으로 아래쪽 기둥은 코린트식인데 위쪽 기둥은 이오니아식이며 옆으로는 작은 개천이 흐르고 옛날에는 2층에서 건너편 건물의 수녀원으로 통하는 구름다리 같은 통로가 있었다고 했고…'

그때의 공부하던 기억이 새록새록나며 감회에 젖었다.

추운 바람이 부는데도 많은 관광객들로 붐비는 리알토 다리(Ponte de Rialto)는 가게들로 꽉 차있고 다리를 건너 내려가니(다리가 아치처럼 되어 있어 양쪽은 계단) 성업중인 물가에 있는 레스토랑의 바깥 테이블에는 비닐로 벽을 쳐 놓았고 천장에 붙어있는 난로도 피운다.

미로와 같은 길을 이리저리 헤매면서 한국에서 온 젊은이들과도 몇 번 마주치고 추위와 베네치아의 스산한 분위기에 마음이 오그라져 빨리 호텔로 돌아왔다. 저녁 호텔근처의 극장에서 하는 미국판 「Shall we dance?」를 보고 중국음식으로 저녁. 해물탕 맛이 뜨끈뜨끈, 끝내줬다.

산타마리아 데이
미라콜리 성당(위)

리알토 다리 부근의
기념품 가게(아래)

11월 15일
슬로베니아 – 스코얀스케 동굴

베네치아의 아침, 빵집은 손님이 너무 많아 마치 한국의 은행처럼 번호표를 뽑아들고 순서를 기다려 빵을 사서 넣고는 슬로베니아(Slovenja)로 향했다. 떠난 지 2시간 20분 만에 슬로베니아 국경 도착.

수도인 류블리아나(Ljubljana)로 가는 길에 있는 스코얀스케 동굴(Skocjanske Jame)에 들렸다. 1986년부터 유네스코의 보호아래 있는 이 동굴은 슬로베니아 내에 있는 7,000여 개의 동굴 중 지하에 있는 골짜기와 엄청나게 큰 공간의 방들이 있는 것으로 유명하다 한다.

11시 30분에 도착했는데 산 속이라 그런지 찬바람이 불고 사람도 너무 없어 혹시 문을 닫은 건 아닌가 했더니 11월에는 하루에 아침 10시와 오후 1시, 두 번에 걸쳐 가이드를 따라 내려가 보게 되어 있다고 한다.

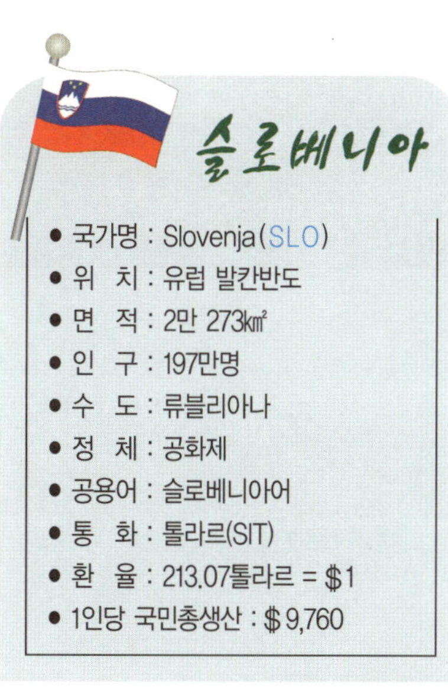

반대편에서 본 동굴 위의 교회 ▮

　동굴은 '침묵의 공간(Silent Part)'
과 '물의 공간(Water Part)'으로 나뉘는
데 먼저 침묵의 공간으로 들어섰다. 조금
내려가니 엄청나게 큰방들에는 천장이 높
은데다가 밝아서 디테일이 잘 보이는 척
척 드리워진 돌 커튼들이 있고 터키의 파
무칼레에서 본 계단식 연못 축소판 같은
것들도 있고 백년에 1cm씩 자란다는 종
유석과 석순, 또 형형색색의 바위들이 가
득했다.

　'물의 공간' 쪽으로 내려가면서는 천장이 까마득하게 높아 동굴 내의 분위기가
전혀 지하 같지 않게 느껴졌다. 계곡에 물 흘러내리는 소리가 점점 시끄러워지더니
와아! 강원도의 백담사 올라가는 계곡이 눈앞에 펼쳐진다. 엄청나게 많은 물이 흘러
내려 떨어지고 바위를 휘돌아 또 흘러가고… '백담사 계곡 위에 지붕이 있구나' 하
고 상상하면 딱이다.

　1964년 9월 2일, 비가 많이 내려 많은 물이 이쪽으로 흘러 들어왔으나 나가는
어느 한곳이 막혀 물이 동굴 속으로 90m나 차 올라 왔었다 한다.(천장은 그 위로 그
만큼 더 높으니 얼마나 굴이 크고 높겠는가?). 그때 이곳으로 흘러들어 온 나뭇가지
등의 잔재가 아래쪽 저만치에 조금 보이고 어떤 것은 높은 천장 석순 사이에 걸려있
는 것도 있다. 그 당시 아래쪽 물 가까이에 있던 관광객의 통로 등이 많이 파손되어
그 후로는 훨씬 위쪽에 다시 만든 통로를 사용한다고 한다.

　동굴 안에서는 사진 촬영이 금지였었고 나오면서 마치 환상에서 깨어나듯 동굴
출구 등을 찍었다.

　미국 여행 중에 들려보았던 여러 동굴 중 가장 규모가 큰 칼스배드(Carlsbad)
동굴이 세계에서 가장 길다고 했으나 이곳보다는 천장이 낮고 대체로 어두운 색깔
로 답답한 느낌이었는데 이곳에서는 동굴 안에서도 물이 흐르고 가슴이 확 트이는
멋진 풍경을 볼 수 있어서 정말 와 보길 잘 했다고 몇 번을 생각했다.

11월 16일

슬로베니아 – 신비의 호수 블레드

류블리아나에서 서북쪽으로 약 50km 정도에 있는 작은 호수 '블레드 (Bled)'. 9년 전 작품전시 때문에 왔다가 들렸던 이곳 이야기를 여러 번 했더니 내가 또 와보고 싶어하는 줄 눈치채고 결혼기념일을 슬로베니아의 블레드 호수에서 지내게 하려고 배려한 햇님의 마음 씀씀이가 너무 고맙다.

베니스에서 스페인으로 가기 전 이쪽으로 방향을 돌렸는데 나는 이번 여행에서 하도 아름다운 풍경을 많이 보며 다녔으니 9년 전 처음 와서 감탄했던 것이 아직도 유효할까 궁금했고 혹시 아직 와 보지 못한 햇님이 실망하지나 않을까 은근히 걱정도 되었었다.

신비의 호수 블레드

그러나 – 역시 블레드 호수는 아름다웠다. 신비에 싸여 있는 듯한 호수와 그 안의 작은 섬. 그리고 멀리 눈이 덮인 산을 배경으로 바위 위에 솟아 있는 성. 배를 타고 섬으로 건너가 언덕을 오르니 또 다른 시각으로 보는 아름다운 풍경이 펼쳐져 어느 곳을 사진 찍어도 그림 엽서 감이다.

섬 안의 언덕위 작은 성당 안에는 '소원의 종(Wishing Bell)'이 있는데 오늘은 줄을 힘껏 당겨 소리내는 데만 정신팔려 소원 비는 것도 잊어 버렸다. 지난번 트레비분수 때도 그랬는데…. 아마 더 욕심내지 말아야 하기 때문인가?

감춰두었던 보물을 햇님에게 보여준 것같이 이상하게 뿌듯하고 자랑스럽기까지 했다. 성당 옆의 카페에서 따뜻한 차 한 잔씩으로 몸을 녹이고 다시 배를 타고 현실로 돌아왔다.

앙상한 나무가지와 종탑(위)

섬에서 배 타러
내려가는 계단(가운데)

호수 안의 작은 섬으로
데려다주는 노 젓는 배(아래)

11월 17일

이태리 밀라노를 거쳐 프랑스로

어제 저녁은 베네치아로 돌아와 근교 메스트르에 있는 지난번과 같은 호텔에서 지냈기 때문에 지난 14일날 저녁을 맛있게 먹은 중국식당으로 또 가서 이번에는 두 사람 다 같은 해물탕을 시켜서 뜨끈뜨끈, 호호 불면서 맛있게 먹었다.

독일 베이스캠프의 황 사장 부부께서 내일 프랑스의 천주교 성지 루르드(Lourdes)로 오신다 했으므로 그곳에서 만나기로 하고 오늘은 베네치아를 출발, 밀

웅장한 밀라노의
두오모 성당

라노(Milano)를 들려 최대한 프랑스 쪽으로 많이 움직이기로 했다.

밀라노로 들어가는 고속도로가 끝나는 톨게이트. 요금 징수원 아줌마에게 "두오모(Duomo 성당)!" 하고 소리쳐 물어보니 "비알 레 포를라리니!" 하고 마주 소리질러 준다. 나는 빨리 손바닥에 'Via Le Forlalini' 라고 쓴다. 요새는 고속도로를 달리다가 도시외곽에서 대충 나가는 곳만 정확하게 나가면 직통으로 원하는 곳으로 간다. 한 10개월 여행을 하다보니 이렇게까지 길 찾는 것이 세련되어 질 줄이야!

두오모 성당 근처에 주차해 놓고는 지하철을 타고 세 정거장 떨어져 있는 카도르나(Cadorna) 역으로 가서 예약을 하진 않았지만 혹시나 하고 레오나르도 다 빈치의 「최후의 만찬」 원본이 있는 체나콜로(Cenacolo Vinciano)로 갔으나 역시 매진(sold out)이다(일주일 전 예약은 필수라고 함). 아쉽지만 지난번 빈에서 김병구 박사의 안내로 원본보다 더 크고 색깔도 선명한 모자이크 타일로 된 「최후의 만찬」 그림의 복사판을 보았던 것으로 위안 삼았다.

대대적으로 수리중인 두오모 성당을 둘러보고 또한 문을 아예 닫고 수리중인 라 스칼라(La Scala) 극장으로 가서 공사 막이 벽에 사진과 함께 설명을 곁들인 극장의 역사를 쭉 붙여놓은 것을 보고 역사 공부.

레오나르도가 라 스칼라 극장을 향해 서 있는 모습을 보고 나서는 장엄한 '갈레리아 비토리오 엠마누엘 2세(Galleria Vittorio Emanuelle II)'의 즐비한 세계명품 가게들을 바람처럼 스쳐 지나와 토리노(Torino)로 떠났다.

다빈치의 「최후의 만찬」
원본이 있다는
체나콜로(위)

수리중인
라 스칼라 극장과
공사 막이(아래)

　　오늘 안에 이태리 국경을 넘을 수 있을까? 어쩔까? 했었는데 드디어 이태리와 프랑스간을 관통하는 프레쥬(Frejus)라는 터널을 지났다(통행료 29유로 30센트. 아휴 비싸!). 어두워지기 시작한 산 마을을 꼬불꼬불 지나 프랑스로 넘어와 샹베리(Chamberry)에 방을 정했다.

　　저녁을 먹으러 나갔으나 7시 30분 혹은 8시가 되어야 저녁 영업을 시작 한다니…. 점심을 핫도그로 때운 우리는 그때까지 기다릴 수 없어 돌아다니다가 문을 연 레스토랑 하나를 어찌어찌 찾아 입이 넓은 유리병(까라페)에다 주는 하우스와인 두 병을 넘쩍 하고는 쓸쓸한 바람 부는 저녁 샹베리 시내를 어슬렁거렸다. 작지만 아늑한 분위기의 프랑스 도시였다. 🌙

라 스칼라 극장 앞의 레오나르도 다 빈치 동상

11월 20일

프랑스 – 성모 발현지 루르드

햇님 친구분을 만나러 루르드 성지까지 어제 하루만 거의 900km를 달리고 또 달렸다. 햇님 생각엔 프랑스의 고속도로가 노견이 넓고 시야가 확 트여 운전하기에 매우 편안하다 하여 통행료는 조금 비싸지만 가급적 고속도로를 많이 이용했다.

루르드 시내로 들어서서 '동굴(Grotte)'이라는 표지판을 보고 따라 들어가 성지 입구에서 먼저 와서 기다리고 있는 황사장님 부부를 만나 떠난 지 한 달이 넘어 다 떨어져 가는 쌀, 오징어, 김치, 김, 깻잎 등등 보급품을 받았다. 짐을 풀고 시내로 나와 일찍 문을 연 식당을 찾아 마침 맛도 좋은 햇포도주를 곁들여 한 달만에 회포를 풀었다.

로자리 바실리카 성당 모습

루르드(Lourdes) 성지.

성지를 돌아나가는 강물의 낙차 있는 곳이 숙소에서 가까운지 밤새 물소리가 너무 요란해 잠을 설칠 지경이었다. 한국 송광사의 여름 수련회에 다녀온 사람들의 글에서 읽었던 요란하다는 물소리가 생각났다.

아침 8시에 식사하러 식당으로 내려가니 우리 말고는 거의가 나이 많은 분들이었는데 아마도 은퇴하신 성직자 분들과 치료를 위해서 이곳에 투숙하는 분들이 많은 것 같았다. 햇님 친구분 부인은 예상한대로 새벽 기도 드리러 다녀오느라 쌀쌀한 바깥공기에 발갛게 상기된 얼굴로 조금 늦게 오셨고 밤새 잠을 설친 친구분은 조금 더 늦게 합류했다.

1858년 당시 14살이던 베르나데뜨 성녀(St. Bernadette Soubirous)가 18회에 걸쳐 성모 마리아의 환영을 보았다는 바로 그 동굴에서 10시에 미사가 있다고 해서 시간 맞추어 성지로 나갔다. 왕관을 쓴 성모 마리아 상이 있는 엄청나게 넓은 광장(부활절 즈음에는 발디딜 틈이 없다고 한다) 끝쪽에 팔 벌리듯 서 있는 로자리 바실리카(Rosary Basilica)성당이 있고 그 뒤쪽으로 돌아가니 성모님의 환영의 지시에 따라 베르나데뜨가 땅을 파니 샘솟기 시작했다는 샘물, 즉 '성수'가 나오는 여러 개의 수도꼭지가 있고 그 옆의 작은 마싸비엘르 동굴(Grotte de Massabielle) 성당이 있다.

베르나데뜨 성녀 상(위)

동굴 성당에서의 미사(가운데)

간절히 비는 마음의 촛불(아래)

동굴 성당에서의 미사가 끝나고 친구분의 부탁으로 성서 한 권을 빌려주러 나오신 한국인 수녀 한 분을 뵈었다. 자신을 그라시아 김(Gratia Kim)이라고 소개하신 수녀님은 친절하게 이곳의 유래 등을 설명해주시고는 하늘색의 작은 '푸죠' 차를 박력 있게 몰고 우리를 당신의 숙소로 데려가셨다.

검소하지만 작은 성소처럼 꾸며놓은 숙소. 위층으로 올라가니 한지로 스테인드 글라스처럼 만들어 놓은 아늑한 미니 성당이 있다. 빈손으로 찾아간 우리는 인삼차 한 잔씩 얻어 마시고 좁은 길을 망설임 없이 차를 모는 수녀님의 운전솜씨에 다시 한번 놀라며 숙소로 돌아왔다(수녀님, 감사합니다).

모레 일요일 미사를 마치고 돌아가신다는 친구분 내외를 뒤로 한 채 우리는 오후 1시 40분경 출발했다.

프랑스와 스페인의 국경사이 높은 산꼭대기에 있는 무척 작은 나라 안도라(Andorra)를 향해 동쪽으로 조금 가다가 포아(Foix)라는 작은 도시에서 쉬었다.

미니 성당의
한지 스테인드 글라스(좌)

오랜만에 친구와
회포 풀기(우)

수녀님의 숙소에 있는
한국식 성화(아래)

여행 에피소드

또 다른 꿈나라 여행

드넓은 대륙을 페달 끝까지 맘껏 짓밟으며 달리는 기분은 달려 본 사람만이 느끼는
쾌감이랄까?
속도에 몸을 실으면 왜 그렇게 느낌이 하늘로 날아 갈듯 할까?
이번 여행 중 좀 미안하지만 제한 속도를 초과해 본 적도 꽤나 있었다.

가끔 옆자리의 달님마저 잠이 들어 조용할 때는 지나가는 바람소리와 앞에서 다가오는
길, 옆으로 달아나는 경치를 혼자 바라보면서 그 황홀함에 빠져들 때가 한두 번이 아니
었다.
어떤 때는 머릿속에서 즐겨듣던 음악과 지나가는 파노라마가 합쳐져서 한편의 오페라
나 영화와 같은 희한하고도 멋진 느낌에 빠져들곤 한다. 그래서 나는 조용해진 차 속의
운전을 즐기는지도 모른다.

몇 년 전 이집트의 아스완에서 아브심벨까지 허허벌판을 왕복 6시간 걸려 다녀온 적이
있었다. 열두 명이 탄 마이크로버스에 운전기사와 나를 빼고는 모두 잠이 들어 조용한
데 바람소리와 차 소리와 함께 펼쳐지는 사막의 풍경⋯
상상 속에서 넓고 버려진 사막 위에 수로를 만들고 빌딩이며 학교며 공장이며 비행장
이며 극장이며 호텔 등등⋯ 온갖 것들을 짓고 또 짓느라 잠 한숨도 못 잤었다.

이번 여행에서도 운전석 옆자리 달님이 꿈속을 헤맬 때 나 혼자서 또 다른 꿈나라
여행을 하면서 운전을 즐기곤 한다.

11월 20일

스페인 – 타이어 펑크나다

- 국가명 : Spain(E)
- 위   치 : 유럽 남부의 이베리아반도
- 면   적 : 50만 6,030㎢
- 인   구 : 4,260만명
- 수   도 : 마드리드
- 정   치 : 입헌군주제
- 공용어 : 에스파냐어
- 통   화 : 유로(Euro ; €)
- 환   율 : 0.90유로 = $1
- 1인당 국민총생산 : $1만 4,300

바르셀로나로 가는
앙상한 가로수 길

아침, 안도라로 가기 위해 호텔에 길을 알아보니 그곳은 해발 2,400m가 넘는 곳으로 눈이 와 있을 테니 스노타이어 및 체인 등이 필요하다고 하여 안도라 가는 것을 포기하고 빙 둘러가지만 비교적 평평한 길을 택해서 6시간 정도 걸려 스페인의 바르셀로나(Barcelona)에 들어섰다. 같은 유럽연합국가라서 국경이 특별히 없어 언제 들어 왔는지 모르게 벌써 스페인이다.

바르셀로나의 중심, 카탈루냐(Catalunya) 광장에 있는 여행안내센터에 들려 가우디(Gaudi) 성당 인근의 호텔을 소개받아 약도를 보며 찾아가는 길. 호텔에서 차로 5분 정도 거리까지 왔구나 하며 붉은 신호등 앞에 서 있는데 웬 오토바이가 옆에 와 서더니 운전자가 두 손가락으로 자신의 눈을 찌르는 시늉을 하며 우리 차의 뒷바퀴를 가리킨다.

외국인이라서 장난하는 모양이다 하며 그냥 무시하고 조금 더 가다보니 길 가던 다른 행인이 창문을 두드리며 손짓을 한다. 차를 세우고 살펴보니 우측 뒷바퀴가 펑크나서 완전히 주저 앉아있다. 지금 막 도착한 도시라서 동서남북도 잘 모르고, 날은 저물어 가는데 길거리에서 발이 묶였으니 퍽이나 난감하다.

일단 차를 조금 움직여 인도 옆에 주차를 해 놓고 걸어서 호텔로 찾아가 우선 체크인을 한 다음, 독일의 아데아체(ADAC ; 독일 자동차 협회)에 연락하여 주차해 놓은 곳의 도로 이름과 주소(만약의 경우를 위해 달님이 손바닥에 메모를 해왔음), 그리고 호텔 전화번호를 알려주었다.

약 45분 후 연락을 받고 차를 세워둔 곳으로 달려 가보니, 작업복을 입은 나이 예순 가까이의 기술자가 기다리고 있다가 능숙한 솜씨로 펑크난 타이어를 빼내고 차 트렁크 아래쪽에 매달린 스페어 타이어를 꺼내 바꿔 달아준다.

시동을 걸고 떠나 다시 출발하여 2~3분, 저만큼 호텔이 보이는 곳까지 왔는데 아까 펑크났다고 알려주던 바로 그 오토바이 친구가 다시 나타나 똑같은 시늉으로 바로 전에 갈아 끼운 타이어를 가리키는 것이 아닌가? 이번엔 가슴이 철렁!

차를 세우고 살펴보니 방금 전 갈아 끼운 타이어가 또 펑크다. 우린 무엇보다 어떻게 똑같은 사람이 두 번씩이나 펑크를 알려 줄 수 있나 하며 순간 섬뜩한 기분까지 들었다. 겨우겨우 호텔 앞까지 차를 몰고 와서 세워 놓고 나니 날은 깜깜하게 저물었고 이제 어찌 해야 할지 막막하다. 마음은 편치 않지만 펑크 난 차를 호텔 앞에 세워 놓은 채 그냥 잠을 청했다.

아침에 다시 아데아체에 연락했더니 이번에는 견인차를 보내주었다. 자동차를 싣고 함께 가서 알아보니 타이어 두 개가 모두 칼에 찔렸기 때문에 때울 수가 없다고 해서 260유로를 내고 새것으로 갈았다. 우리의 펑크를 알려준 오토바이 청년이 의심스러웠다. 혹시 그가 두 번이나 우리 차의 타이어를 칼로 찌른 것일까?

차를 몰고 시내로 나가기가 겁이 나서 차를 안전한 호텔 지하 주차장에 주차 시켜놓은 다음 오후 바르셀로나 관광을 나섰다.

견인차에 실린 우리의 차 샤란

11월 21일

바르셀로나는 가우디 세상

바르셀로나는 *안토니 가우디(Antoni Gaudi)의 세상이었다. 다른 한쪽에 피카소(Picasso), 미로(Miro), 따피에스(Tapies)도 있었지만 온전히 가우디의 도시라는 느낌이 강하게 들었다.

우리가 처음 들렸던 여행안내소가 있는 중심광장 카탈루냐(Catalunya)에서 시작한 버스투어는 온통 가우디의 건축 작품 「카사바티요(Casa Batllo)」와, 「라 페드레라(La Pedrera)」 그리고 「사그라다 파밀리아(Sagrada Familia)」, 또 「파크 구엘(Park Guell)」 등등을 보여준다.

사그리다 파밀리아는
아직도 공사중

그 외에는 베네치아의 산마르코(San Marco) 광장에서 본 것과 비슷한 종 탑이 두 개 서있는 '스페인 광장', 항구를 내려다보며 있는 도시의 허파 '몬주익 공원' 이 곳은 1992년 바르셀로나 올림픽 당시 황영조 선수가 마라톤에서 금메달을 땄던 바로 그 장소로서 바르셀로나 시민들이 여가, 문화, 운동 등을 즐기는 장소이며 일본인 건축가의 흰 대리석 조형물이 눈에 띄었다.

그리고 어제 바르셀로나에 도착해 처음 시내로 들어오면서 돌아 나왔던 '구 항구(Port Vell)', 다른 쪽에는 새 항구인 '올림픽 항구(Port Olimpic)'가 있었고 미로와 피카소와 따피에스의 미술관 등등을 둘러보고 나서 마침 묵고있는 호텔에서 멀지 않은 '가우디 길(Avinguda Gaudi)'에 있는 안토니 가우디의 필생의 역작인 「사그라다 파밀리아(Temple de la Sagrada Familia ; The Sacred Family)」를 보기 위해 버스를 내렸다.

「사그라다 파밀리아」 성당은 1882년에 이미 프로젝트가 시작되었으나 처음 맡았던 사람이 포기하고 1883년에 가우디의 뉴 고딕(New Gothic) 스타일 디자인이 채택되었는데 그때부터 그는 모든 열정과 혼과 가지고 있던 돈을 다 바쳤다고 한다.

이 성당을 짓는 일이 그에게는 거의 강박처럼 되어 그 안에서 낮과 밤을 지내고 집집을 다니며 찬조금과 후원금을 얻어내기도 했다고 한다. 1926년 사망한 그는 이 성당 안의 지하에 묻혀 있으며 아직도 미완성인 「사그라다 파밀리아」는 현대 바르셀로나의 상징이 되어 있다.

이 성당에는 두 개의 파사드(facade ; 건물의 정면)가 있어 한쪽에는 호셉 마리

호셉 마리아의
「열정 파사드」(위)

가우디의
「탄생 파사드」(아래)

아(Josep Maria)의 작품으로 1972년 완성된 「열정(Passion) 파
사드」이고 다른 편 쪽에는 그리스도의 탄생과 유년의 모습이
조각된 가우디의 「탄생(Nativity) 파사드」이며, 1904년에 완성
되었다.

12명의 성도를 상징한다는 옥수수 모양으로 된 12개의
탑 중 현재 8개만 완성되어 있고 그중 한 개에 엘리베이터가
설치되어 있어 올라가 볼 수 있었는데(탑 높이는 100m이
며, 엘리베이터는 65m까지만 운행) 줄을 서서 한참 기다
리던 중 뒤쪽에 6명의 중국 관광객이 자기네들끼리 떠들
썩하고 있나 했더니 아니나 다를까 벌써 햇님과는 얘기
가 왔다 갔다 한다.

정원이 6명인 좁은 엘리베이터에 우리 2명과 중
국 일행 6명 중 4명이 탔다. 타지 못하고 처진 2명 중
에 돈을 지불하는 사람이 있었는지 우리와 같이 탄 높
으신 공무원인 듯 한 사람, 엘리베이터 요금 1인당 2유
로씩 8유로를 내야하는데 당황하여 500유로 짜릴 꺼내
지 않나, 100유로 짜릴 꺼내질 않나! 양복 안주머니에서
꺼낸 누런 봉투에 돈이 가득하다(500유로 한 장이면 우리
나라 돈 70~80만원쯤 된다). '아니, 바르셀로나같이 험악
한 곳에서 돈 뭉치를 저렇게 마구 꺼내 보이다니…' 남의
일인데도 은근히 걱정되었다. 다른 종류이지만 우리도 당했
으니까….

엘리베이터에서 내린 다음 뱅뱅 돌아 올라가는 달팽이 같
은 층계를 한참 올라갔는데 층계의 간격이 일정해서 오르내리기가 생각보다 매우
편안했다. 탑의 밖에서 보면 뽈록뽈록한 장식 같아 보이는 수많은 창 모두에 비스듬
한 구멍이 있어 밖을 내다 볼 수 있었다.

탑 위에 세라믹 타일로 된 꽃 장식, 열매 장식들도 손에 잡힐 듯 가까이에 있으니
천상에 올라온 듯 했고, 능력을 가진 사람이 신에 감사하는 마음으로 모든 정열과

삶을 다 바쳐서 이루어낸 일은 평범한 우리 같은 사람들까지 감동시키는 것 같았다.

'정확하게 어떤 것이 높아야 할지, 낮아야 할지, 평평해야 할지, 휘어져야 할지… 등등을 아는 것, 즉 통찰력(투시력)이라 할 수 있는 이것을 운 좋게도 나는 갖고 있다. 그러나 나는 그것에 대해 신에게 감사할 뿐 달리할 수 있는 건 아무것도 없다'라고 말했다는, 신 앞에서 겸손했던 가우디라는 사람.

성당 내부는 숲과 같다

종 탑에서 내려와 자연을 닮은 성당 내의 기둥들, 장식품 등을 구경하고 나서 지하에 있는 박물관이 닫기 전에 빨리 달려가 성당 최초의 평면도부터 현재까지의 공정과 어떻게 자연물, 식물, 동물 등을 모티브로 건축에 응용할 수 있었는가를 보여주는 전시물을 보고 나오니 6시, 벌써 날은 어두워져 있었다.

***안토니오 가우디 (Antonio Gaudi, 1852~1926)**

그의 건축은 모든 면에서 곡선이 지배적이며, 벽과 천장이 굴곡을 이루고 섬세한 장식과 색채가 넘쳐 야릇한 분위기를 풍기고 있다. 따라서 19세기 말부터 20세기 초엽에 걸쳐 유럽을 풍미하였던 아르누보(art nouveau)의 스페인 판(版)으로 취급되는 경우가 많다. 그의 건축은 아르누보의 유행을 초월하여 근대에 살았던 인간의 근원적인 불안을 건축으로 표출한 것이라고 할 수 있다.

11월 22일

바르셀로나 – 구엘 공원

아쉽지만 오늘 마드리드를 향해 떠나기로 했다. 모든 박물관이 월요일엔 쉰다고 하는 데다 타이어 펑크 사건 때문인지 사실은 바르셀로나에 더 머물 마음이 내키지 않았다.

떠나기 전, 아침 8시 30분, 택시를 타고 마지막으로 구엘 공원(Park Guell)을 보러갔다. 카탈루냐(Catalunya) 지방의 유명한 억만장자이며 사업가인 에우제비 구엘(Eusebi Guell)은 돈과 시간이 많이 드는 가우디의 건축을 적극 후원해 주어 그로 하여금 맘껏 아이디어를 현실로 만들게 도와주었다 한다.

마야의 고원같은
확 트인 운동장

가우디는 이십 년 넘게 그와 함께 작업을 하였는
데 이번에는 구엘이 가든 시티(garden city)의 컨셉
을 가진 공간을 만들어 주길 원했었다 한다. 즉 이곳
에서 구엘은 상업적 도시에서 탈출하여 자연으로, 건
강한 공간으로 돌아갈 수 있길 바랬다고 하는데 1900년
에서 1914년 사이 이 공원을 짓는 동안 가우디 자신은
집을 옮겨와 아예 이곳에서 살았다고 한다.

바르셀로나의 라 살루트(La Salut)라는 동네, 약간
산등성이로 올라간 곳에 위치한 구엘 공원은 어제 박
물관에서 본 바와 같이 거의 모든 구조물들이 자연의
한 부분씩을 모티브로 하여 만들었다는 것을 알 수
있었다. 이 환상적인 공간을 백년 전에 만들었다
니…. 그리고 아직도 그대로 보존되고 있다니 그저
놀라울 따름이었다.

공원으로 들어서는 문 양쪽에 동화에 나오는 과
자로 만든 것 같은 이상하면서도 아름다운 집이 두 채
있고 세라믹 타일로 장식된 화려한 색깔의 도마뱀 조
각 등이 있는 3개의 작은 분수를 가운데 두고 양쪽으로
있는 계단을 오르면 숲이 연상되는 기둥이 가득한 공간
에 들어서게 된다.

운동장 가장 자리
구불구불 이어지는
앉는 자리(위)

가운데 있는 도마뱀
조각분수 앞에서
(가운데)

가운데는 작은 분수,
양쪽으로 오르는 계단
(아래)

그 옆을 돌아 올라가니 갑자기 확 트인 넓은 흙 마당이 펼쳐진다. 여기서 시드니
오페라 하우스를 디자인한 덴마크의 외른 웃존(Jorn Utzon)이 떠올랐다. 그의 플
랫폼(platform)이나 고원(plateau)에 대한 컨셉이 이곳과 겹쳐져 다가온다.
　　'마야의 빽빽한 정글 숲 가운데 우뚝 솟은 고원, 초록바다에 떠 있는 섬…' 바
로 그 느낌이다. 앞이 탁 트여 저 먼 곳까지 보이는, 마치 '마야의 고원' 같은 넓은
마당. 여기에서 또한 오스트리아 빈의 '훈더르트바싸(Hundertwasser)'의 건축작

품에 쓰여진 색색깔의 깨어진 도자기 타일들이 겹쳐져 생각난다. 발상은 서로 달랐겠지만 나타난 결과가 비슷하게 보인다.

마당이 끝나는 남쪽 가장자리는 색색의 도자기 타일을 깨어 붙여 장식된 뱀처럼 구불구불 이어지는 아름다운 앉는 자리가 이어진다. 앉는 자리 뒷부분에는 가끔 구멍이 있어 물이 그곳으로 흘러나가 밖의 수로를 통해 모아져 떨어지는데 그곳의 장식도 일품이고 어느 곳 하나 허술한 곳 없어 감탄을 자아낸다.

운동장 뒤쪽에 서 있는 야자수들은 튼실한 모습으로 쭈욱 서 있었는데 그 아래쪽으로는 야자수를 꼭 닮은, 돌로 만든 형태들이 반복되어지고 마당을 건너질러 다시 숲길로 올라가 한참 걸으니 이번에는 철문을 통해 들어가는 반 동굴 같은 공간은 파도치는 바닷물과 너무나 닮은 형태이다.

아침이라 가끔 조깅하는 사람, 청소하는 사람들을 볼 수 있었고 바로 옆에 붙어 있는 작은 학교의 운동장에서는 아이들이 열심히 운동하고 있는데…. 복도 많은 아이들, 가우디 할아버지가 자기들의 학교도 특이하고 아름답게 손봐준 걸 알고 있으려나?

자꾸자꾸 돌아보게 되는 환상적인 공간을 뒤로하고 현실로 돌아와 650km를 달려 마드리드에 도착.

11월 23일

마드리드 시내구경

우리는 바르셀로나에서의 타이어 펑크 사건 이후로 가급적 도심에서의 주차나 숙박을 피하기로 하여 마드리드 근교의 푸엔라브라다(Fuenlabrada)라는 곳에 짐을 풀었다.

아침, 차를 호텔 내 주차장에 주차해 놓고 대중교통을 이용해 마드리드(Madrid) 시내로 나갔다. 이곳의 전철은 주로 마드리드 중앙에서 방사형으로 시외까지 운행되는데 최근에 새로 만들었는지 소음도 적고 객차도 널찍하여 매우 쾌적하다.

프라도 미술관 근처에서 1일 시티투어를 시작했다. 마드리드(Madrid)란 이름은 아랍어의 '큰 다리(great bridge)'라는 뜻의 '마게리트(magerit)'에서 온 것 같다는데 왜 이런 이름이 남아 있는지는 아직도 미스터리라 한다.

말 탄 필립(Philip) 3세의 동상과 마드리드시의 상징인 큰곰이 소귀나무(arbutus ; 철쭉과의 일종)의 열매를 먹고 있는 조각이 있는 '시청 광장(생각해보니 독일의 베를린과 스위스의 베른도 시의 상징이 곰이었다)'.

세르반테스가 보는 앞에서 돈키호테와 산초가 행진!

　　실내 장식가에게 재량껏 맡겨놓으면 어떤 일이 벌어지는지를 보여준다는 왕궁과 지친 말에 올라타고 있는 돈키호테(Don Quixote)와 산초(Sancho Panza)의 동상이 있는 ‘스페인 광장’, 그리고 특히 고야(Goya)와 벨라스케즈(Velazquez), 엘 그레코(El Greco) 등 천재 화가들의 작품을 작가별로 집중해 보여주는 장점이 있다는 크고 유명한 ‘프라도 미술관 (Museo del Prado)’과 피카소의 유명한 「게르니카(Guernica)」를 비롯하여 스페인 현대 미술품들을 많이 소장하고 있다는 ‘소피아 왕비 미술관 (Reina Sofia)’을 지났다.

　　또한 축구 팬들의 관심이 집중되고 있는 레알 마드리드(Real Madrid) 팀의 홈 경기장 ‘에스타디오 산티아고 베르나베우(Estadio Santiago Bernabeu)’로 가 보니 그곳에는 우승으로 받은 많은 트로피들을 전시해 놓은 방이 있다고 하며 경기장 앞에는 레알 마드리드 팀의 배너(banner)와 유니폼을 비롯한 기념품 파는 가게들로 즐비하다.

　　점심시간, 군침 도는 튀김집엘 들어가서 물오징어 튀김(깔라마리)을 시킨것까진 좋았는데 뭔가 궁금해서 시킨 또 다른 너무 딱딱해서 먹지도 못한 돼지껍질(?)튀김 때문에 보통 점심 값의 두 배를 치르고 나니 입맛이 씁쓸했다. 돌아오는 길, 푸엔라브라다 전철역에 내려 사람들이 북적대는 과일집엘 들려서 3kg에 1유로하는 제주도 감귤과 흡사한 귤을 샀다. 모처럼 우리나라 제주도 감귤처럼 달고 맛있는 귤을 먹어본다. 날씨도 약간 쌀쌀하니 시원해서 더 맛있었다. 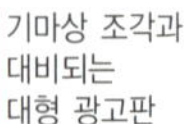

기마상 조각과 대비되는 대형 광고판

루벤스의
「돈 페르난도 왕자」
앞의 관람객들

≫ 달님의 미술관 관람기

프라도 미술관

"

스페인 왕가의 소장품을 중심으로 1819년 페르난도 7세 때
건립되어 왕립 미술관이 되었고, 1868년 혁명 후에 국유화되면서
프라도로 이름이 바뀌었다. 처음에는 자연과학 박물관을
만들 예정이었으나 뒤에 미술관으로 자리를 굳혔다. 그레코, 벨라스케즈,
고야 등 3대 거장에 관해서는 질적으로나 양적으로 세계적이다.

"

11월 24일

마드리드 – 프라도 미술관

고야의
「옷 입은 마야」(위)

벨라스케즈의
「궁녀들」(아래)

　어제 투어버스로 지나가며 보니 미술관 앞에 많은 사람들이 줄 서 있는걸 보았기에 아침부터 서둘렀더니 얼마 기다리지 않고 입장할 수 있었다. 짐 검사하고, 맡기고, 입장료는 3유로씩(일요일은 무료 입장).

　오늘은 이곳에서 벨라스케즈와 고야, 그리고 엘 그레코의 작품들만 봐도 온 보람이 있을 거라고 생각하고 들어갔다. 먼저 클래식 시대의 조각들이 가득한 방들을 지나 *벨라스케즈의 전시실로 들어서니 사람들이 얼마나 많은지 그림이 보이지도 않을 지경. 입구에 있는 방의 세 벽에는 티티안(Titian)과 루벤스(Rubens), 그리고 벨라스케즈의 그림들이 한 벽씩 차지하고 있었다.
　－네덜란드와 이태리는 오랜 동안 스페인의 통치 하에 있었기 때문에 루벤스와 렘브란트(Rembrandt)등 네덜란드 화가들과 티티안, 라파엘(Rafael), 보티첼리(Botticelli)등의 이태리 화가들의 작품들이 이곳 스페인의 프라도 미술관에 많이 소장되어 있었다.

　다음 방, 벨라스케즈의 유명한 「궁녀들(Las Meninas)」 앞에는 모두들 열심히 그림을 들여다보는 사람들로 차례를 기다려야 할 정도였다. 그리스에서 태어나 스페인에 정착한 또 한 명의 천재 화가 엘 그레코의 그림이 가득한 방을 지나 이번에는 「벗은 마야」와 「옷 입은 마야」 두 그림을 같이 붙여놓은 *고야의 방.

　그림 앞에는 일본 관광객이 가득한데 한참을 비켜주질 않는다. 위층에 있는 고야의 다른 전시실엔 일상의 생활들을 주제로 한 밝은 그림들이 많이 있었고 독일 회화가 전시되어있는

방에서는 동판화로 유명한 독일의 알브레히트 뒤러(Albrecht Durer)의
회화 작품이 있기에 본인 또한 동판화가로서 반가운 마음에 그 앞에서
사진 한 장!

　마치 미로와 같은 전시장을 한 손에 지도를 들고 열심히 구경하다보니
눈과 다리가 너무 아프다.

피카소의 그림이 있는
스페인의 초상화전
알림장

*벨라스케스(Velazquez, 1599~1660)

스페인의 세비야에서 출생한 그의 초기 작품은 당시의 스페인 화가들과 다름없이 카라바조의 영
향을 받은 명암법으로 경건한 종교적 주제를 그렸으나 민중의 빈곤한 일상생활에도 관심이 많았
다. 1622년 수도 마드리드로 진출, 이듬해 펠리페 4세의 궁정화가가 되어 평생 왕의 예우를 받았
으며 나중에는 궁정의 요직까지 맡았다.

*고야(Goya, 1746~1828)

그는 일생 동안 인물을 그렸는데 1800년 작 「카를로스 4세의 가족」에서는 당시 궁정 사회의 인습
과 무기력, 퇴폐가 뚜렷하게 나타나 있으며 유명한 「옷을 입은 마야」, 「옷을 벗은 마야」에서도 스
페인의 상류층 여성이 잠자는 비너스라는 고전적 주제에서 벗어나 강한 리얼리티로 표현되어 있
는데 그것은 차라리 위험할 정도로 관능적이라는 평가를 받고 있다.

소피아 왕비 미술관
입구

〉〉 달님의 미술관 관람기

소피아 왕비 미술관

소피아 왕비 미술관은 20세기 미술품들을 주로 전시하여
프라도 미술관과 차별적 전시품으로 대별되는 곳이다. 주요 전시품
으로는 미로, 달리, 피카소 등 스페인 현대미술 거장들의
작품들이 많이 소장되어 있으며 가장 중요한 작품으로는
피카소의 「게르니카」를 들 수 있다.

11월 24일

소피아 왕비 미술관 – 드디어 「게르니카」 원본을 보다!

피카소의
「게르니카」

프라도 미술관에서 나와 아토카역 쪽으로 걸어 내려가 소피아 왕비 미술관(Centro de Arte Reina Sofia)에 도착했다.

원래 마드리드 종합병원이었던 곳을 개조하여 주로 20세기의 예술품을 전시하고 있는 이 곳에는 피카소의 「게르니카(Guernica)」가 있는 것으로 유명하며 마침 현존하는 화가 중 두세 명안에 꼽히는 스페인의 거장 *따피에스(Tapies)의 특별전이 열리고 있었다. 흙을 주제로 한 페인팅과 조각들이 아래층 넓은 공간에 전시되고 있었는데 언제나 느끼듯이 남성적이고 에너지 넘치는 따피에스의 작품을 한 자리에서 많이 볼 수 있어 좋았다.

달리(Salvador Dali), 미로 등등의 작품을 둘러보다가 「게르니카」가 있는 방에 도착했다. 그렇게도 많은 이들에게 감동을 주고 입에 오르내리는 높이 350cm, 넓이 777cm인 피카소의 걸작 「게르니카」.

이 작품은 1937년 파리 세계 박람회 때 피카소가 스페인 전시관의 벽화제작을 의뢰 받아 만든 작품이다. 피카소는 당시 프랑스의 신문 '류마니떼(L' Humanite)'에서 스페인의 북부

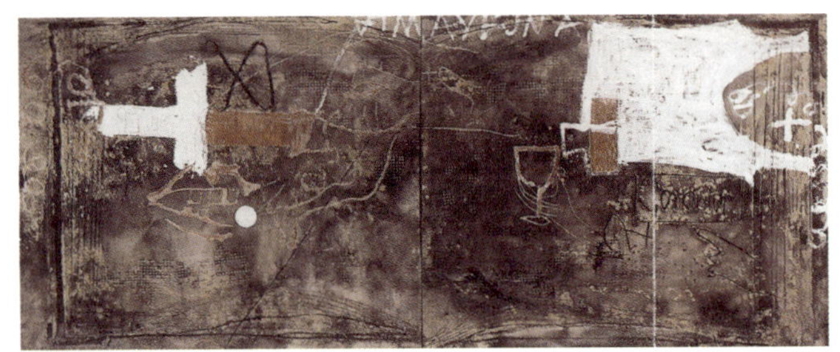

**따피에스의 작품
「Gran libro」**

바스크(Basque) 지방의 작은 마을인 게르니카가 독일군의 엄청난 폭격으로 많은 사람들이 희생되고 건물이 파괴되는 모습의 충격적인 사진들을 보고 작업하기 시작하였다고 한다.

그림에도 불구하고 어느 특별한 사건 등을 담고 있지는 않으며 테러와 전쟁, 야만성 등을 고발한다. 그의 그림에서 게르니카는 곧 스페인 또는 유럽을 뜻한다.

한 평론가는 말하기를 "작품 「게르니카」에서 폭탄으로 파괴된 것은 인간이 가진 연약함(fragility)과 부드러움(tenderness)으로 이 그림이 나타내는 상황은 현대의 골고다 언덕(Calvary ; 수난의 땅)에 다름 아니다"고 했다 한다. 그전부터 피카소의 그림에서 주제로 자주 등장했던 황소(투우)는 공격적이며 자랑스런 남성을, 말은 반대로 수동적이며 여성을 뜻하는데 이 그림에서 나타나는 말은 힘없고 공격당해 학살당한 바스크 마을의 희생자들을 나타낸다.

중·고생 시절부터 미술교과서에 실려있어 익히 알아왔던 「게르니카」의 원본을 보았으니 오늘은 무엇을 더 바랄까 ?

11월 25일

세고비아시와 성 십자가

마드리드 동북쪽 약 1시간 거리에 있는 세고비아(Segovia)로 와 보니 1세기경에 만든 높이 30m에 길이가 800m 가량 남아있는 수로(Aqueduct)가 눈길을 끈다. 이 수로는 그 옛날 근처의 프리오(Frio)강에서 물을 끌어와 몇 개의 탱크를 거쳐 정수 한 후 마을로 보내기 위해 만들어졌다고 한다.

그 옛날에 자연적으로 물이 흐르도록 하면서 먼 거리까지 물을 보내야 했으니 보통 기술로는 이런 수로를 건설하기가 매우

접착제 없이 만든
세고비아의 수로

어려운 일이었음에 틀림없다. 더 구나 2층으로 163개의 아치를 30m 높이로 세우는데 회반죽 따위의 접착력 있는 물질을 하나도 쓰지 않고 순전히 돌을 잘 다듬어 서로 허물어지지 않게 쌓았다는 점 등은 놀라운 일이 아닐 수 없다.

마을 조금 뒤쪽에 있는 옛 세고비아의 중심에 있는 마요르 광장으로 가니 한편에는 과일이며 옷 등을 파는 장이 한창이고 그 광장을 내려다보는 고딕식의 높고 장엄한 대성당이 우뚝 서 있다. 엄숙한 성당 내부를 둘러보고 나와서 마드리드 쪽으로 다시 돌아오다가 아침에 세고비아 쪽으로 가면서 멀리에 보이던 큰 십자가가 있는 쪽으로 들어섰다.

마드리드에서 약 47km 지점인 이곳은 '산타 크루즈 델 발레 데 로스 카이도스(Santa Cruz del Valle de Los Caidos)' 또는 '망자의 계곡에 세워진 성 십자가(Holy Cross of the Valley of the Fallen)' 라고 하며 이는 1936년~1939년 사이에 있었던 스페인의 내전에서 전사한 약 40,000명의 사람들을 추모하기 위하여 전쟁이 끝난 다음해인 1940년 프랑코(Franco) 총통 시절 건립한 것으로, 세워진 십자가의 가로 길이가 40m, 높이가 150m나 되며 산 위에 세워져 있어 실제 지상으로부터의 높이는 약 300m나 된다.

이 십자가 밑에는 길이가 260m나 되는 폭과 높이가 거대한 성당과 납골소가 있는데 폭약을 쓰지 않고 산밑을 뚫어 만들었다는 것이 믿기 어려울 정도로 그 규모

후니쿨라를 타고
올라 가 본 '성 십자가'
(위)

세고비아의
뒷 골목 가게(가운데)

세고비아 성당 앞 장터
(아래)

가 어마어마하다. 지하 납골소의 중앙에는 프
랑코 총통과 그의 충실한 동지였던 호세 안토
니오 프리모 데 리베라(Jose Antonio Primo
de Rivera)의 무덤이 있다고 한다.

이 성당은 산 위의 십자가는 물론 뒤편에
있는 거대한 규모의 베네딕틴(Beneditctine)
수도원과도 연결이 되어있다고 하며 성당 앞
의 넓디넓은 광장은 얼마나 많은 참배객이 방
문하는가를 상상하게 한다.

엘 에스코리알 왕궁 |

후니쿨라(funicular ; 케이블 열차)를 타고 올라가 산 위에 있는 십자가 바로 밑
에까지 올라가니 저 멀리까지 경관이 시원하게 내다보여 가슴이 탁 트이는 것 같고,
주위로 산책로가 만들어져 아래까지 걸어 갈 수도 있다. 초겨울이라 약간 쌀쌀한데
도 많은 사람들이 찾아온다.

남쪽 톨레도(Toledo)로 가는 길, 아름다운 왕궁으로 유명하다는 엘 에스코리알
(El Escorial)에 잠시 들려 왕궁의 모습만을 구경했다.

톨레도에는 아직 어두워지기 전에 도착하여 숙소를 정하고 근처 식당을 추천
받아 찾아갔으나 저녁 7시 30분부터 문을 연다고 해서. 출출한 김에 근처 가게에 가
서 맥주 두 병과 마른 안주거리를 사 가지고 밤 안개가 슬슬 내려오기 시작하는 공
원 벤치에 앉아 한 잔씩 하며 밤 경치를 감상하고 조명으로 더욱 멋있게 보이는 성
주위를 걸어 다녔다.

식당 문이 열리자마자 들어가 스페인의 전통음식 *파에야(paella)에 포도주 한
잔씩 했다.

* 파에야(Paella)

스페인의 전통요리로서 여러 가지 해산물을 재료로 하는 볶음밥의 일종이다. 8세기 무렵 스페인
동부의 발렌시아 지방에서 시작되었으나 지금은 어디서나 맛볼 수 있는 스페인의 대표적인 요리
가 되었다. 전통적인 파에야는 1m가 넘는 큰 원형으로서 들에서 일하던 사람들이 장작불을 피워
주변에서 쉽게 구할 수 있는 재료들을 넣고 밥과 함께 볶아 먹었다고 한다.

달님의 미술관 관람기

톨레도 산타 크루즈 박물관

"

톨레도 마을을 감싸고 흐르는 타고강을 건너
마을의 비탈을 오르면 만나게 되는
이 박물관에 전시되어 있는 작품들은
16세기의 스페인 유물과 엘 그레코의 작품인
「성모수태」, 「성모승천」 등을 중심으로 이루어져 있다.
또한 고고학, 순수예술, 장식미술 등 다양한
장르의 볼거리가 전시되어 있다.

"

11월 26일

톨레도에서 만난 엘 그레코

타고(Tago)강이 감싸듯 휘돌아 나가는 톨레도. 엊저녁에 미리 답사를 해놓은 지라 꼬불꼬불 언덕을 지나 옛 타운으로 쉽게 찾아 올라갔으나 알카자르(Akazar)는 공사중이라 입장 불가, 그 옆 주차장에 차를 세우고 걸어서 산타 크루즈 박물관(Museo de Santa Cruz ; 무료입장)으로 갔다.

한 그룹의 학생들을 따라 먼저 2층으로 올라가 도자기, 타일 등의 전시를 보고는 엘 그레코(El Greco)의 작품이 있는 아래층으로 내려갔다. 이곳에는 성당에서 의식 때 쓰는 금, 은으로 만들어진 도구들이 전시되어 있어 그런지 경비원이 3명이나 있었다.

보물 전시실 안쪽으로 들어가니 엘 그레코의 작품 전시실이다. 1541년 그리스의 크레타(Crete) 섬에서 태어난 엘 그레코는 본명이 도메니코스 테오토코풀로스(Domenikos Theotokopulos)이며 르네상스 시절 이태리 베네치아 최고의 화가 티티안 밑에서 훈련을 받았으며 1577년에 톨레도로 왔는데 이곳에 반해 1614년 사망할 때까지 톨레도에 살면서 많은 걸작을 탄생시켰다고 한다. 그래서 그의 별명인 '엘 그레코(El Greco ; 그리스인)'가 그의 이름이 되어 버렸다고 한다.

엘 그레코의
「성모수태」

그 시절, 즉 르네상스 시대의 다른 화가들과는 판이하게 다른, 현대적인 감각으로 그린 그의 그림은 유니크한 색깔의 선택과 약간 길쭉해 보이게 늘인 것 같은 얼굴이나 몸의 형태에서 엘 그레코만이 가지는 특이하고 귀중한 매력으로 사람의 마음을 끈다. 오스트리아의 빈과 체코 쪽에서 '에공 쉴레(Egon Schiele)'를 쫓아다니며 보았던 기억이 있는데 오늘은 주로 '엘 그레코'의 작품을 쫓아다니며 보게 되었다.

꼬불꼬불 골목길을 표지판을 따라 한참 들어간 좁은 골목 안의 그가 살던 집을 개조하여 꾸민 '그레코 미술관(Museo del Greco)'. 안으로 들어가니 꽤 넓은 공간에 그의 그림들이 많이 걸려 있다. 햇님도 이제는 엘 그레코의 그림에 호감을 갖기 시작한 것 같았다.

그 다음은 스페인에서 가장 으뜸이며 중심이라는 프리마 성당(Catedral Prima)으로 갔다. 성모님의 순결성을 의심하던 사람들을 물리친 이 도시의 성인인 성 일데폰소(St. Ildefonso)에게 성모님이 발현하시어 지금의 장소를 점찍어 성당을 짓게 하였다는 오래된 이야기가 있는 이곳에는 다른 모든 것을 차치하고 '엘 그레코'와 '티티안', 그리고 '고야'의 작품이 한 방에 있다는 것이 특별하다(아까 그레코 미술관에서 본 그림들과 똑같은 그림들이 여러 개 눈에 띄었다. 이곳에 있는 것이 원화이겠거니… 하고 생각했다).

그리고 나서 엘 그레코의 걸작(masterpiece)이라는 「오르가즈 백작의 매장(Entierro del Conde de Orgaz)」이 있는 산토 토메 성당(Iglesia de Santo Tome)을 물어물어 찾아 가보니 사람들이 와글와글, 발 디딜 틈이 없다.

성당의 미사 드리는 곳과는 별도로 만들어진 공간의 한 벽에는 1586년 엘 그레코가 아치형의 창 모양으로 약간 들어간 공간에 맞추어 그린 그림이 있다. 이 그림은 스페인에서 그려진 회화 작품 중에 으뜸으로 가는 걸작 중의 하나로 평가된다 한다.

┃산토 토메에 있는 「오르가즈 백작의 매장」

톨레도에 쫙 – 깔린
돈키호테와 산초아저씨들

그레코 박물관으로
가는 길의 한 쇼윈도우

　　이 작품은 백작의 죽은 몸이 성 스테판(St. Stephen)과 성 아우그스틴(St. Augustine)에
의해 천국으로 들어올려지는 장면의 그림인데 뒤쪽에 서 있는 많은 사람들 중에 화가 자신과
「돈키호테(Don Quixote)」를 쓴 작가 세르반테스(Miguel de Cervantes)의 모습이 있다고 했
는데 짐작만 갈 뿐 누군지 확실히 알 수는 없었다.

11월 26일

아말리아와 함께 갔던 아랑후에즈

아랑후에즈
산 안토니오 광장의
분수

봉골레 스파게티로 점심을 하고 아랑후에즈(Aranjuez)로 가는 길. 로드리고(Rodrigo) 작곡 「아랑후에즈 협주곡(Concierto de Arabjuez for guitar and Orchestra)」의 음반을 갖고 있지 않아서 대신 포르투갈의 노래 '파두(Fado)'의 일인자 아말리아 로드리게스(Amalia Rodrigues)의 「아랑후에즈 내 사랑(Aranjuez Mon Amour)」을 그곳에 도착할 때까지 크게 틀고 달렸다.

로드리고가 가고 없는 지금 아랑후에즈에는 그의 협주곡의 첫 부분을 매시간 들려주는 종 탑이 있다고 하기에 과연 볼 수 있을까? 했었는데 막상 알아보니 로드리고는 원래 발렌시아(Valencia) 출신으로 이곳에선 얼마간 머물렀을 뿐이라고 하며 여기에는 그런 종 탑이 없다고 해서 실망했다.

이곳 아랑후에즈는 왕궁과 이자벨 2세 정원(Jardin de Isabel II) 등이 있는 유네스코 문화유산의 리스트에도 올라있는 아름답고도 한적한 유적지라는 걸 알게 되었다. 음악에서 느꼈던 너무나도 간절한 아름다움을 간직하고 있을 것이라는 기대가 너무 컸던 탓일까? 아니면 보고 싶었던 종 탑을 찾지 못했기 때문일까? 조금 서럽기까지 한 감정을 느끼며 아랑후에즈를 떠났다.

11월 26일
그라나다 도착 – 플라멩코 춤 구경

"**야**! 풍차다 풍차! 어? 아니네"「돈키호테(Don Quixote)」의 고장인 카스티야 라 만차(Castilla la Mancha) 지방을 떠나는 오늘. 나 자신도 돈키호테가 되어 멀리 보이는 흰 집, 전신주 혹은 나무를 풍차인 줄 착각하기를 몇 번. 피식 웃음이 나온다. 사실 돈키호테의 고장에 머물렀으니 황량한 들판에 풍차들이 많이 서 있을 것으로 상상했으나 가끔 도로변에 서 있는 몇 개의 풍차를 보았을 뿐이었다.

아랑후에즈에서 남쪽 안달루시아(Andalucia)지방의 그라나다(Granada)로 가는 길은 끝없이 끝없이 올리브 나무가 심어진 들과 산이 이어졌다.

드디어 그라나다에 도착. '그라나다' 하면 생각나는 플라멩코(Flamenco) 춤 공연을 보기 위해 호텔에서 예약을 하였다. 저녁 8시 40분에 미니버스 한 대가 오더니 여러 호텔을 들려서 사람들을 주워담듯이 태워 시내의 한 식당 겸 공연장으로 데려가 주었다.

퇴근시간의 밀린 차들 덕분에 미니버스에 앉아 그라나다 중심 가의 밤 경치를 한참 구경하고 나서 가파르고 좁디좁은 언덕길, 골목길을 곡예 하듯 돌아 들어가 도착한 곳은 식당 겸 공연장인 사크로몬테(Sacromonte)의 '쿠에바스 데 로스 타란토스(Cuevas de los Tarantos)'.

돈키호테 처럼 처부수러…(위)

산 위쪽까지 줄 맞추어 심어 놓은 올리브 밭(아래)

　　한쪽은 레스토랑이고 다른 한쪽은 흰 색칠을 한 폭은 약 5m, 길이는 약 20m 정도의 긴 동굴. 양쪽 벽에는 주욱 앉는 자리가 있어 우리가 도착했을 땐 벌써 일본 홋카이도에서 온 관광객들 16명이 기다리고 있다. 서부 사하라의 유엔군으로 근무 중 휴가 나온 한국 군의관 2명도 같은 버스를 타고 와 옆에 나란히 앉고 기타리스트 2명, 가수 2명, 댄서 5명의 공연자들도 한쪽 편 가운데에 앉는다.

　　기타리스트의 손은 기타 위에서 춤을 추고 흐느끼는 듯한 가수의 목소리가 올라가다가 꺾이고 돌아나가며 옛날 영화에서 본 소녀가수 마리솔(Marisol)이 생각날 즈음 정열적인 붉은 드레스와 검은 드레스를 입은 네 명의 아가씨 무희가 순서대로 나와 춤을 춘다. 마지막으로 나이가 50은 되어 보이는 아줌마 무희는 검은 옷에 붉은 꽃을 머리에 꽂고 왕년에 한 가락 했을 것 같은 춤 솜씨로 관중을 휘어잡는다.

　　무희들은 춤을 추면서 구두 뒤축으로 바닥 판을 어떻게나 세게 두드리는지 앉아 있는 우리의 머리까지 울릴 지경이었는데 처음엔 맛보기로 각자 3~4분 씩 춤을 추고는 휴식시간.

진짜 플라멩코
동굴 공연장의
넋 잃은 관람객들

그 다음엔 약 7~8분간씩 돌아가면서 공연을 했는데 무희들 모두 너무나 정열적으로 추는 춤에 구경하는 이들은 그저 끝나면 박수, 또 박수.

아이스 티에 술을 조금 섞은 것 같은 상그리아(Sangria) 한 잔을 조금씩 마시면서 동굴 맨 안쪽에 앉은 우리는 열심히 사진을 찍었다.

'메이드 인 타이완'
접시로 장식된 벽

밤 11시가 넘어서 공연이 끝나니 다음 공연을 구경하러 오는 관광객들이 꾸역꾸역 들어온다. 우리는 벌써 잠자고 싶은 시간인데 이 사람들은 지금이 초저녁이다. 더운 이 지방 사람들의 관습인 낮잠(시에스타)을 즐겼기 때문인 것 같다.

멋진 회색 오버코트에 머플러까지 걸친, 우리를 공연장으로 안내해준 아저씨를 따라 알바이씬(Albaicin ; Albayzin)으로 불리는 좁고 언덕진 이곳 아랍인 거주지역을 구경하러 나섰다.

유네스코의 세계 문화유산 리스트에 올라있는 이 동네의 구불구불 이어지는 좁은 골목길의 '아름다운 자갈길' 을 지나며 가이드 아저씨는 "이 길 덕분에 구두장사들이 돈을 많이 벌 것이다"라고 한다.

또한 희게 칠한 건물 외벽에 그라나다(혹은 안달루시아 지방)를 상징한다는 흰색 바탕에 녹색, 푸른색의 무늬가 새겨진 접시들이 붙어 있는걸 보여주면서 "아마도 저 접시들은 '메이드 인 타이완' 일 것"이라 하며, "저쪽의 저 문(파리의 개선문 축소판 같았음)은 900년 되었는데 그 옆의 건물은 90년 되었고 베란다에 보이는 저 에어컨은 9년 된 '미쓰비시'"라고 하여 간간이 웃음을 자아냈다.

마지막으로 산 니콜라스 미라도르(San Nicolas Mirador) 언덕으로 올라가 맞은편 산 위에 있는 은은한 밤 조명 속의 '알함브라 궁전' 을 보았다. 다시 미니버스를 타고 호텔로 돌아오니 새벽 1시. 하품 나온다.

≫ 달님의 박물관 관람기

알함브라 궁전

66

그라나다를 한눈으로 바라보는 구릉 위에 세워졌다.
스페인의 마지막 이슬람 왕조인 나스리드 왕조의 알 아흐메르가
13세기 후반에 짓기 시작하였고 후에 증축과 개수를 거쳐 완성되었다.
변화가 많은 아치, 섬세한 기둥, 벽면 장식 등
모두가 정교하고 치밀하여 이슬람 미술의 정점을 형성하고 있다.

99

11월 27일

알함브라 궁전의 추억

클래식 기타를 하나의 '작은 오케스트라'로 불리게 만든 안드레스 세고비아(Andres Segovia)의 기타 연주곡 *「알함브라 궁전의 추억」–트레몰로(tremolo)로 계속 이어지는 환상적인 멜로디– 지금까지 내게 '알함브라(Alhambra)'는 그것이 전부였다.

내 아는 어떤 이는 알함브라 궁전을 보고는 너무너무 아름다워 더 이상 다른 것을 보고싶지 않아 차라리 죽고 싶었다고 얘기한 적이 있었는데….

아침, 그라나다시의 외곽을 빙 둘러 언덕 위로 올라가 마드리드에 묵으며 예약을 했었던 (특히 시즌에는 예약이 필수!) 일인당 10유로 50센트인 티켓과 빌리는데 3유로씩 하는 오디오 가이드(audio guide ; 특정 장소 앞에 가서 그곳의 번호를 누르면 녹음되어있는 설명을 들을 수 있는 리모콘처럼 생긴 것)를 신청해서 지도와 함께 받아들고 나선 시간은 오전 9시 20분.

안내소의 매표원은 알함브라 내의 이곳저곳을 먼저 구경하고 10시 30분까지 '나자리에 왕궁(Palacios Nazaries ; Nasrid Palace)' 입구까지 와야 한다고 했다. 아마 궁전을 구경하려는 관광객이 한꺼번에 몰릴까봐 시간당 몇 명씩, 제한해서 입장시키는 모양이었다. 입구를 지나 숲길을 한참 지나니 물길(Aqueduct)과 함께 그리 크지 않은 성벽과 탑들이 보인다.

이베리아(Iberia)반도의 마지막 이슬람 국가 '나스리드(Nasrid) 왕조'의 창시자 알 아흐메르(Al-Ahmer)가 현재의 자리를 정해서 요새를 짓기 시작하였다는 이곳은 그라나다시를 한눈에 내려다보는 진흙언덕(Sabika

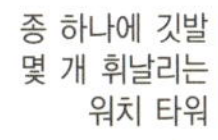

종 하나에 깃발 몇 개 휘날리는 워치 타워

Hill)에 세워진 요새, 스페인 남부 시에라 네바다(Sierra Nevada)산맥의 끝자락 '칼랏 알 하르마(Qal' at al-Harma ; Red Fortress - 붉은 요새란 뜻이며 나중에 Alhambra로 이름이 바뀜)' 다.

알함브라는 왕권의 행사가 허용된 작은 도시로서 군사적 방어 목적의 알카자바(Alcazaba)의 요새와 탑들, 술탄(Sultan ; 이슬람의 왕)의 가까운 가족이 거주하던 왕궁과 정원, 1492년 기독교도들의 손에 넘어간 이후의 스페인 제국 찰스 5세(Charles V)의 궁전, 그리고 술탄들의 휴식처였던 과수원과 정원 등이 아름다운 게네랄리페(Generalife)로 이루어져 있다.

몇 개의 깃발이 눈에 띄어 찾아 올라간, 종이 하나 있는 '워치 타워(Watch Tower)'. 바람에 깃발이 날리는 맨 위에는 넓은 공간이 있었고 도시를 지키기 위한 성곽은 언덕 아래 그라나다시로 연결되어 있었다.

다른 몇 개의 탑들이 더 있었는데 겉보기엔 별로 튼튼해 보이지도, 그리 높지도 않았고 세월의 흔적으로 초라해 보이기까지 했다. 종교적인 영향이겠지만 나스리드 왕조의 모든 건축물들은 겉모습이 비슷하고 소박하나 아름다운 내부장식을 갖고 있고 영원히 존재하는 것에 관심이 없었는 듯 오래갈 수 없는 재료들, 즉 석고, 흙벽돌, 타일, 나무 등을 사용하였기 때문에 세월이 흘러 많이 훼손되고 벗겨지면 다음 왕조에서 덧칠하였으며 또한 덧붙여 짓기도 했다 한다.

나스리드(Nasrid) 왕궁으로 가기 위해 와인게이트(Wine Gate)의 문을 지나왔다. 그곳에서 섬세하고 화려한 이슬람 건축의 기본인 '말발굽 아치'와 아치 위쪽에 열쇠가 그려져 있는 '키 스톤(Key Stone)'을 확인했다.

10시 20분쯤, 나스리드 왕궁에 도착하였다. 크지 않은 문으로 들어서서 구경하느라 고개
를 이리저리 움직이며 몇 개의 방을 거쳐 'ㄷ'자로 돌아 들어가니 기다란 연못을 가운데로
하고 빙 둘러서 있는 환상적인 장식의 건물들이 나타났다.

긴 연못 가장자리에 심어져 있는
나무 이름을 딴 '머틀나무(도금양)의
안뜰(Court of the Myrtles)'이 있
는 코마레스 궁(Comares Palace)은
알함브라, 아니 이슬람 건축예술의
극치를 보여 준다 할 수 있다. 이 궁
은 무하마드 5세(Muhammad V) 때
인 1370년 북아프리카 알제리
(Algeria) 지방을 점령한 기념으로
지은 것이라 한다.

바닥은 모두 대리석으로 깔려있고
조금은 가느다란 것 같은 대리석 기
둥 위에, 그리고 벽에, 천장에 온통
가득한 아름다운 조각장식으로 현기
증을 느낄 지경이었다. 모두들 좋은
배경으로 사진 찍히기를 원해서 한
참을 기다려 눈치껏 찍고….

궁의 북쪽에 있는 코마레스 홀
(Comares Hall)에는 2층에 있는 나
무로 조각된 문에 많은 구멍이 나 있
어 여자들이 눈에 띄지 않게 아래층
에서 일어나는 일을 볼 수 있었다 하
고 남쪽으로 난 창을 통해 들어오는

연못에 비춰져
멋을 더한
코마레스 궁

햇빛이 시간이 지남에 따라 서서히 움직여 가며 반대편 벽의 아름다운 입체장식을 눈부시게 조명하고 있었다.

홀 안에 서서 연못 쪽을 바라보면 인도의 '타지마할'을 연상시키는 연못에 투영된 반대편의 모습이 또한 신비롭고, 긴 연못의 끝에 있는 얕은 둥근 분수에서는 물이 끊임없이 흘러나오고, 가느다란 물길로도 계속 물이 졸졸졸 흐른다.

유명한 사자 분수(Fountain of Lions)가 있는 사자의 궁 안의 '사자의 안뜰(Court of the Lions)'을 보면 이들이 얼마나 고도의 기술로 물을 다스릴 줄 알았는지 알 수 있다.

같은 사자의 궁 북쪽에 있는 '두 자매의 홀(Hall of Two Sisters)'은 방에 들어와 있는 둥근 분수 옆에 길다랗고 큰 대리석판이 2개 깔려있어 지어진 이름이라 한다. 칠이 조금 벗겨졌지만 눈부시게 아름다운 장식들을 구경하느라 홀 안에는 많은 사람들이 와글와글했다.

1492년에 기독교도인들이 이곳을 점령한 후 사용하기 시작했다는 여왕의 드레싱 룸(Queen's Dressing Room)을 통과해 발코니로 나가니 어젯밤 우리가 갔었던 알바이씬 동네와 사크로몬테 언덕이 마주 보인다.

"알함브라의 중심에 르네상스 궁전의 존재는 마치 운석이 어쩌다 우연히 박힌 듯하다"는 누구의 말도 있듯이 나스리드 왕궁의 바로 옆에는 르네상스 시대에 건축된 찰스 5세의 아무

게네랄리페의
낙원 닮은 정원
(위)

아치와 같은
물줄기들(아래)

도 살아보지 않은 유령 같은 웅장한 궁전이 있다. 너무나 섬세한 이슬람 궁전의 아름다움에 흠뻑 취한 나는 이태리, 그리스에서 많이 보아 왔던 어마어마한 규모의 기둥들로 빙 둘러싸인, 잘 계산되어진 돌로 만들어진 궁전에는 관심이 가질 않았다.

나스리드 왕궁 쪽에서 멀리 마주 보이던 언덕 위의 '게네랄리페(Generalife)'로 가는 길에는 풍부한 물을 잘 이용하여 오렌지와 레몬 등의 열매가 주렁주렁 달린 과수원과 아름다운 꽃, 나무가 가득한 정원이 나타난다. 마치 나스리드 사람들의 생각 속의 '낙원'을 현실로 만들어 놓은 것 같았다. 왕족들의 휴식처로 이용되었다는 게네랄리페로 들어서니 어김없이 있는 연못과 분수들이 있어 수많은 물줄기들이 마치 아치처럼 길다란 연못 이쪽과 저쪽에서 둥근 모양으로 서로를 향해 달려간다.

연못 가장자리의 유리창 없는 갤러리 복도. 기둥들이 만들어 내는 아치 하나하나를 통해 보이는 건너편 알함브라의 모습이 마치 기막히게 사실적으로 묘사한 그림들 같아 보인다. '환상일까? 환상일까?' 하며 눈을 감았다 떠도 아직도 환상 같다. 머리가 빙빙 도는 것 같이 느껴질 즈음 높은 나무들이 가득한 숲길을 거쳐 알함브라에서 도망쳐 나왔다.
　현실로….

「알함브라 궁전의 추억」은 스페인의 전설적인 기타리스트인 프란시스코 타레가가 알함브라 궁전을 구경한 후 깊은 감명을 받고 작곡한 곡으로 알려졌는데 그는 또한 사랑하는 제자인 콘차 부인을 생각하며 이 곡을 작곡했다고 한다. 후에 안드레스 세고비아의 연주로 전 세계인의 사랑을 받게된 명곡이다.

11월 28일
말라가를 거쳐 세비야로

오렌지가 가득 달린
말라가의 가로수

스페인이 낳은 세계적 화가 피카소의 고향이라는 남부 스페인의 대표도시 말라가(Malaga)로 내려오는 길도 올리브 나무 숲이 끊이질 않는다.

'이 사람들 올리브로 세계를 휘어잡으려나 보다' 하는 생각이 들 정도였다. 말라가로 들어서니 남쪽 해변가 도시답게 노랗게 익은 오렌지가 주렁주렁 매달려 있는 가로수가 줄지어 있는 것이 인상적이었다. 점심 후 그곳을 떠나 세비야(Sevilla)에 도착했다.

다음날 아침,

세비야의 세계적으로 유명한 대성당을 둘러보다가 동양인 두 사람과 눈길이 마주쳤다. "안녕하세요?" 내가 먼저 말을 건넸다. 이번 여행에서 나는 동양인들을 만나면 이렇게 한국말로 먼저 인사를 한다. 그것은 '당신 한국 분이십니까' 하는 물음과 '저도 한국 사람입니다' 하는 자기 소개와 안녕하시냐는 '인사'를 겸하는, 말 한 마디에 세 가지 뜻이 있기 때문이다.

그들은 일본인 한 사람과 숙소에서 만나 같이 온 한 한국 젊은이였는데 바로 엊그제 그라나다에서 만났던 휴가 나온 군의관들과 같이 근무하고 있다는 김 대위다.

세비야의 대성당은 세계에서 세 번째로 큰 성당이며 1401~1507년 사이 이슬람 사원이 있던 자리에 세워졌다. 다녀본 여러 성당이나 마찬가지로 이 성당도 내부에는 이곳 저곳에 파이프로 받침대를 세워 놓고 보수 공사를 하고 있는데 감탄이 나올 정도로 정교하면서도 엄숙한 분위기를 느낄 수 있도록 잘 만들어져 있다.

　특히 성당의 남쪽 문 안에는 유명한 항해사 크리스토퍼 콜럼버스(Christopher Columbus)의 시신이 담긴 관을 네 명이 어깨에 메고 있는 조각상이 있는데 그것은 콜럼버스가 신대륙을 향해 떠날 때 스페인 여왕 이자벨 1세(Isabella I)의 지원으로 이곳에서 출발했기 때문이다.

　성당 옆에는 12세기에 건립된 34층이나 되는 히랄다(Giralda)라는 첨탑이 있어 숨이 차고 다리도 뻐근하지만 꼭대기까지 걸어 올라가 보았다. 제일 위에는 여러 개의 종들이 매달려 있고 사방을 내려다볼 수 있게 만들어져 있어 내려다보니 도시의 전경도 너무 아름답고 근사하다. 바람도 시원하게 불어서 걸어 올라오면서 난 땀도 식혔다.

　성당의 안뜰에는 줄을 맞추어 오렌지 나무를 수십 그루 심어 놓았는데 마침 오렌지가 노랗게 익어 또 다른 멋이 있었다.

히랄다 첨탑과
대성당(위)

콜럼버스가
이자벨 1세의
지원으로
항해를 떠난 기념비
(아래)

11월 29일

트럼펫 소리와 함성이 들리는 듯한 세비야 투우장

스페인에 오면 투우(Corrida de Toros)를 꼭 한번 보아야겠다고 벼르고 왔는데 시즌이 끝났다니 무척 아쉽지만, 스페인에서 가장 크다는 세비야의 투우 경기장 'Plaza de Toros de la Real Maestranza'를 가이드의 안내로 둘러보았다.

이 경기장은 크리스토퍼 콜럼버스 거리의 벼룩 장터(Flea Market Square)였던 곳에 세워져 있는데 그 옛날 장터였었던 곳이어서 지금도 '장터'라 부른다고 한다. 기사도와 군대의 결투법 등을 계속 유지하고 계승하기 위한 목적으로 시작되었다는 투우는 18세기부터 점점 대중화되기 시작했다고 한다.

소의 모습을 닮은
투우장 입구

 가 보자, 해 보자, 달려 보자

직경 66m의 완전히 둥근 원으로 되어 있고 바닥은 노란색에 가까운 흙이 깔려 있는 이 투우 경기장은 15,000명을 수용할 수 있다고 하며 시합은 3월에서 10월 사이 일요일 오후 6시 30분부터 시작한다는데 이 시각에는 아직 해가 많이 있어서 해를 등진 쪽, 즉 일찍 그늘이 오는 쪽의 좌석이 제일 비싸고 해를 마주하고 있는 쪽의 좌석이 제일 싸다고 한다.

본부석(Royal Balcony)에는 세비야에 처음으로 투우사 학교를 세운 교장선생이기도 한 이 투우장의 사장이 늘 자리를 잡고, 본부석 건너편에는 큰 시계가 걸려있다. 스탠드 아래에 한쪽에는 작은 기도실(Chapel)이 있어서 투우사는 출전 전에 여기에서 간절한 기도를 하고 나온다고 한다.

노란 흙이 깔린 세비야 투우장(위)

죽은 소는 세 마리의 노새가 끌고 나오고…(아래)

투우는 24시간 동안 캄캄한 우리에 가두어 놓았던 소가 맨처음 나오고 나면 먼저 말을 탄 피카도레(Picadores)라 불리는 두 사람이 가짜 사람 머리(fake head)와 긴 창으로 소를 자극시켜서 흥분상태로 만들어 무드를 잡는데 이때 소가 피를 많이 흘리게 되어 힘이 너무 없거나 꽁무니를 빼면 관객들은 그 소를 내 보내라는 뜻의 "푸에라(Fuera), 푸에라"를 외친다고 하며 소가 힘세고 싸울 태세를 보일 때면 관객들은 "올레(Ole), 올레"를 외쳐 투우를 독려한다고 한다.

마타도르(Matador ; 스페인어로 '죽이는 사람'이란 뜻)라 불리는 투우사 외에 투우사 비슷한 복장을 한 조수 반데리예로(Banderilleros) 세 명이 소 등에 작살 여섯 개를 꽂아 소를 기진맥진 시켜놓고 마지막으로 주인공인 마타도르가 1m 길이의 검으로 소 머리와 등 사이의 급소를 단숨에 찔러 소를 무릎꿇게 한다.

투우 시간은 평균 20분 정도로 너무 짧거나 길어도 좋지 않다고 한다. 멋진 투우를 보여준 투우사에게는 쓰러진 소의 양쪽 귀와 꼬리를 잘라 준다고 하는데 경기에서 죽은 소는 전통적으로 세 마리의 노새가 끌고 나오게 되어 있다고 한다. 그리고 처음에는 말에 보호장비가 없어 소뿔에 받힌 말들이 많이 죽어갔는데 1928년부터는 말에도 보호장비를 입히기 시작했다고 한다.

투우 중 다치거나 죽는 투우사들도 많이 있어서 본부석 바로 아래 스탠드 밑에는 수술대를 갖춘 병원이 자리잡고 있는데 수술대를 보는 순간 머리가 쭈뼛하는 느낌이다. 그리고 그 옆에는 박물관이 마련되어 있어 많은 경기장면의 사진, 그림, 소머리 박제, 투우사들의 사진, 입었던 의상 등등이 전시되어 있다.

최후의 순간이 왔다는 트럼펫 소리가 울려 퍼지면서 투우사가 소를 쓰러트리자 터져 나오는 함성이 들리는 듯한 착각에 잠시 사로잡혀 있다가 투우장을 떠났다. (달님은 이 장면에서 관중들의 환호성 속에 드넓은 경기장에 서 있는 외로운 투우의 모습을 상상케 하는 헙 앨퍼트(Herb Alpert)의 트럼펫 연주곡 「외로운 투우(Lonely Bull)」가 생각 났다나?)

달님의 손바닥 메모

달님은 기억력이 매우 좋아서. 웬만한 것은 오래 지나도 거의 기억하는데 언제부터인지 손바닥 메모가 등장했다.

차가 달리는 동안 지도를 보면서 갈 길을 알려주어야 하는데 유럽에 오니 영어도 아니고 나라마다 거의 자국어로 이정표를 세워 놓았으니 깨알같은 지도를 계속 보면서 이상한 발음의 지명을 외울 수도 없고….
그래서 드디어 등장한 것이 달님의 손바닥 메모다.

그 덕에 유럽 여행중 길을 거의 잘못 들은 적 없이 한번에 속도를 늦추거나 하지 않고도 바로 가곤 한다.

또 하나, 유럽에서 유럽연합에 가입한 나라 외에는 자국통화를 사용하므로 국가를 넘어갈 때마다 환전을 해야 한다.
그러니 어떤 때는 호주머니에 돈이 두 가지, 세 가지가 될 때도 있다.
박물관이나 고적을 구경할 때면 하루에도 몇 번 입장료에, 스낵코너의 점심과 마실 물, 안내책 등을 사고나면 저녁에 금전 출납이 안 맞을 경우가 가끔 있다. 그때를 대비해 또 손바닥 메모.

가끔은 길거리에서 한국 분들을 만난다.
반가워서 길에 서서 이런저런 이야기 하다가 이름을 서로 이야기하고 헤어지는데 돌아서면 잊어버리는 경우가 종종 있다.
그럴 때면 으례히 손바닥 메모가 그 위력을 발휘하곤 한다.

그래서 항상 달님의 왼손 바닥은 퍼런 색깔로 그득하다.
그 덕에 우리의 자동차 여행은 순조롭다.

11월 30일

포르투갈의 땅끝 마을 싸그르

- 국가명 : Portugal (P)
- 위 치 : 유럽 서남부 이베리아 반도 서부
- 면 적 : 9만 2,152㎢
- 인 구 : 1,018만명
- 수 도 : 리스본
- 정 체 : 공화제
- 공용어 : 포르투갈어
- 통 화 : 유로(Euro ; €)
- 환 율 : 0.90유로 = $1
- 1인당 국민총생산 : $1만 900

싸그르
도자기 가게의
외부장식

세비야에서 E 1번 도로를 타고 서쪽으로 한참을 달려오니 거의 하얀 벽에 붉은 주황색 지붕이었던 풍경이 연분홍색 지붕으로 바뀌면서 포르투갈(Portugal)에 들어왔다는 것을 알려준다.

때가 되어서인지 출출해진다. 점심을 먹으러 고속도로에서 화루(Faro)로 나가 시내로 내려가는 길. 뭔가를 굽는지 연기가 나는 식당이 보여 지나쳐서 조금 가다가 차를 돌려 들어갔다. 식당입구 왼편에 큰 그릴을 놓고, 나이든 아저씨가 서서 각종 고기를 굽는데 우선 먹음직함은 물론 냄새가 끝내준다. 50석 정도 되는 큰 홀의 식당에는 열댓 명이 이미 앉아 점심을 하고 있는데 옆 테이블을 보니 구운 고기와 수프, 그리고 샐러드에 포도주를 곁들여 맛있게 먹고 있다. 우리도 그들과 같은걸 시켰다.

수프도 맛있고, 샐러드도 푸짐하고 갓 구운 두툼한 삼겹살 고기와 소시지, 스테이크 등을 섞어서 가져 왔는데 너무 연하고, 따끈하여 이번 여행 중 먹어 본 가운데 제일 맛있고 푸짐했다. 아쉬운 것은 계속 운전을 해야 해서 포도주를 곁들이지 못한 것이다. 값도 두 사람 합쳐 15유로(한화로 약 2만원 안팎)이니 너무나 싼 편이다. 하도 맛있게 먹어서 혹시 이곳을 찾을 사람들을 위해 위치를 적어본다.

세비야에서 E 1번으로 포르투갈로 들어서서 화루(Faro)에서 빠져나와 마을 쪽으로 1km쯤 내려오면 우측으로 'Convivio dos Cavaleiros' 라는 식당이 길가에 있다.

포르투갈
최남단의
싸그르 요새(좌)

절벽 위에서
파도를 향해
낚시를 던지고(우)

　점심 후에 포르투갈 남서쪽 땅 끝 마을 싸그르(Sagres)로 갔다. 원래 이곳은 바람이 많은 곳이라고 하는데 바람은 좀 있어도 마침 오던 비도 멈추었고 절벽에 부딪히는 파도와 절벽 위에서 낚시질하는 사람들과 오래된 요새가 어울려 멋진 풍경이다.

　포르투갈 사람들은 파도가 밀려오는 쪽으로 용감히 노 저어 나가 남미며 아프리카를 발견하고 그곳을 정복하고 부를 누렸었겠구나 생각하면서 바닷바람에 밀려와 바위에 부딪혀 물보라를 만드는 파도를 한없이 바라보았다. 나중에 알았지만 큰아들 김현정 감독의 영화 「이중간첩」의 마지막 장면을 찍은 곳이 바로 이곳 싸그르라 한다.

　리스보아(Lisboa, Lisbon)는 오던 길을 되돌아 한 시간쯤 나가다가 북쪽으로 올라가야 한다. 시간을 보니 차고 있던 시계는 오후 5시인데 스페인보다 한 시간 늦은 포르투갈은 오후 4시다. 북쪽으로 1시간 가량 달리다 보니 갑자기 날이 저물어 오우리케(Ourique)라는 조그만 마을에서 포르투갈의 첫 밤을 보냈다.

12월 2일

포르투갈의 수도 리스보아

어제 포르투갈의 남부 오우리케(Ourique)에서 리스보아(Lisboa, Lisbon)로 올라오는 길은 특별한 경험이었다. 아침부터 비가 뿌렸었고 우리가 해를 등지고 북쪽으로 움직이고 있어서 그랬는지 여러 번 무지개가 나타났다 사라지곤 했다. 오전 중에 무지개를 본 기억이 별로 없었기 때문에 약간 흥분되었다.

그리고 나무껍질을 벗겨낸 부분에 머큐롬을 잔뜩 바른 것 같은 포도주색의 벗은 몸을 하고 잔잔한 나뭇잎들은 가지가 휘어지게 많이 달고 서 있는 코르크(cork) 나무숲이 한참을 이어지는 곳을 지났었다.

리스보아 시내 한 복판에 호텔을 정하고 바로 맞은편의 레스토랑에서 늦은 점심을 했다. 햇님은 생선 통구이, 나는 돼지고기 스테이크, 거기에 곁들인 포르투

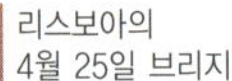

갈산 붉은 포도주. 값도 저렴하면서 맛이 정말 짱! 이었다.

오늘 아침, 전철을 타고 세 정거만에 '꼬메르치오(Comercio) 광장'에 도착했다. 예부터 리스보아로 들어오는 관문이었다는 강에 면한 넓은 광장에는 호세 1세(Jose I) 왕의 기마상이 중앙에 있고, 광장 북쪽의 아치가 있는 곳에서 거의 모든 시티 투어버스, 전차 등이 출발한다.

비가 간간이 뿌리는 추운 날씨라서 그런지 모두들 빠른 걸음으로 지나가는 중에 예쁘게 장식한 붉은 전차 2량이 예쁜 옷을 입은 아이들을 가득 싣고 천사 같은 아이들 목소리의 크리스마스 캐롤을 크게 틀고 지나간다. 한순간 그 아이들이 마치 진짜 천사들의 무리같이 보이며 '아! 크리스마스가 가깝구나…' 하고 새삼 생각했다.

머큐롬 잔뜩 바른 것 같은 코르크 나무(위)

리스보아에 들어서자 마자 나타난 수로(아래)

리스보아의 중앙통이라는 로시오(Rossio)를 지났다. 국립극장 건물이 주위의 다른 건물들과 어깨동무하고 어울리며 서 있고 리스보아에서 제일 커다란 기차역이 있었다.

아름다우면서도 굉장히 넓어 폭이 90m나 된다는 리베르다드 거리(Avenida da Liberdade). 도로 가운데에 여러 차선의 차량 통행 길이 있고, 흰 바닥에 검은 돌로 장식되어 있는 널찍하고 아름다운 인도가 가장자리에 있는데, 그 바깥쪽에는 차량 통행길이 또 하나 나 있고 호텔들과 가게들이 즐비하다.

그 다음은 1775년 리스보아의 심각한 지진 후 재건 복구에 힘을 쓴 장본인 마르케즈 폼발(Marques Pombal)의 동상이 있는 뱅뱅돌이(roundabout ; 차들이 한 방향으로 돌면서 빠져나가기도, 들어 오기도하는 로터리)쪽으로 갔다. 이곳은 누구나 거쳐가야 하는 리스보아의 중심이라고 한다.

1905년 이곳을 방문했었다는 영국 왕의 이름을 딴 '에두아르두 7세 공원

(Parque Eduardo VII)'은 폼발의 동상 뒤쪽 언덕으로 길게 뻗어 있어 북쪽에 있는 언덕 위에서 보면 리스보아 시내가 한 눈에 보인다고 했다.

명품들의 가게가 즐비하다는 살단(Saldanha)을 지나 이베리아 반도에서 가장 아름답다는 투우장 주위를 한 바퀴 돌았다. 이곳은 스페인의 세비야와는 달리 4월부터 9월까지 매주 목요일에 투우 경기가 있다고 한다.

그리고 강가에 있는 '발견기념탑(Padrao dos Descombrimentos ; Monument to the Discoveries)'. 1960년에 세운 이 기념비는 16세기 포르투갈 국토의 곳곳에서 사람들이 몰려와 미지의 새로운 세계를 향해 떠난 것을 기념하는 것이라고 하며 범선을 타고 바다의 파도를 헤치고 나아가는 용감한 사람들의 모습을 새겨 놓았다.

그 옆에 있는 중세의 요새와 같은 회색 건물은 '벨렘 궁(Palacio de Belem)'으로 리스보아시가 물의 수급에 어려움이 있는 것을 해결하려 총 18km길이의 수로를 건설했다는 호안 5세(Joao V) 왕이 지은 궁전이라 한다. 현재는 포르투갈 공화국 대통령의 공식관저이며 유네스코 세계문화유산 리스트에 올라 있다고 한다.

그리고 강에 걸쳐 있는 다리들 중 2개의 유명한 다리가 있는데 * '4월 25일 브리지(The Bridge 25th April)'는 2,300m로 긴 편이지만 2개의 기둥만이 지탱하고 있어 매우 가벼워 보이며 장장 12km 길이에 이르는 '바스코 다 가마 브리지(The Vasco da Gama Bridge)'는 마치 산길처럼 이쪽저쪽으로 휘어져 건널 때 희한한 경험을 하게 된다. 이 다리는 바스코 다 가마가 아프리카 남단 '희망봉'을 지나 인도로 가는 길을 발견한지 500주년이 되는 1998년을 기념하기 위해 리스보아에서 열린 '엑스포 '98'에 맞추어 1997년에 완성했다 한다.

폼발의 동상이 보이는 에두아르두 7세 공원

버스에서 내려 쇼핑센터를 기웃거렸지만 아무것도 사지 못하고 '에두아르두 7세 공원' 쪽으로 걸어갔다. 현대적

디자인의 분수가 있는 언덕에 서니 멀리
폼발 동상과 함께 시내가 한눈에 내려다
보이고 공원 안에 잘 다듬어진 나무들이
가득 줄지어 있는 모습이 비 내리는 중에
도 좋아 보였다.

보테로의
조각이 있는
아말리아
로드리게스 정원

공원 맞은편 길을 걷다가 바로 그곳
에 포르투갈 화두(Fado)의 여왕 *아말리
아 로드리게스(Amalia Rodrigues)의 정
원이 있는 걸 발견. 그녀의 흔적은 아무
것도 찾을 수 없었지만 입구에 유명한 조각가 보테로(Botero)의 조
각작품이 하나 있었다. 1991년인가 한국에서 공연했을 당시 만났던
아말리아 생각이 났다. 공연이 끝나고 옷을 갈아입고 파티장에 나타난 아말리
아에게 안면이 있던 주한 포르투갈 대사께서 나를 제일 먼저 소개해 주셔서 이야기
나누고 '사인' 까지 받았었는데….

갑자기 그녀의 「검은 돛배(Barco Negro)」가 듣고 싶어졌다. 아랑후에즈 갈 때
는 그녀의 「아랑후에즈 내 사랑」을 계속 들었었지만… 이런 날씨에 가슴을 찌르는
듯한 그녀의 「검은 돛배」를 들으면 눈물이 날 것 같았다.

*4월 25일 브리지

미국 샌프란시스코의 금문교를 닮은 이 다리는 1966년에 완성된 유럽에서 가장 긴 적교
(suspension bridge)로서 1974년 4월 25일에 포르투갈의 리스보아에서 독재에 항거하여 일어난
민주혁명(카네이션 혁명)을 기념하기 위하여 이름지어진 다리이다.

*아말리아 로드리게스(Amalia Rodrigues, 1920~1999)

포르투갈의 대표적 민요 파두를 현대화시켜 독특한 예술의 경지를 개척하였다는 평가를 받고 있
는 포르투갈의 대중 가수. 산 안토니오 음악제에서 노래를 불러 인정을 받으며 1940년에 데뷔하
였으며 1946년에는 영화에도 출연하고 1949년 파리로 진출하였다. 1954년 프랑스 영화 「과거를
가진 애정」에서 「검은 돛배」를 불러 크게 히트하였다.

12월 3일

신뜨라와 성모 발현 성지 파티마

리스보아 인근에 있는 신뜨라(Sintra)라는 곳. 산봉우리 꼭대기에 왕관처럼 보이는 '무어인의 성'을 찾아갔다. 차가 올라가는 길은 산꼭대기까지 몇십 번을 꼬불꼬불 돌아서 올라가게 되어 있는데 아마 그 옛날 이 성을 지을 때 물자를 나르던 길이었었나 보다.

이른 아침인데도 벌써 자동차들이 많이 주차되어 있고 성 입구에서 입장권 사는 곳에도 여러 명이 줄을 서 있다. 성 꼭대기까지 다니는 셔틀버스는 또다시 돈을 내야 타고 올라갈 수 있다.

이 무어인의 성은 지금까지 많이 보아온 성들과는 판이하게 다른, 마치 동화책에 나오는 그림 같이 알록달록 색칠을 해 놓은 성인데 높은 산봉우리 바위를 교묘히 이용해서 지어놓아 어떤 곳은 바위가 그대로 보이기도 한다.

신뜨라에 있는
무어인의 성

성 안에는 그동안 왕들이 쓰던 물건들이 고스란히 남아 있어서 그들이 어떻게 살았고 어떤 가구와 집기, 침구 등을 사용했었는지 등등을 자세히 엿볼 수 있었다. 산꼭대기에 있어서 전망도 매우 좋아 저 아래로 대서양도 내려다보이고 주변에 공원으로 지정된 큰 숲이 경관을 더욱 멋있게 해준다.

포르투갈의 북쪽에 있는 큰 도시 뽀르뚜(Porto) 쪽으로 올라가는 길에 성모님이 발현하셨다는 또 하나의 성지 파티마(Fatima)에 들렀다. 1917년 5월 성모님은 10세의 루시아와 그녀의 사촌 프란치스코와 히야신타 등 3명의 목동에게 여러 차례 발현하시어 이곳에 성당을 짓게 하시고 몇 가지를 꼭 실행하도록 부탁을 하시면서 3가지 비밀을 이야기해 주셨다는데 이 말씀이 '파티마의 비밀' 이라고 한다.

한쪽으로 가니 독일에 사는 포르투갈 이민자들이 동독의 붕괴를 기념하여 기증한 가로 1.2m 세로 3.6m 무게 2톤 짜리 베를린 장벽 일부분이 전시되어 있었다. 그 외에 성모 발현장소에 세워진 소성당과 발현을 기다리는 동안 목동들과 순례자들이 묵주 기도를 올렸다는 큰 참나무 등을 둘러보고 우리도 기도하는 마음으로 촛불 하나를 피워 놓았다.

성모님의 발현장소 파티마 성당(위)

성모님의 발현을 목격한 목동들의 상(아래)

12월 4일

포르투갈의 제2의 도시 뽀르뚜

독특한 외벽장식의
do Carmo 교회(위)

사람들로 가득한
벼룩장터(아래)

아침, 호텔 식당에서 만난 세비야에서 왔다는 한 부부에게 뽀르뚜에 대한 정보를 물어보니 친절하게도 자기 방에 가서 컴퓨터로 정보를 프린트까지 해서 갖다 주며 설명을 잘 해준다.

남편은 노르웨이, 부인은 스웨덴 출신이라는데 남편은 원래 조정선수로 출발하여 은퇴 후 올림픽 위원회에서 일을 하면서 아프리카 등지에서 조정 훈련 등을 지도하기도 하고 한편으로는 노르웨이산 조정장비를 판매하는 일을 한단다. 그들에게서 받은 정보를 참고하여 아침 뽀르뚜 시내로 나갔다.

프랑스의 에펠탑을 만든 구스타프 에펠(Gustave Eiffel)이 만든 '돔 마리아 브리지(D. Maria Bridge)'를 보러 갔으나 보수공사 중이라 그 다리는 건너보지 못하고 그 대신 에펠의 제자 테오필 세이링(Theopile Seyring)이 도우루(Douro)강을 사이에 둔 뽀르뚜와 빌라 노바 드 가이아(Vila Nova de Gaia) 마을을 아치 하나로 크게 건너질러 만들었다는 '돔 루이스 브리지(D. Luis Bridge)'를 구경할 수 있었다.

세계적인 명성을 갖고 있는 뽀르뚜 와인은 이름만 이 도시의 이름이지 실제 생산은 가파르고 높은 내륙 쪽의 레구아(Regua)지역에서 만들어져 큰 나무술통(barrel)에 담겨진 다음 바닥이 얕은 배에 실려 도우루강을 통해 이곳으로 운반되어 팔린다는데 지금은 겨울철인 데다가 토요일이라서 배를 타고 포도주 산지까지 올라가 보는 투어는 없지만 포도주 사러 오는 사람들을 위해 뽀르뚜 시내에 매장만 열어 놓은 '레알 꼼빠니아 벨라(Real Companhia Velha)'라는 곳에 들려 시음을 하고 맛있는 디저트와인과 테이블와인 몇 병을 사 들고 나왔다. 나오는 길에 보니 어마어마하게 큰 건물과 저장 탱크 등을 갖춘 곳이었다.

강변 넓은 터에서는 장이 서고 있었다. 수많은 사람들이 각자 가지고 온 물건을 팔기도 하고 사기도 한다. 우리도 구경삼아 들어가서 둘러보고 나왔다.

12월 4일
브라가 – 계단이 특별한 산 위의 교회

오늘은 뽀르뚜에서 동북쪽으로 40여km 떨어진 브라가(Braga)시의 언덕 꼭대기에 있는 순교지이며 특별한 계단으로 유명한 '산 위의 착하신 예수(Bom Jesus do Monte ; Good Jesus of the Mountain)' 교회를 들려 보기로 했다.

시내가 한눈에 내려다보이고 멀리는 바다도 볼 수 있는 높은 산 위에 있는 이 교회는 브라가 시내에서 버스나 전차로도 올라올 수 있어 많은 사람들이 찾아온다.

더구나 맨 위에 있는 교회로 오르는 계단은 시내에서도 올려다 보여서 멋이 있는데 처음 오르는 계단에 있는 다섯 개의 샘은 각각 다섯 가지의 비유를 나타낸다고 한다.

즉 보는 샘은 사람의 얼굴 조각 중 눈에서 물이 흘러나오고, 듣는 샘은 귀에서, 냄새의 샘은 코에서, 맛의 샘은 입에서, 감각의 샘은 이고 있는 물동

눈에서 나오는 '보는 샘'

이에서 물이 흘러나오도록 조각되어 있는 것으로 나타내고 있다.

샘이 나오는 계단 위쪽에 있는 루이 14세 스타일의 '미덕의 계단(Staircase of the Virtues)'은 믿음(Faith), 희망(Hope), 그리고 자비(Charity)를 나타내는 상이 서 있고 구약에 나오는 인물들의 상이 여러 개 세워져 있다. 교회가 높은 곳에 있어서 계단의 숫자도 많은데도 불구하고 수많은 사람들이 이 유명한 계단을 기도하며 오르내리고 있다.

12월 7일

스페인 북부 해안과 피카소 그림의 무대 게르니카

'**아**이구 이게 웬 떡, 아니 횡재?' 유럽 여행 중 가장 싼 방 값을 내고 묵은 스페인의 서북단, 비베로(Vivero)라는 작은 도시의 호스탈 (hostal ; 호텔보다 작고 값도 싼 숙소). 밤에 추워서 웅크리고 자긴 했지만 방 값 싼 것이 황송해서 불평은 안 하기로 했는데(놀라지 마시라! 단돈 20유로 – 한화 약 2만 8천 원에 더블베드와 화장실도 번듯했음), 아침 떠나기 직전에 어제 찍은 사진을 노트북에 넣던 햇님이 갑자기 "어? 이런, 인터넷이 되네!" 한다.

며칠 전 브라가의 호텔에서는 직원까지 동원되어 연결해 보느라 애썼고, 또 브라가 시내에서도 인터넷 카페를 찾느라 헛수고만 했었는데…. 아마 이곳에 무선 인터넷이 깔린 모양이라며 신이 나서 준비해두었던 며칠 분의 일기를 홈페이지에 올렸다.

가뿐한 기분으로 비베로를 떠나 스페인 북쪽의 해안선을 따라 동쪽으로 움직였다. 가끔가끔 환상적인 바닷가 풍경이 나타나곤 해서 "야! 영국, 북웨일즈의 클란두드노는 저리 가라네…", "와! 진짜 여기 경치, 장난이 아니네"하고 계속 감탄하면서….

차의 엔진 오일을 갈아야 할 때가 되어서 열심히 폭스바겐 자동차 간판을 찾던 중 Llanes(클라네스?)에서 하나 찾았으나 문이 닫혀있기에 동쪽으로 한참 가서 빌바오(Bilbao)라는 도시에서 하룻밤 묵고 내일 다시 찾기로 했다.

스페인 북부 해안의 한 항구

오늘 아침 폭스바겐 정비소를 찾아 빌바오의 시내를 꼬불꼬불 찾아갔으나 어제 6일이 휴일이었고 또 내일도 축제가 있는 휴일이라 엔지니어가 연휴를 즐기러 갔다고 한다. 어쩔 수 없다고 생각하고 빌바오에서 40분 가량 떨어져 있는 시골도시 게르니카(Guernica, Gernika)로 갔다.

프랭크 게리가
디자인 한 빌바오의
구겐하임 미술관(위)

게르니카 시내의
크리스마스 장식(아래)

사실 스페인 북부 바스크 지방의 작은 도시 게르니카에서 무엇을 볼 수 있으리란 기대는 갖고 있지 않았다.

피카소의 유명한 그림의 소재가 되었던, 1937년 독일군의 폭격으로 무참하게 파괴되었던 그곳을 그냥 보고 싶었다. 막상 와보니 다른 유럽의 도시들과 특별히 다른 점은 찾을 수 없었고 사람들도 모두 활기 있어 보였다. 단지 날씨가 흐린 탓인지 공기가 조금 탁한 것 같았다.

기운이 다한 피레네 산맥의 끝자락을 둘러 넘어서 프랑스의 보르도(Bordeaux)에 도착한 것은 벌써 해가 져버린 6시경. 호텔 찾느라 시내를 두 바퀴 돌고 겨우 잠자리를 해결하고 호텔에서 2분 거리에 있는 빅토르 식당으로 가 18유로짜리 세트메뉴에 보르도산 포도주를 곁들였다.

인터넷 카페 풍경 1, 2, 3, 그리고…

미국에서는 햇님 친구 댁이나 큰 시누이 댁, 또 조카들 집 등에서 그때그때 어렵지 않게 인터넷이 연결되어 홈페이지에 일기와 사진 올리는 것이 별로 걱정이 없었는데 유럽으로 와서는 친지들이 많지 않아 여의치가 않으니 기회만 있으면 인터넷 카페를 찾느라 두리번거린다.

그중 인상에 남는 인터넷 카페가 세 군데 있었는데
첫째, 그리스의 테살로니키 중심가의 인터넷 카페 동네.

그곳에는 인터넷 카페가 여러 개 몰려 있었는데 처음에 들렸던 곳은 우리의 노트북을 보더니 바이러스의 위험 때문에 자기네 컴퓨터가 아니면 'No!'
두 번째 집은 무슨 사용자 번호를 입력했어야 했는데 직원이 서툴러 그런지 연결 실패.
세 번째 들른 곳은 약 30명 가량의 손님들로 거의 꽉 차있는, 영업이 아주 잘 되는 곳이었는데 일사천리로 우리의 노트북을 연결해주어 너무 고마웠다.
이곳에서 영국에서의 일기부터 엄청난 양의 사진과 일기를 올렸다.
그러나 20대 후반 ~ 30대로 보이는 고객들은 담배를 너무나 피워대서 공기가 탁한게 숨쉬기 힘들 정도였다.

둘째, 터키의 카파도키아 지방. 아크사라이라는 작은 도시 중앙거리에 있는 인터넷 방.

괴레메 야외 박물관과 젤베를 구경하고 온 날 저녁 식사 후 햇님은 노트북을 둘러메고 아직도 신통치 않은 무릎 때문에 지팡이를 짚은 채 나선다.
열두어 평 남짓한 그곳에는 10대 후반 ~ 20대 초반의 젊은 청년들이 게임을 하느라고 정신이 없다가 허름한 쑥색의 아디다스 잠바, 대머리를 가리는 야구모자에 검은 컴퓨터 가방을 메고 나타난 동양아저씨를 향해 모든 시선이 집중된다.
우선 주인 아저씨의 컴퓨터에 우리 홈페이지 화면이 뜨자 모두들 우리의 얼굴과 모니터에 나타난 사진을 대조해 보며 신기한 듯.
그 다음은 각자가 나서서 한마디씩 거들며 도와주려 했어도 연결은 실패했다.

여행 에피소드

세 번째, 스페인의 세비야.

히랄다 첨탑이 있는 대성당의 맞은 편. 잘 지어진 오래된 빌딩 2층의 인터넷 카페.
밖에서 버튼을 누르니 안에서 확인하고 문을 열어준다.
실내에서는 금연이라 공기도 맑고 쾌적한 분위기에 사람도 몇 명 없다.
먼저 사용자의 이름을 적고 6유로를 내니 3시간을 쓸 수 있는 임시회원 등록을
해 준다.

우리를 커다란 빈 책상으로 안내하더니 금방 철커덕! 인터넷이 연결된다. 사실 우리는
항상 위에 펼쳐 놓을 것도 많고 두 사람이 같이 화면을 보아야하니까 큰 책상이 필요했
는데 그것도 고마웠다.

끝내고 나오는데 아직도 55분을 더 쓸 수 있다고 해서 다음날 아침에 다시 한번 갔다.
그리고 그 다음은 12월 6일 아침 스페인 북단 항구 비베로의 호스탈에서 공짜로!

테살로니키의
인터넷 카페 앞
공원분수

12월 8일

프랑스의 포도 주산지 – 메독

추운 보르도의 아침. 강가의 주차장에 차를 세워 놓고, 어제 저녁 호텔 찾느라 뱅뱅 돌며 보았던 성당이랑 이런 저런 건물들을 구경하고 나서 지도상에 나와 있는 인터넷 카페를 찾아갔는데 분위기도 쾌적하고 밝아서 아주 맘에 들었다.

모처럼 밀렸던 그동안의 일기를 홈페이지에 올리고 나니 배가 출출한 참에 마침 길모퉁이를 돌다 발견한 왕 케밥 집! 본토인 터키에서 먹어 본 것보다 훨씬 더 크고 맛도 더 좋았다(점심은 케밥이 무난한 모양! 이번 여행에서 정말로 여러 번 먹었다).

포도주 산지
메독의 관문

든든하게 배를 채우고 포도주 산지로 유명한 메독(Medoc)으로 향했다. 길 양옆으로 포도주 선전 간판들이 즐비하다. 먼저 메독 지방에서도 가장 아름답다는 포이약(Pauillac)으로 올라가는 길, 양쪽으로 수확이 끝난 포도밭이 끊임없이 이어진다. 줄을 맞춰 포도나무를 심어서 지평선까지 포도밭이 이어진 것 같이 느껴질 정도. 지난번 스위스 베른에서 프랑스의 스트라스부르그 쪽으로 올라가면서 들렀던 '알자스 지방의 포도주 가도' 때와는 규모가 완전히 틀리다.

포이약을 둘러보고 레스파르(Lesparre)까지 올라갔다가 내려오면서 다시 들린 포이약의 한 샤또(Chateau ; 중세의 성 또는 포도주를 생산하는 산지를 일컬음)에 들려 시음을 했으나 별로 맘에 들지 않아 조금만 사고 다시 내려오다가 샤또는 아니지만 매우 큰 규모로 이곳 메독 지방의 포도주 협동조합 같은 곳에 들려서 선물도 할 겸 2상자를 샀다.

10일까지 뒤셀도르프로 돌아가기로 했기 때문에 서둘러 파리(Paris)쪽으로 최대한 많이 움직여 쌩트(Saintes)까지 갔다.

12월 8일
파리의 에펠탑과 샹제리제 거리

> "우리는 크리스마스 가까운 12월의 하루
> 파리의 에펠탑에 올라 가보고
> 성탄절 장식등이 가득한 샹제리제 거리를 걸었노라!"

불 밝혀진
멋진 에펠탑

이번 여행에서 프랑스와 독일은 스쳐 지나가기만 했지 제대로 여행을 못했기에 다음 기회에 다시 제대로 보려고 남겨 두기로 했지만 파리의 에펠탑(La Tour Eiffel)과 불 밝혀진 샹제리제(Champ-Elysees) 거리는 한 번 들려서 보고 가자고 의견일치를 보았다.

호텔을 정하고 걸어서 에펠탑에 도착.

추운 날씨와 비싼 요금(1인당 10유로 40센트)에 기다리는 사람이 많아 최소한 20분은 기다려야 하는데도 불구하고, 세계 각국에서 온 많은 사람들이 '아! 이게 에펠탑이구나!' 하는 표정으로 모여들었다. 에펠탑은 상상했던 것보다 훨씬 더 섬세하고 아름다웠는데 철제로 된 탑이 그렇게 따뜻하게 느껴질 수 있다는 게 신기했다.

매표소 앞에서 한국에서 출장오신 분들과 만나 인사하고 짐 검사를 끝마친 후 먼저 탑의 아랫부분에서 비스듬히 올라가는 엘리베이터를 탔다. 1층에서 한번 선 다음 2층에서 모두 내렸다가 이번에는 수직 엘리베이터로 꼭대기까지 올라갔다.

탑 위의 전망대에는 이곳에서 내려다보이는 시내 곳곳의 사진과 함께 건물들의 이름이 나타나 있는, 옆으로 기다란 안내판이 여러 곳에 있어 그것과 저 멀리 보이는 건물

매표소 앞에서 차례를 기다리는 사람들

들을 대조하면서 보다보니 한바퀴 빙 돌아 제자리. 한쪽에 있는 작은 살롱에는 에펠이 발명왕 에디슨과 만나는 장면의 밀랍인형이 전시되어 있었다.

프랑스 혁명 100주년이 되는 1889년, 독일과의 전쟁에서 패했던(1870년) 수치스런 기억에서 벗어나 강한 새 국가로서의 면모를 과시하고 싶었던 프랑스는 세계박람회(Universal Exhibition)를 파리에서 열기로 했고 그 전시회의 하이라이트를 장식한 거대한 기념비가 바로 구스타프 에펠(Gustave Eiffel)에 의해 만들어진 철제 '에펠탑'인 것이다.

우여곡절 끝에 에펠의 손에 넘어온 이 탑의 프로젝트는 그 당시로는 가장 높은 300m 높이의 탑으로 소설가 알렉상드르 뒤마 주니어와 기 드 모파상, 작곡가 샤를르 구노 등 많은 유명인들의 반대에 부딪쳤었다고 한다.

"우리 수도의 한 가운데에 흉물스러운 철제 탑이 서게 되다니…. 이는 파리의 수치가 될 것이다…"는 등등 비난과 욕설을 한 몸에 받았다고 한다. 그러나 어떤가? 100년 이상이 지나 거의 전설이 되다시피 된 지금, 에펠탑이 없는 파리를, 프랑스를 상상할 수 있는가?

수많은 그림과, 영화와, 노래 속에서 우리는 얼마나 여러 번 에펠탑을 접했을까?

멀리서 보며 가슴 쿵쾅거리고, 가까이 와서 아래에서 보고, 위에 올라가 내려다

보고. 2012년 올림픽 개최 후보 도시임을 알리는 글자와 함께 불이 밝혀진 에펠탑을 황홀하게 쳐다보고, 떠나가며 뒤돌아보고… 또 보고….

지하철을 타고 드골 광장(Place de Gaulle)으로 갔다. 역에서 올라오자마자 눈부신 조명 아래 개선문(Arc de Triumph)과 샹제리제 거리…. 9년 전 처음 파리에 왔을 때 끝없이 이어지는 황홀한 샹제리제 거리의 가로수 조명에 넋을 잃었던 기억이 새삼 떠올랐다.

"역시 멋있구나" 처음 와보는 햇님의 코멘트.

남들처럼 팔짱끼고 한참을 걸었다. 추운 날씨에 다들 코가 빨갛게 되면서도 샹제리제 거리를 걷는 걸 즐기는 것 같았다. 인도 쪽으로 많이 튀어나와 있어 오가는 사람들이 속을 환히 들여다 볼 수 있게 만든 한 식당에 들어가 오붓한 저녁을 했다. 코르시카(Corsica)에서 배를 사러 올라왔다는 옆자리의 한 부부와 이런 저런 얘기도 나누었고….

코르시카 하면 나폴레옹 밖에 생각이 안 나지만 날씨도 따뜻하고 살기 좋은 곳이라고 놀러 오라고 한다. 참으로 순박한 아저씨, 아줌마였다.

샹제리제 거리의 가로수 조명장식(좌)

건물을 가방으로 씌운 루이 비통 사옥(우)

드골 광장의 중심에 있는 개선문(가운데)

식당에서 흐뭇한 표정의 두 사람(아래)

여행 에피소드

꿈에도 보이는 ibis 호텔의 침대커버

이렇게 긴 여행을 하며 거의 매일 침대를 바꾸어 자는 '집시팔자' 노릇인 우리는 숙박
비가 만만치 않다는 유럽에서의 여행을 처음 시작했을 땐 한국인이 하는 민박이나
유스호스텔 등도 들어가 볼까 했지만 아무래도 나이가 있고 하니 최소한 화장실 딸린
방을 찾기로 했다.
그 중에 가격으로 보나 시설 면으로 보나 또한 세계적으로 체인점이 있어 다음 갈 곳
예약도 친절히 해주는 ibis호텔을 애용하기 시작했다. 그렇다해도 미국의 모텔 값의
두 배 가까이 되니 유럽의 물가가 비싸긴 비싼 편이다.

처음 7월에 스웨덴부터 시작해서 폴란드, 헝가리, 체코, 오스트리아, 스위스에서 그야
말로 ibis호텔을 섭렵했고 그리스, 터키 쪽에서는 찾을 수가 없어서 닥치는 대로 가지
가지, 이런 저런 호텔에 들었었다.

그런데 스페인 쪽으로 오니 다시금 ibis호텔들이 나타나기 시작.
마드리드, 그라나다에서도 같은 ibis 호텔에 묵다보니 이젠 질려서(똑같은 구조의 방과
화장실, 특히 어딜 가나 똑같은 무늬의 침대커버!) 다른 호텔에 들고 싶어졌는데 포르
투갈의 파티마 성지를 거쳐 들어선 뽀르뚜 시내. 처음에는 다른 호텔을 찾느라 두리번
두리번 했지만 길이 너무 막히고 피곤해서 "에이, 아무데나 호텔 간판만 있으면 들어가
버리자"하는 순간 어두워져 가는 뽀르뚜 외곽고속도로 저편에 환하게 비치는 ibis호텔
의 간판 ! 그래서 감지덕지 "감사합니다"하고 들었었는데….

그 며칠 후 스페인 북부 해안을 지나 빌바오에 도착하니 또다시 너무나 선명하게 그 호
텔의 간판이 앞을 가로막는다.
할 수 없이 또 들어갔고.
다음날 해가 진 다음에 도착한 프랑스 보르도.
먼저 나타난 ibis호텔 간판을 무시하고 다른 곳을 찾느라 복잡한 시
내를 뺑뺑 돌다가 옆에 서 있던 차의 아저씨에게 '잠 잘 수 있는 호
텔 있는 곳'을 알려 달라고 해서 찾아, 찾아 간 곳이
바로 아까 우리가 눈 질끈 감고 지나쳤던 바로 그 'ibis호텔!'

아이구 팔자야! 

12월 9일
유럽 여행을 마치고 베이스 캠프로 귀환

정성들여 만든
'축 개선' 피켓

드디어 긴 여행을 마치고 독일의 뒤셀도르프로 돌아가는 날. 우리가 떠난 아침 8시경에도 파리는 안개에 젖어 있었는데 낮 12시가 지나도 아직 매 한 가지, 찌뿌드드하고 음산한 겨울 날씨다.

이런 궂은 날씨에서 어떻게들 사는지? '한국의 가을 날씨를 수출하면 기가 막히겠구나' 하는 생각이 들었다.

서너 번 고속도로 통행료를 내고는(프랑스, 통행료 하난 철저히 챙긴다) 프랑스를 벗어났다. 벨기에에서는 속도위반을 철저히 단속한다니 속도를 120km에 맞추어 달리다가 독일에 들어서서는 속도제한이 없으니 한껏 달리려고 마음먹고 있는데 어느 틈에 눈치챈 우리 달님,

"다 왔다고 방심말고 끝까지 안전운행!"이라며 미리 선수를 친다.

하기야 이제 얼마 안가면 이번 여행을 마치는데 그리 급한 일도 없고, 오늘 중에만 뒤셀도르프에 도착하면 되니 천천히 가자 하고 마음을 고쳐먹었다.

드디어 들어선 뒤셀도르프 시내, 여러 번 다녀서 자신이 있었는데 웬일인지 길을 잃었다. 여행을 끝내기가 싫은 것인지 아니면 너무 방심을 한 탓인지…. 아무튼 다 와서 1시간 여를 헤매다가 겨우 찾아 들어오니 인영이 내외 두 사람이 손수 만든 피켓을 들고 집 앞 도로로 나와 대대적으로(?) 환영을 해준다.

집에 들어오니 오페라 「아이다」에 나오는 「개선행진곡」까지 크게 틀어 별것도 아닌 우리의 여행이 마치 뭔가 대단히 큰일인 것처럼 띄워준다. 오랜만에 다시 만나는데다가 이것저것 생각해서 환영 준비해 준 친구 내외가 너무 고마워 마음이 울컥해 오는걸 느꼈다.

일 년간의 여행을 마친 저녁, 모처럼 친구와 술에 흠뻑 취했다. 

12월 24일

일 년간의 여행을 마치고…

정확하게 340일, 11개월 1주일. 꿈을 꾸고 난 듯 이렇게 일 년이 지나가 버리다니….

유럽에서의 여행을 마치고 뒤셀도르프로 돌아가 햇님 친구분 황사장 댁에 머무르며 베를린 발레단의 꿈나무인 그 댁 따님 황 요한나양의 아름다운 공연을 보고 크리스마스 장식들이 아름다운 뒤셀도르프의 옛 거리에서 글루(Glueh)라는 뜨겁게 데운 붉은 포도주와 함께 보기만 해도 침이 꼴깍 넘어가게 맛있는 구운 소시지를 추워서 빨갛게 된 코를 훌쩍이며 선 채로 먹기도 해 보았다.

그리고 천주교 구역모임에 꼽사리(!) 끼어서 열심히 참석하고, 시내의 쇼핑센터에는 지하철을 타고 두어 번 나갔으나 마땅한 선물이 눈에 띄지 않아 빈손으로 왔다 갔다….

우체국에 가서 한국으로 짐도 여섯 상자나 부치고(지도며 책, 피크닉 바구니, 옷가지 등), 그동안 정들었던 자동차도 좋은 값에 팔고, 어영부영 하도 여러 날 황사장 댁에 머물렀더니 누가 주인인가? 가끔 착각할 정도.

뒤셀도르프
옛 시가지의
예쁘게 장식된
먹거리 가게들

프랑크푸르트 공항
드디어
집으로 떠난다!

긴 여행 마치고 돌아온 날 저녁엔 오랜만에 마음껏 포도주를 마셔 거나하게 취한 햇님, 우리에게 주인 침실을 내어주고 좁은 기도실에서 주무시려고 누운 황 사장 부부께 방문을 두드리며 "야! 인영아! 춥지 않냐? 추우면 말해!"한다. 햇님만 빼고 나머지 세 사람은 웃음을 참을 수 없었다. 아니, 누가 이 집 주인인가? 세상에….

1,300달러에 산 싱가포르 에어라인의 기한 1년짜리 '세계일주 항공권'을 우리처럼 이렇게 알뜰하게 이용하는 고객이 얼마나 될까?

12월 23일 아침 일찍 황사장님 차로 서둘러 떠나 프랑크푸르트 공항에 도착하니 9시 30분, 뒤셀도르프에서 세 번, 루르드에서 한번 우리를 떠나 보내셨던 황사장님은 이번에는 아주 멀리 떠나 보내시려니 감회가 새로우신 듯…. 그래도 웃는 얼굴로 포옹을 나누고 바이 바이!

(너무 너무 감사했습니다, 두 분. 보답하는 길은 나중에 우리의 도움이 필요한 이가 있으면 솔선해서 도와주는 일일 거라 나름대로 생각해 봅니다)

드디어 인천공항에 도착.
조금은 꺼벙해 보이는 둘째와 조금 더 살찐 것 같은 큰애.
'아! 너희들 모두 건강하구나, 감사합니다….'
어둑해지는 한강변의 불빛들이 근사해 보이는 크리스마스 이브.
'서울이구나…. 내가 서울로 돌아왔구나….'

둘째가 지은 '기똥차게 맛있는' 쌀밥과 큰애가 끓인 '감칠맛 나는' 시금치 된장국(너희 우리 아들들 맞지?)에 돼지고기 삼겹살이 지글지글 ~~그리고 맥주.
우리는 서울로 돌아온 첫 밤, 크리스마스 이브를 그렇게 지냈다.